Raumfahrt

Für die Erde ins All

Naturwissenschaft Technik Gesellschaft
Katalog 5

Matthias Knopp

Raumfahrt

Für die Erde ins All

Mit Beiträgen von Helmuth Trischler, Daniel Brandau, Tilman Siebeneichner, Darina Volf, Joachim Block, Ulrich Walter

Deutsches Museum

Lektorat
Claudia Hellmann, Kathrin Mönch, Cornelia Schubert

Layout
Jutta Esser

Druck und Bindung
Holzer Druck und Medien, Weiler-Simmerberg

Akquise und Betreuung der Essay-Autoren
Bettina Gundler

Die Deutsche Nationalbibliothek verzeichnet diese Publikation in der Deutschen Nationalbibliografie; detaillierte bibliografische Daten sind im Internet über http://dnb.d-nb.de abrufbar.

1. Auflage

Printed in Germany
ISBN 978-3-948808-12-9

FSC www.fsc.org MIX Papier aus verantwortungsvollen Quellen FSC® C051146

Naturwissenschaft Technik Gesellschaft
Vorwort zur Katalogreihe

Das Deutsche Museum ist nicht nur eines der international führenden Technikmuseen mit weit mehr als einer Million Besucherinnen und Besucher pro Jahr, sondern zählt als eines der acht deutschen Forschungsmuseen der Leibniz-Gemeinschaft auch zu den maßgeblichen Zentren der Erforschung unserer modernen, auf Wissenschaft und Technik basierenden Kultur.

Stets stellte sich das Museum den Herausforderungen seiner Zeit: Ging es Oskar von Miller zu Beginn des 20. Jahrhunderts darum, sein Publikum mit den »Meisterwerken aus Naturwissenschaft und Technik« zu begeistern und in ehrfürchtiges Staunen zu versetzen, so hat sich zu Beginn des 21. Jahrhunderts der Blick auf Naturwissenschaft und Technik gewandelt – Themen wie Technikfolgenabschätzung und die Verantwortung des Menschen für seine Umwelt spielen in der öffentlichen Diskussion eine immer größere Rolle. Dementsprechend zielen die heutigen Ausstellungen darauf ab, neben den naturwissenschaftlichen und technischen Errungenschaften auch deren gesellschaftliche und kulturelle Konsequenzen anschaulich und differenziert darzustellen. Dies trägt auch der aktuellen Rolle des Deutschen Museums Rechnung, eine Plattform zu sein, die die historische wie gegenwärtige Dimension von Naturwissenschaft und Technik für die Öffentlichkeit in vielfältigen Formen zugänglich macht und zum gesellschaftlichen Dialog einlädt.

Ein wichtiger Baustein dieser Neuorientierung ist die 2017 begonnene Katalogreihe »Naturwissenschaft Technik Gesellschaft«. Zukünftig wird jede aktualisierte oder neu konzipierte Dauerausstellung durch einen wissenschaftlichen Katalog begleitet werden, der die Form des klassischen Sammlungskatalogs mit einer wissenschaftlich basierten, aber allgemeinverständlichen thematischen Übersicht über das jeweilige Fachgebiet verbindet. Die Kataloge laden neugierig gewordene Museumsgäste und interessierte Laien genauso wie Spezialisten dazu ein, ihren Ausstellungsbesuch vor- oder nachzubereiten.

Kernstück der Kataloge sind die ausgestellten Exponate, die anhand von hochwertigen Fotografien und wissenschaftlichen Beschreibungen im Detail studiert werden können. Sie umfassen die historischen Objekte aus den Sammlungen des Museums ebenso wie brandneue Entwicklungen und Prototypen aus den Forschungslaboren der Welt. Essays von international führenden Wissenschaftlerinnen und Wissenschaftlern zu Einzelthemen der Ausstellungen und zu gesellschaftlichen, ethischen oder historischen Aspekten, die über das in der Ausstellung Vermittelte hinausgehen, ergänzen den Objektteil der Kataloge. Historische Überblicke über das Ausstellungsthema und ein Abriss zur Sammlungs- und Ausstellungsgeschichte des jeweiligen Fachgebietes bieten den Leserinnen und Lesern die Möglichkeit, sich in ein Themengebiet ihres Interesses zu vertiefen.

Die neue Katalogreihe wird – so die Hoffnung und der Wunsch – wie die neuen Ausstellungen dazu beitragen, die Brücke von Naturwissenschaft und Technik über Gesellschaft und Politik bis hin zu Kunst und Kultur zu schlagen. Denn nur in der Zusammenschau der Erkenntnisse vieler Disziplinen können wir Zukunft gestalten.

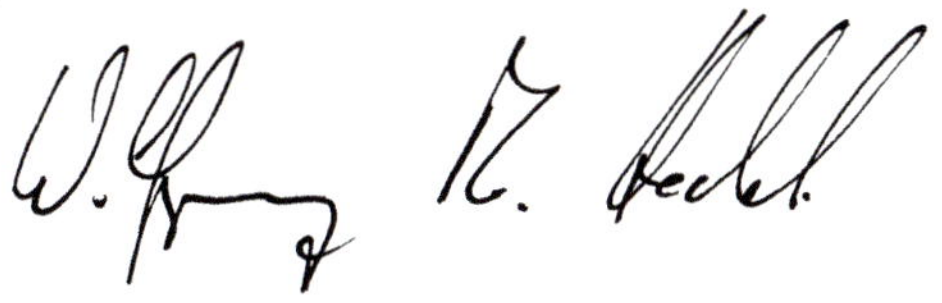

Prof. Dr. Wolfgang M. Heckl
Generaldirektor des Deutschen Museums

Inhalt

Anhang

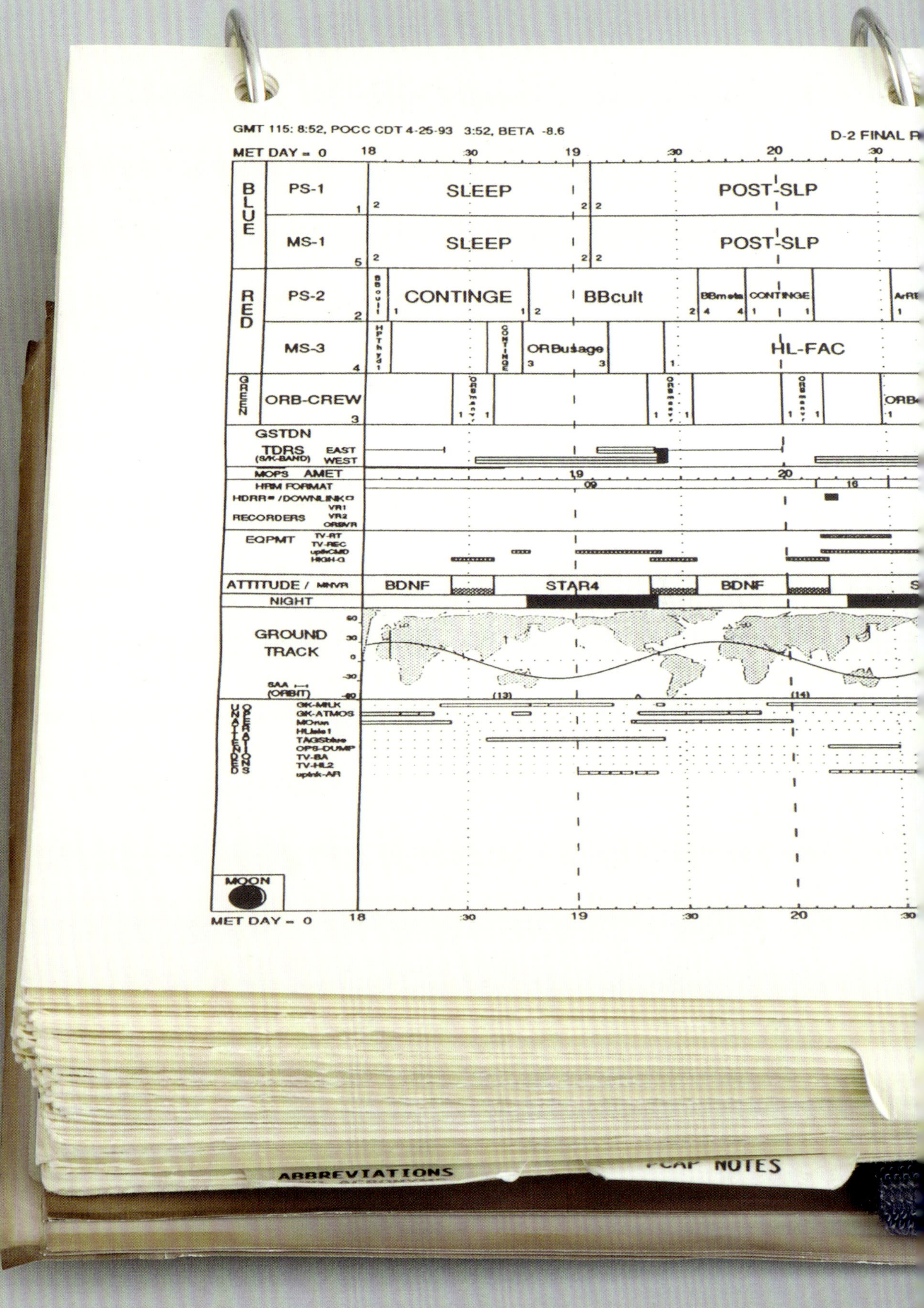
GMT 115: 8:52, POCC CDT 4-25-93 3:52, BETA -8.6
D-2 FINAL R
MET DAY = 0
BLUE
PS-1
MS-1
SLEEP
POST-SLP
RED
PS-2
MS-3
CONTINGE
BBcult
ORBusage
HL-FAC
GREEN
ORB-CREW
GSTDN
TDRS
(S/K-BAND)
EAST
WEST
MOPS AMET
HRM FORMAT
HDRR / DOWNLINK
RECORDERS
EQPMT
ATTITUDE / MNVR
BDNF
STAR4
NIGHT
GROUND
TRACK
SAA
(ORBIT)
UNATTENDED OPERATIONS
GK-MILK
GK-ATMOS
TV-BA
TV-HL2
MOON
ABBREVIATIONS
PCAP NOTES

Essays

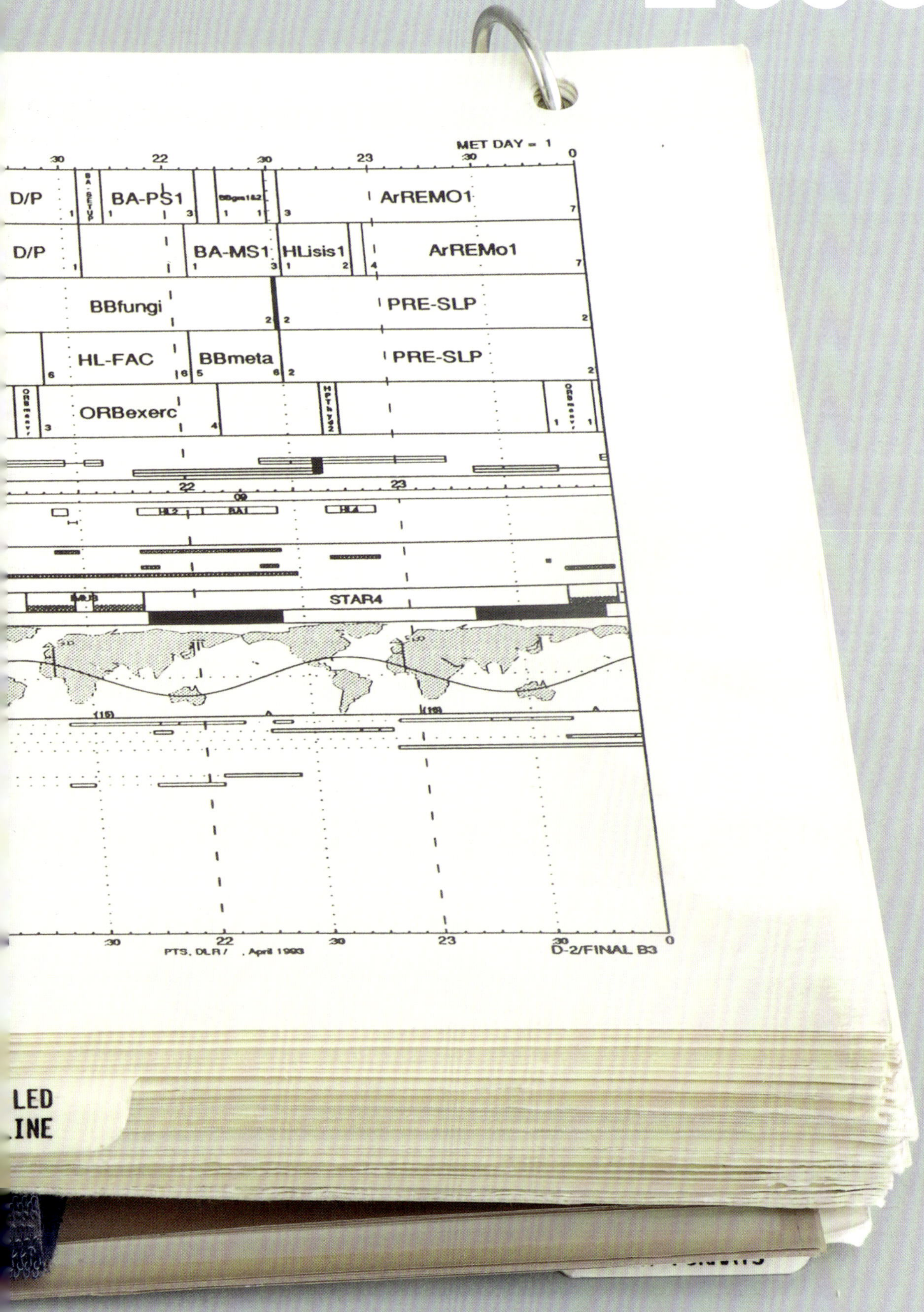
MET DAY = 1
D/P
BA-PS1
ArREMO1
D/P
BA-MS1
HLisis1
ArREMo1
BBfungi
PRE-SLP
HL-FAC
BBmeta
PRE-SLP
ORBexerc
STAR4
PTS, DLR / , April 1993
D-2/FINAL B3
LED
INE

Helmuth Trischler

Raumfahrt – Konturen eines Forschungs- und Technikfelds

Die Raumfahrt ist beim Erscheinen dieses Bandes ein gutes Jahrhundert alt. Im Jahr 1923 veröffentlichte der Siebenbürger Physiker Hermann Oberth (1894–1989) seine bahnbrechende Studie »Die Rakete zu den Planetenräumen«, in der er die theoretischen Grundlagen der Raumfahrt legte und auch die wesentlichen Elemente des Baus von Raketen mit Flüssigtreibstoff beschrieb. Bereits zwei Jahrzehnte zuvor, 1903, im Gründungsjahr des Deutschen Museums, hatte unabhängig davon Konstantin Eduardowitsch Ziolkowski (1857–1935) in einer russischen Zeitschrift die Grundgleichung der Raketentechnik publiziert und das Prinzip der Mehrstufenrakete entwickelt. Gleichermaßen unabhängig von diesen beiden hatte der US-amerikanische Wissenschaftler Robert Hutchings Goddard (1882–1945) das Patent für eine Rakete mit flüssigem Brennstoff und ein weiteres für eine mehrstufige Rakete mit festem Brennstoff erhalten und 1920 bei der Smithsonian Institution eine Abhandlung über den Transport von Nutzlasten zum Mond durch Raketen publiziert. Was Visionäre und Futuristen wie Jules Verne (1828–1895), Kurd Laßwitz (1848–1910) und H. G. Wells (1866–1946) sich in ihren Science-Fiction-Romanen ausgemalt hatten, wurde von diesen drei Pionieren der Raumfahrt theoretisch fundiert und in ersten Versuchen experimentell erprobt.

Unser kurzer Parforceritt durch die Raumfahrt, von ihren Anfängen im frühen 20. Jahrhundert bis zur Gegenwart, nimmt die Spezifika in den Fokus, die sie im Vergleich zu anderen Technikfeldern auszeichnen.

Raumfahrt als wissenschaftsintensive Technik

Ein erstes Charakteristikum lässt sich bereits in ihrer Pionier- und Initiationsphase zu Beginn des 20. Jahrhunderts in Ansätzen erkennen; es sollte im weiteren Verlauf des 20. Jahrhunderts in den Vordergrund treten: Die Raumfahrt war und ist ein hochgradig wissenschaftsintensives Technikfeld, in dem ein Gutteil der Wertschöpfung durch Forschung geleistet wird. Der Vorstoß in Räume jenseits der Erdatmosphäre stellt besonders hohe Anforderungen an die technischen Systeme, die sich in der denkbar extremen Umwelt des Alls zu bewähren haben. Die Produkte der Raumfahrt, ob Trägerraketen oder Sonden, Satelliten oder Raumstationen, zählen zu den Gütern der Spitzentechnologie, die sich durch einen besonders hohen Anteil an Leistungen der Forschung und Entwicklung (F&E) auszeichnen. Hinzu kommt, dass sie überwiegend als Unikate produziert werden und gerade in der bemannten Raumfahrt extrem hohe Sicherheitsanforderungen zu erfüllen haben, die nur durch aufwendige Forschung gewährleistet werden können.

1 Die erste bemannte Mondlandung war auch in Deutschland ein Medienereignis. Der WDR mit seinem Raumfahrtmoderator Günther Siefarth und Hans Heine (v.r. am Tisch) bei einer Besprechung.

Raumfahrt als öffentliche Technik

Ein weiteres Charakteristikum der Raumfahrt trat bereits in ihrer Pionierphase deutlich hervor. Hermann Oberths bahnbrechende Arbeiten motivierten im Deutschland der 1920er-Jahre zahlreiche Technikenthusiasten dazu, seine Theorien in der Praxis zu erproben. Wie der Beitrag von Daniel Brandau zeigt, bildete sich vor allem in Berlin ein kreatives Milieu heraus, das von jungen Naturwissenschaftlern, erfahrenen Ingenieuren und engagierten Amateuren getragen wurde und in Form von Vereinen organisiert war. Am »Raketenflugplatz« in Berlin-Reinickendorf versuchte eine besonders ambitionierte, bunt gemischte Gruppe von Raumfahrtenthusiasten sich dem Traum von der Rakete zu den Planetenräumen schrittweise anzunähern. All diese Aktivitäten blieben von den zeitgenössischen Medien nicht unbeobachtet, im Gegenteil: In der Weimarer Republik entwickelte sich ein wahrer Raketenrummel, der weite Teile der Öffentlichkeit erfasste. Höhepunkt war dabei der Stummfilm »Frau im Mond«, der 1929 in die Kinos kam und für den Regisseur Fritz Lang (1890–1976) als wissenschaftlichen Berater Hermann Oberth gewinnen konnte.

Wenn das Deutsche Museum heute sein unmittelbar neben der Raumfahrtausstellung gelegenes Dachrestaurant »Frau im Mond« nach dem Kassenschlager von Fritz Lang benennt, so nimmt es auch Bezug darauf, dass die Raumfahrt eine hochgradig im öffentlichen Raum verhandelte Technik war und ist. Seit ihren Pionierjahren in der Weimarer Republik hat sie die Öffentlichkeit fasziniert. Man denke nur an den Status von AstronautInnen als

2 Plakat zur Sonderausstellung »Bilder aus Dora«, Deutsches Museum, 2001

Technik-Celebrities der modernen, massenmedialen Gesellschaft und die Mondlandungen als globale Medienereignisse. Vor allem während der ersten Hälfte des Kalten Krieges, als sich die USA und die Sowjetunion unter den Augen der Weltöffentlichkeit ein spektakuläres Wettrennen zum Mond lieferten, prägte die Raumfahrt in vielen Bereichen die Alltagskultur. Dies zeigte sich im Westen ebenso wie im Ostblock, wo sie teils staatlich inszeniert war, teils mitten aus der Gesellschaft herauswuchs.

Der Charakter der Raumfahrt als öffentliche Technik äußert sich zudem darin, dass es trotz ihrer Forschungsintensität immer wieder auch interessierte Laien und Hobbybastler sind, die sich in Vereinen oder Studierendengruppen zusammenschließen, um die Raumfahrttechnik zu befördern. Das gilt, wie gezeigt, für die Pionierphase der Goldenen Zwanzigerjahre. Es gilt ebenso für die Wiederaufbauphase nach dem Zweiten Weltkrieg, als Raumfahrtforschung und -technik in Deutschland von den Alliierten für ein volles Jahrzehnt verboten waren und zahlreiche Astronautenvereine in die Bresche sprangen. Durch die Zusammenarbeit mit internationalen astronautischen Organisationen umgingen sie die Verbote, entwickelten Postraketen und konnten so eine Basis wissenschaftlich-technischer Kompetenzen erhalten, auf der die bundesdeutsche Raumfahrtforschung und -industrie nach Ablauf der Verbote wieder aufbauen konnte. Raumfahrt als öffentliche Technik zeigt sich auch heute noch in einigen Nischenbereichen wie etwa der Entwicklung von Mikrosatelliten, die nicht in den Laboratorien der großen Forschungszentren und High-Tech-Entwicklungseinrichtungen der Industrie, sondern von engagierten Studierenden aus universitären Seminaren heraus erdacht und entwickelt werden.

Raumfahrt als Dual-Use-Technik

Die Raumfahrt als öffentliche Technik fand in Deutschland Mitte der 1930er-Jahre für ein Jahrzehnt ein vorläufiges Ende, als die Militärs des Heereswaffenamts am Raketenflugplatz in Berlin-Reinickendorf die Kontrolle übernahmen und die Raketenentwicklung unter Geheimhaltung stellten. Dort hatte der junge, charismatische Wernher von Braun (1912–1977) die Leitung übernommen. Das verführerische Angebot der Militärs, die Truppe zunächst am neuen Standort in Kummersdorf und ab 1936 nach Peenemünde auf der abgelegenen Halbinsel Usedom in Vorpommern mit umfangreichen Ressourcen auszustatten, bedeutete freilich, Raketen konsequent und ausnahmslos für militärische Zwecke zu bauen. Von Braun mochte zeitlebens auf der Lebenslüge beharren, in Peenemünde seinen Traum weitergelebt zu haben, eine Rakete für den Flug zum Mond zu entwickeln. In Wirklichkeit leitete er einen Großforschungskomplex zum Bau der Raketenwaffe Aggregat 4, die in der Schlussphase des Zweiten Weltkriegs als »Vergeltungswaffe V2« zum Beschuss von Städten der Alliierten eingesetzt wurde, um den Durchhaltewillen der Zivilbevölkerung zu brechen. Dass beim Bau der V2 in unterirdischen Anlagen im Kohnstein im Harz unter unmenschlichen Bedingungen Zehntausende von Zwangsarbeitern und Insassen des KZ Mittelbau-Dora ihr Leben verloren, nahm der Technokrat von Braun nolens volens in Kauf: »Visionär des Weltraums, Ingenieur des Krieges« hat der Historiker Michael J. Neufeld seine Biografie von Brauns treffend betitelt und damit zugleich auch den strukturellen Dual-Use-Charakter der Raumfahrttechnik auf den Punkt gebracht.

Dieser zeigte sich auch in der Fortsetzung der Karriere von Brauns, der nach Kriegsende gemeinsam mit seinem Team führender Wissenschaftler und Ingenieure in die USA emigrierte, um für die U.S. Army interkontinentale Nuklearraketen zu bauen, ehe er die Verantwortung für die Entwicklung der Saturn-Rakete im Rahmen des Apollo-Programms übernahm. Die doppelte Anwendbarkeit für militärische und zivile Zwecke ist der Raumfahrttechnik strukturell eingeschrieben; das gilt bis heute für Raketen ebenso wie für Satelliten, und damit für ihre beiden wichtigsten Anwendungsbereiche.

3 Ronald Reagan mit dem Physiker Edward Teller (rechts), »Vater« der Wasserstoffbombe und einer der Erfinder und stärksten Befürworter des SDI-Programms 1983

Raumfahrt zwischen planetarer Entgrenzung und nationaler Einhegung

Raumfahrzeuge und Satelliten werden gebaut, um im Weltraum zu operieren. Was Science-Fiction-Autoren an der Wende zum 20. Jahrhundert erdacht und Ingenieure wie Wernher von Braun in der zweiten Jahrhunderthälfte realisiert hatten, war eine wissenschaftsbasierte Technik, die den uralten Menschheitstraum erfüllte, das All zu erkunden. Der die Grenzen unseres Planeten überschreitende Charakter der Raumfahrt wurde dabei vielfach mit der Vision einer friedensstiftenden Mission verbunden.

In der Weltraumforschung ist diese planetare Entgrenzung die eigentliche Zweckbestimmung. Die auf Satelliten und Sonden gestützte Erkundung des Weltalls zielt auf die Erforschung unseres eigenen Sonnensystems, mehr noch aber auf ein verbessertes Verständnis der tiefen Vergangenheit des Weltalls seit dem Urknall und seiner unendlich fernen Zukunft, seiner Entstehung und Ausbreitung, seiner unvorstellbar großen Dimensionen und seiner materiellen und energetischen Strukturen. Zu diesem Zweck sind seit den 1970er-Jahren eine Fülle von Missionen gestartet worden, teils in nationaler Verantwortung, meist aber in internationaler Zusammenarbeit. Nicht selten sind auch in der Weltraumforschung nationale Interessen und nationales Prestige im Spiel, letztlich aber dominiert der Modus des wissenschaftlichen Erkenntnisgewinns. Dies bedeutet die freie Veröffentlichung der Erkenntnisse nach den Spielregeln der internationalen Wissenschaftsgemeinschaft, der offene Austausch von Forschungsdaten und deren uneingeschränkte Nutzbarkeit zum Wohl der gesamten menschlichen Zivilisation.

Nichts verdeutlicht die Perspektive der planetaren Entgrenzung besser als die 1977 gestarteten Raumsonden Voyager 1 und Voyager 2, die sich mittlerweile im interstellaren Raum bewegen. Ihre eminente Rolle in der Erforschung unseres Sonnensystems – und darüber hinaus – diskutiert der Beitrag von Joachim Bloch in diesem Band. Auf Vorschlag des US-amerikanischen Astronomen und Exobiologen Carl Sagan (1934–1996) haben die beiden Sonden vergoldete Datenplatten mit Bild- und Audio-Informationen über Wissenschaft und Kultur der Menschheit an Bord. Die humanistischen Botschaften der »Golden Records« wenden sich an etwaige außerirdische Lebensformen – und sie dokumentieren, wie sich die BewohnerInnen des Planeten Erde kollektiv im Universum verorten.

Die hohe Bedeutung der Raumfahrt für strategische Sicherheitsinteressen beförderte umgekehrt deren politisch-nationale Einhegung, also ihre Indienstnahme für nationale Interessen. Das zeigte sich im buchstäblichen Sinne in der Strategic Defense Initiative (SDI), die US-Präsident Ronald Reagan (1911–2004) im Jahr 1983 ins Leben rief. Das SDI-Programm zielte darauf ab, auf der Erde und im All einen Schutzschirm gegen sowjetische Interkontinentalraketen aufzubauen. Bei diesem in der Öffentlichkeit rasch als »Star Wars« bezeichneten Programm ging es in aller Deutlichkeit nicht um die Erforschung des Weltraums, sondern um die nationale Sicherheit im Falle eines Nuklearangriffs.

Mit SDI verschärfte sich der Kalte Krieg. Nicht von ungefähr stieß die Instrumentalisierung der Raumfahrt für die Sicherheitsinteressen der USA auf heftige Kritik, und dies nicht nur im Osten, sondern auch im Westen. In der Bundesrepublik etwa entspann sich eine intensive Debatte über die Militarisierung des Weltraums, durch die sich die friedensstiftende Mission der Raumfahrt in ihr Gegenteil verkehrte. In einem offenen Brief an Bundeskanzler Helmut Kohl (1930–2017) lehnten 1985 über 350 bundesdeutsche WissenschaftlerInnen ihre Mitarbeit an SDI explizit ab, und zwei Jahre später erklärte die Deutsche Physikalische Gesellschaft die Ziele des Programms als unrealisierbar. Sie brachte damit die weitreichende Ablehnung von SDI durch die Öffentlichkeit zum Ausdruck, dies freilich in Unkenntnis zweier geheimer Beteiligungsabkommen, welche die Bundesregierung im März 1986 in Washington D.C. unterzeichnet hatte.

Auch in stricto sensu zivilen Raumfahrtprogrammen ist das Spannungsfeld von planetarer Entgrenzung und nationaler Einhegung virulent, wie die jüngste Entwicklung der Internationalen Raumstation ISS plakativ zeigt. Selbst dieses viel bemühte Erfolgsmodell der Raumfahrt ist nicht gefeit vor einer Renationalisierung in Phasen politischer Krisen und Spannungen. So hat die Reaktion des Westens auf den infamen Angriff Russlands auf die Ukraine das Putin-Regime veranlasst, den Rückzug aus der ISS und die Fokussierung auf nationale Programme anzukündigen. Hier manifestiert sich ein weiteres Charakteristikum der Raumfahrt, die spannungsreiche Gleichzeitigkeit von internationaler Kooperation und nationaler Konkurrenz, die der Beitrag von Darina Volf am ebenso spektakulären wie instruktiven Fall des Apollo-Sojus-Testprogramms (ASTP) thematisiert und die wir hier an zwei weiteren Beispielen nochmals näher betrachten wollen.

4 Unterzeichnung des »Spacelab Memorandum of Understanding« zwischen ESRO und NASA im State Department, Washington DC, USA, am 24. September 1973. Das Memorandum wurde unterzeichnet von Alexander Hocker für die ESRO und von James Fletcher für die NASA.

Raumfahrt zwischen Kooperation und Konkurrenz

Die Konkurrenz der beiden Supermächte um die Eroberung des Monds war lange Zeit der Motor, der die wissenschaftlich-technische Entwicklung der Raumfahrt antrieb. Diese globale Konkurrenzkonstellation stimulierte ihrerseits neue Kooperationen, wie der Einstieg Europas in die Raumfahrt belegt. Führende europäische WissenschaftlerInnen befürchteten zu Beginn der 1960er-Jahre, dass Europa in der als Zukunftstechnologie geltenden Raumfahrt völlig den Anschluss verlieren würde. Ihr Vorschlag für eine gemeinsame europäische Kraftanstrengung fiel auf fruchtbaren politischen Boden. Nach längeren, durchaus nicht konfliktfreien und komplizierten Verhandlungen wurden 1962 zwei aufeinander bezogene Organisationen gegründet: Die European Space Research Organisation (ESRO) sollte transnationale Missionen zur Erforschung des Weltalls auf den Weg bringen. Komplementär dazu sollte die European Launcher Development Organisation (ELDO) eine Trägerrakete für den Start der ESRO-Satelliten entwickeln.

Während die Mitgliedsstaaten der ESRO sich auf ein kohärentes Arbeitsprogramm einigen konnten, das unter der Führung der Wissenschaft weitgehend erfolgreich umgesetzt werden konnte, geriet die ELDO unter die Räder konkurrierender politischer Interessen der Mitgliedseinrichtungen. Die hochfliegenden Pläne für die symbolträchtig »Europa« benannte Trägerrakete endeten nach zahlreichen Pannen und Fehlschlägen in einem ultimativen

5 Erste Stufe der Europa-Rakete »Blue Streak« in der Flugwerft Schleißheim.

technischen Desaster. Am 5. November 1971 brachte die ELDO erstmals ihr Prestigeprojekt einschließlich der vierten Stufe zum Transport von Satelliten an den Start. Der Countdown verlief reibungslos, und die Rakete erhob sich majestätisch in den blauen Himmel über dem neuen europäischen Weltraumbahnhof Kourou in Französisch-Guyana. Doch nach nur 104 Sekunden fiel der Computer für das Trägheitslenkungssystem der ersten Stufe aus. Keine Minute später brachte die hohe aerodynamische Belastung die Rakete zum Bersten, und Europas Hoffnung, sich als dritte Raumfahrtmacht zu etablieren, verglühte. Die von der ELDO eingesetzte Untersuchungskommission benannte einige gravierende technische Fehler als Ursache. Als Hauptproblem machte sie jedoch aus, dass die ELDO-Mitgliedsstaaten der Projektleitung nie das notwendige Maß an Unabhängigkeit zugestanden hatten, das für ein erfolgreiches Management komplexer Großprojekte unabdingbar ist. Die beteiligten Staaten hatten eine strikte nationale Arbeitsteilung vereinbart – Großbritannien war für die erste Stufe, Frankreich für die zweite und die Bundesrepublik für die dritte Stufe zuständig, Italien für den Satelliten, die Niederlande, Belgien und Luxemburg für die Bodenkontrolle. Eifersüchtig wachten die politischen Akteure darüber, dass das wissenschaftlich-technische Know-how in möglichst großem Umfang in den Reihen »ihrer« beteiligten Teams und Unternehmen verblieb, statt es zwischen den Partnern offen zu teilen. Und so waren es verhängnisvolle Kommunikationsbarrieren zwischen den technischen Teams, die den Fehlstart der Europa-Rakete verursachten. Das Europa der Raumfahrt lernte aus diesem Desaster, als es 1975 mit der European Space Agency (ESA) eine Organisation schuf, die konsequent dem Prinzip der transnationalen Kooperation verpflichtet ist und damit auch weitgehend frei von Versuchen politischer Konkurrenz und nationaler Einhegung agieren kann.

Wie die für das Wissenschaftssystem so wichtige Kooperation in Konkurrenz umschlagen kann, zeigt unser zweites Beispiel. Als sich das Apollo-Programm seinem Abschluss näherte, lud die NASA die westeuropäische Weltraumgemeinschaft ein, sich an ihrem sogenannten Post-Apollo-Programm zu beteiligen. Wie Tilmann Siebeneicher in seinem Artikel herausarbeitet, trat der bundesdeutsche Beitrag in Form des Weltraumlabors Spacelab in Erscheinung. Die deutschen Wissenschaftler waren jedoch mit sehr viel weitreichenderen Planungen in die Gespräche mit der NASA gegangen; sie wollten mit innovativen Vorschlägen an der Entwicklung des Space Shuttles partizipieren. Dass die NASA die Kooperationsverhandlungen auf Einspruch des Pentagons abbrechen musste, führte zu einem ebenso tiefen wie nachhaltigen Verlust an Vertrauen auf deutscher Seite. Vertrauen ist eine unabdingbare Voraussetzung für Kooperation; Misstrauen dagegen befördert Konkurrenz. Die geradezu traumatische Erfahrung fehlenden Vertrauens in die US-amerikanische Kooperationsfähigkeit führte denn auch dazu, dass sich die bundesdeutsche Raumfahrt ab den 1970er-Jahren umso engagierter an der ESA beteiligte, die sich trotz Kooperation in einzelnen Programmen zu einem Hauptkonkurrenten der NASA mauserte.

Raumfahrt zwischen Staatsnähe und Kommerzialisierungsdruck

Wir haben die konstitutive Bedeutung sowohl der Öffentlichkeit als auch der Wissenschaft als Charakteristika der Raumfahrt benannt. Ein weiterer Akteur, der die Raumfahrt von Beginn ihrer Entwicklung an intensiv geprägt hat, ist die Politik. Die im Vergleich zu anderen Technikfeldern besonders stark ausgeprägte, bereits mehrfach angeklungene Nähe zum Staat steht in Verbindung mit weiteren, bereits angeführten Spezifika der Raumfahrt und lässt sich in drei Punkten systematisieren:

Erstens die Forschungsintensität der Raumfahrt: Forschung wurde und wird in fast allen politisch-wirtschaftlichen Systemen, ob in parlamentarisch-marktwirtschaftlichen Demokratien oder staatssozialistisch-planwirtschaftlichen Regimen, zu einem Gutteil staatlich finanziert. Damit einher gehen Anspruch und Aufgabe, für die Verwendung der öffentlichen Gelder politische Verantwortung zu übernehmen.

Zweitens die Sicherheitsrelevanz der Raumfahrt: Da die Raumfahrt, wie gezeigt, nationale Sicherheitsinteressen berührt, ist sie über weite Strecken von nationalen politischen Akteuren geprägt worden.

Drittens die Marktferne der Raumfahrt: Bei fast allen Produkten der Raumfahrt, ob Trägerraketen, Satelliten oder Raumsonden, sieht sich der Staat nicht nur als derjenige, der primär die F&E-Leistungen finanziert, sondern auch als dominanter Auftraggeber und Nutzer. Über weite Strecken der Raumfahrtgeschichte agierten staatliche bzw. staatsnahe Institutionen und Organisationen als Nachfrage-Monopolisten. Eine marktförmige, über den Wettbewerb gesteuerte Entwicklung von Raumfahrtprodukten lässt sich erst in jüngster Zeit in Ansätzen beobachten. Die wachsende Bedeutung neoliberaler Ordnungsvorstellungen ließ in Verbindung mit der angespannten Lage der öffentlichen Haushalte seit den 1970er-Jahren vor allem aus der Politik Forderungen nach einer Kommerzialisierung der Raumfahrt aufkommen.

Die Raumfahrt reagierte auf diesen Druck mit der Erfindung der Narrative des Spin-offs und der Schlüsseltechnologie. In der Raumfahrt entwickelte technische Lösungen, so die Argumentation, finden als Spin-offs Anwendung in zahlreichen anderen technischen Feldern und erleichtern unseren Alltag. Raumfahrttechnik stecke in der drahtlosen Kommunikation und im Computer, in Chips gegen Arterienverstopfung und in der feuerfesten Polsterung von Kinosesseln, um nur einige Beispiele zu nennen.

Manche Spin-offs halten einer näheren Betrachtung nicht stand, so die viel zitierte Teflonpfanne, die eine Mär der NASA ist, während die Mikroelektronik im Allgemeinen und die Entwicklung von Solarzellen im Besonderen in der Tat erheblich von den Impulsen der Raumfahrt profitierten. Das zweite, damit zusammenhängende Narrativ hebt darauf ab, dass Staaten bzw. Industrien, welche die Schlüsseltechnologie der Raumfahrt mit ihren besonders hohen Anforderungen an wissenschaftliche und ingenieurtechnische Leistungsfähigkeit beherrschen, im langfristigen Wettbewerb um Führungspositionen in Hochtechnologien kompetitive Vorteile haben. Diese Rechtfertigungserzählungen für Staatsnähe und Marktferne werden jüngst vom Einstieg von Unternehmen wie Amazon und Tesla in die Entwicklung von Trägerraketen begleitet. Inwieweit sich hier ein Durchbruch der Kommerzialisierung und ein neues Wettrennen ins All unter den Vorzeichen privatwirtschaftlicher Konkurrenz abzeichnet, bleibt einstweilen noch abzuwarten.

Kostenintensität der Raumfahrt

Eine weitere Ursache für die Staatsnähe der Raumfahrt sind ihre hohen Kosten. Die schier unerschöpflichen Ressourcen des Heereswaffenamts ermöglichten es, Wernher von Braun und seinem Team in Peenemünde einen wissenschaftlich-technischen Komplex für die Entwicklung einer Rakete zur Verfügung zu stellen, die am 3. Oktober 1942 erstmals den Weltraum erreichte und ab September 1944 als ballistische Waffe London und Antwerpen bombardierte. Die Kosten für den Bau der Forschungs- und Versuchsanlagen betrugen zwischen 1937 und 1940 rund 550 Mio. RM und summierten sich bis Kriegsende auf über 2 Mrd. RM auf. In Peenemünde entwickelte sich der weltweit erste Großforschungskomplex, der nicht nur durch seine gewaltigen finanziellen Dimensionen, sondern auch durch seine enge Verflechtung von Staat und Militär, Wissenschaft und Wirtschaft charakterisiert war.

6 Der Astrophysiker Reimar Lüst war der dritte Generaldirektor der ESA, von 1984 bis 1990.

Noch gewaltiger war der Ressourcenhunger des Apollo-Projekts. Als John F. Kennedy (1917–1963) im Jahr 1961 ankündigte, bis zum Ende des Jahrzehnts Menschen auf dem Mond landen zu lassen, hielt er nicht damit hinter dem Berg, dass dies eine nationale Kraftanstrengung von ungekanntem Ausmaß bedeuten würde. Ebenso wie bereits beim 1942 gestarteten »Manhattan Project« zum Bau von Atombomben wurde ein Gutteil des wissenschaftlichen, technischen und industriellen Potenzials der USA mobilisiert, um das politisch gesetzte Ziel zu erreichen. Hatte das Manhattan Project 150 000 Arbeitskräfte gebunden und rund 2 Mrd. Dollar gekostet, so beschäftigte das Apollo-Programm rund eine halbe Million Menschen und verschlang mehr als das Zehnfache an Kosten.

Durch internationale Kooperation lassen sich die hohen Aufwendungen auf mehrere Schultern verteilen. Doch auch im Rahmen von transnationalen Programmen war und ist die Frage, welche beteiligten Staaten welche Kosten übernehmen, stets umstritten. Die ESA beispielsweise hat die Verteilung der Kosten unter den Mitgliedsstaaten dadurch gelöst, dass sie zwischen einem Pflichtprogramm und einem optionalen Programm unterscheidet. Das Pflichtprogramm, das die Weltraumforschungsprogramme und das allgemeine Budget beinhaltet, wird von allen 22 Mitgliedsstaaten gemeinsam getragen, wobei sich der Beitragsanteil der einzelnen Staaten nach dem jeweiligen Bruttoinlandsprodukt richtet. Hinsichtlich der optionalen Programme können die Staaten frei wählen, ob und in welcher Höhe sie sich beteiligen.

Was in der Theorie nach einer harmonischen Lösung des Problems der Kostenintensität klingt, hat in der Praxis der Implementation der ESA-Programme immer wieder Anlass zu intensiven Debatten und Konflikten gegeben. Ein kurzer Blick auf eine Konstellation der ESA Mitte der 1980er verdeutlicht dabei, dass Kostendiskussionen in internationalen Kooperationskonstellationen meist mit handfesten nationalen Interessen verbunden sind: ESA-Generaldirektor Reimar Lüst (1923–2020) war es 1985 gelungen, im ESA-Ministerrat die Zustimmung aller Mitgliedsstaaten zu dem langfristigen Programm »Horizon 2020« zu erhalten. Es sah ein Wachstum des Budgets von über 50 Prozent für die nächsten zehn Jahre vor und ermöglichte es, eine Reihe von Weltraummissionen auf den Weg zu bringen, die selbst die KollegInnen der NASA vor Neid erblassen ließen. Zwei Jahre später standen auf einer Ministerratssitzung in Den Haag ebenso weichenstellende Entscheidungen über das technische Raumfahrtprogramm an, wobei sich Frankreich und Deutschland im Vorfeld der entscheidenden Ministerratssitzung auf einen Deal verständigt hatten: Die Bundesregierung unterstützte Frankreich in seinem Vorschlag für den wiederverwendbaren Shuttle »Hermes«, und Frankreich unterstützte im Gegenzug den bundesdeutschen Vorschlag für »Columbus«, ein Forschungsmodul als europäischer Beitrag zur

Internationalen Raumstation ISS. Beide Konzepte stießen auf heftige Kritik von Großbritannien, das mit HOTOL einen eigenen Vorschlag für einen von Rolls Royce und British Aerospace entwickelten Shuttle in die Verhandlungen einbrachte. Durch einen diplomatischen Kunstgriff gelang es Lüst, die heftig opponierende britische Regierung zu isolieren und auf diese Weise die Zustimmung zum technischen Teil des Zukunftsprogramms der ESA zu erhalten – nicht ohne langfristige Effekte, denn die britische Regierung sah sich in ihrer tiefen Skepsis gegenüber europäischen Kooperationen bestätigt. Auf dem Weg zum Brexit war Den Haag eine folgenreiche Weichenstellung.

Raumfahrt zwischen utilitärer und trans-utilitärer Zweckbestimmung

Gerade wegen ihrer Kostenintensität und Marktferne ist die Raumfahrt immer wieder in der Diskussion gestanden. Umso größer ist der argumentative Aufwand, der betrieben wird, um ihre hohen Kosten zu legitimieren. Wir können dabei grundsätzlich zwischen utilitären und trans-utilitären Zielen und Zweckbestimmungen unterscheiden.

Die auf ihren Nutzen für Wissenschaft und Technik, Wirtschaft und Gesellschaft abhebenden Narrative des Spin-offs und der Schlüsseltechnologie zielen auf die utilitäre Zweckbestimmung der Raumfahrt ab. In diesem Argumentationsstrang dominieren konkrete Ziele und Wirkungen, die sich teils quantitativ messen lassen, teils qualitativ bestimmt werden. Es geht um handfeste Patente und Innovationseffekte, um wissenschaftlichen und technischen Fortschritt, um Umsätze und Arbeitsmarktwirkungen zum einen, um Rückwirkungen auf Politik und (nationale) Sicherheit, auf Konsum, Kultur und Lebensstil zum anderen.

Während utilitäre Zweckbestimmungen auf ökonomische Rationalitäten abheben, orientieren sich trans-utilitäre Zweckbestimmungen an ethischen Zielen, die sich nur mit qualitativen Methoden bestimmen lassen. Ein prominentes Beispiel für trans-utilitäre Ziele der Raumfahrt ist, die Überlegenheit eines Gesellschaftsmodells über ein anderes zu demonstrieren. Dieses Ziel trieb das Wettrennen ins All voran und dominierte die Dynamik der Raumfahrt bis zum Ende des Kalten Krieges. Während sie in den USA nahtlos an die aus dem 19. Jahrhundert stammende »Manifest Destiny«-Ideologie des amerikanischen Exzeptionalismus und Expansionismus anknüpfen konnte, korrespondierte sie in der Sowjetunion mit der Ideologie einer letztlich geschichtsnotwendigen Überlegenheit des Marxismus. Dem gegenüber steht das trans-utilitäre Ziel der Förderung einer polyzentrischen Weltordnung durch die Beteiligung zahlreicher Staaten an gemeinsamen Raumfahrtprogrammen, das seit Ende des Kalten Krieges an Bedeutung gewonnen und in der ISS seine wichtigste Ausprägung gefunden hat. Auch die Förderung der europäischen Integration durch die gemeinsamen Raumfahrtprogramme der ESA lässt sich dem trans-utilitären Zielkatalog zuordnen.

Während die letztgenannten Ziele mit der politischen Kultur auf der Erde verbunden sind, verfolgt ein weiterer trans-utilitärer Rechtfertigungsstrang kosmische bzw. kosmologische Ziele. Die Erkundung des Weltalls, die Erweiterung menschlicher Weltbilder, die Exploration von Möglichkeiten der Präsenz des Menschen im All und die Suche nach extraterrestrischem Leben sind Teile eines ethischen Diskurses, der bereits die Vorgeschichte und den Beginn der Raumfahrt geprägt hat und seither in unterschiedlichen Wissenschaftsdisziplinen wie auch in der Öffentlichkeit intensiv geführt wird.

Dieses Bündel von acht Charakteristika der Raumfahrt ist notwendigerweise subjektiv und unvollständig. Es ließe sich leicht auf ein Dutzend und mehr bestimmende Elemente erweitern, darunter etwa die Verrechtlichung und Rechtsgestaltung des Weltraums, die Zukunftsorientierung von Raumfahrt als Astrofuturismus, die Spezifika der Raumfahrtindustrie zwischen Konzentration und Diversifizierung und die Raumfahrt als Treiber von Umweltwandel, Klimaschutz und Nachhaltigkeit. Zudem: Einzelne der genannten Charakteristika teilt die Raumfahrt mit anderen Forschungs- und Technikfeldern. Spezifisch sind dagegen deren enge Wechselwirkungen untereinander, die der Raumfahrt ein unverwechselbares Profil verleihen.

Literatur zum Weiterlesen

Brandau, Daniel Raketenträume: Raumfahrt- und Technikenthusiasmus in Deutschland, 1923–1963. Paderborn 2019.

Geppert, Alexander T.C.; Brandau, Daniel; Siebeneichner, Tilmann (Hrsg.) Militarizing Outer Space. Astroculture, Dystopia and the Cold War. London 2021.

Krige, John; Russo, Arturo; Sebesta, Lorenza A History of the European Space Agency, 2 Bände. Nordwijk 2000.

Neufeld, Michael J. Wernher von Braun. Visionär des Weltraums, Ingenieur des Krieges. München 2009 (engl. Original: Von Braun. Dreamer of Space, Engineer of War, New York 2008).

Reinke, Niklas Geschichte der deutschen Raumfahrtpolitik. Konzepte, Einflussfaktoren und Interdependenzen 1923–2002. München 2004.

Trischler, Helmuth; Schrogl, Kai-Uwe (Hrsg.) Ein Jahrhundert im Flug – Luft- und Raumfahrtforschung in Deutschland 1907–2007. Frankfurt am Main/New York 2007.

Weyer, Johannes (Hrsg.) Technische Visionen – politische Kompromisse. Geschichte und Perspektiven der deutschen Raumfahrt. Berlin 1993.

Daniel Brandau

Zwischen Utopie und Gewalt: Die Anfänge der deutschen Raketentechnik, 1925–55

»Die Kriegsmaschinen nahmen einen kolossalen Maßstab an, und die Geschosse flogen weit über die ihnen gesteckten Schranken hinaus,« hieß es 1874 in der deutschen Übersetzung von Jules Vernes (1828–1905) Abenteuerroman »Von der Erde zum Mond«. Weil es nach Ende des amerikanischen Bürgerkriegs keinen Zweck zur Weiterentwicklung der Geschosse gibt, so überlegt sich ein fiktiver amerikanischer »Gun-Club« einen alternativen Einsatz, nämlich »ein Geschoss bis zum Mond zu entsenden«. Der Vorschlag wird befürwortet und »der Enthusiasmus war auf seinem Höhepunkt«.[1] Jules Verne war nicht der einzige Autor solcher Geschichten: In Groschenheften und in Romanform erschienen seit der Zeit der Industrialisierung in Europa Raumfahrterzählungen, in denen Menschen Maschinen bauten und damit fremde Himmelskörper bereisten. Visionen einer Zukunft im Weltraum waren zum Ende des 19. Jahrhunderts weitverbreitet, aber noch reine Fantasien. Im 20. Jahrhundert wurden manche davon in die Realität umgesetzt, von Mondflügen bis hin zur Erforschung fremder Planeten mit Hilfe von Robotern. Andere, wie bemannte Marsflüge, sind bis heute Zukunftsmusik geblieben. Doch in vielen dieser Fantasien erwarteten die Menschheit im Weltraum nicht nur Frieden und Utopien, sondern auch Gewalt. Manchmal traten Menschen als gewaltsame Eroberer fremder Welten auf. Oder sie nutzten dieselben Geschosse gleichermaßen als Waffen und Raumschiffe, wie bei Verne. In anderen Erzählungen ging Gewalt von Außerirdischen aus, die die Erde zu kolonisieren versuchten.

Utopie und Gewalt hingen in frühen Raumfahrtvisionen, aber auch in technischen Realisierungen oft zusammen. Die Pionierzeit der deutschen Raketenforschung fällt daher auch nicht zufällig in die Phase der extremsten politischen Brüche in der modernen deutschen Geschichte, zwischen Mitte der 1920er- und den 1950er-Jahren. Neben den US-amerikanischen und sowjetischen mischten deutsche und österreichische Theoretikerinnen und Theoretiker und Ingenieure früh mit. Es bestanden hier seit dem späten 19. Jahrhundert Ingenieurskulturen, die stark auf Technikfuturismus setzten. Das bedeutete, dass Techniker öffentlich für ihre Ideen warben, indem sie Vorstellungen von einer Zukunft aufgriffen, in denen die Technik das Leben der Menschen verbessern sollte. Zudem erkannte das Militär früh das Potenzial von Raketenwaffen. Es förderte daher theoretische Forschungen und Experimente in Ingenieursvereinen, die vor allem in Deutschland weitverbreitet waren. Für ihre Mitglieder hatten diese Vereine eine besondere Bedeutung: Erstens konnten Ingenieure über Vereine öffentlich auf innovative Technikideen aufmerksam machen. Zweitens ermöglichten sie den Austausch von Expertise zu einer Zeit, als Rüstungsbeschränkungen durch den Versailler Vertrag oder nach dem Zweiten Weltkrieg die Forschung einschränkten. Drittens überdauerten die Vereinsnetzwerke die politischen Brüche in Zeiten des rapiden Wandels, in denen das Land nicht weniger als vier unterschiedliche politische Systeme erlebte.

1 In Zusammenarbeit mit dem Astronomen und Sachbuchautor Max Valier und dem Pyrotechniker Friedrich Wilhelm Sander (1885–1938), später auch unabhängig von diesen, entwickelte und testete Fritz von Opel im Jahr 1928 öffentlichkeitswirksam mehrere Raketenfahrzeuge, hier »Rak 2« auf der Berliner Avus am 23. Mai 1928.

Organisation in Raumfahrtvereinen

Die überregional vernetzten Raumfahrtvereine – etwa der Berliner Verein für Raumschiffahrt (1927–45), die Gesellschaft für Raketenforschung Hannover (1931–39), die Gesellschaft für Weltraumforschung Berlin (1937–44), die Stuttgarter Gesellschaft für Weltraumforschung (1948–56, danach Deutsche Gesellschaft für Raketentechnik und Raumfahrt) mit Ablegern in Hamburg und Wien sowie die Arbeitsgemeinschaft für Raketentechnik in Bremen (1952–58, danach Deutsche Raketen-Gesellschaft) – waren divers und bestanden aus Ingenieuren ebenso wie aus Wissenschaftlerinnen und Wissenschaftlern, Science-Fiction-Autoren, interessierten Amateurinnen und Enthusiasten. In den 1950er-Jahren zählten Frauen erstmals offiziell zu den Mitgliedern. So übernahmen Naturwissenschaftlerinnen, wie die Physikochemikerin Erika Cremer (1900–1996) und die Mathematikerin und Physikerin Irene Sänger-Bredt (1911–1983), wichtige Ämter und Funktionen – eine zumindest zeitweise Abkehr von den reinen Ingenieursvereinen, die sich oft als Männervereine inszeniert hatten. Erst mit wachsender Nähe zur Industrie verengten sich die Themen von allgemeiner Raumfahrt auf technische Aspekte, und viele Nicht-Ingenieure (und damit viele Frauen) wurden in den 1960er-Jahren wieder aus den Vereinen verdrängt.

Den Mitgliedern dienten die Vereine der politischen Einflussnahme ebenso wie der gegenseitigen Karrierehilfe. Da sie unabhängig von Behörden und Unternehmen funktionierten, waren die Vereine auf gemeinsame Fernziele oder Utopien angewiesen. Für viele Mitglieder war eine solche gemeinsame Vision die Raumfahrt, welche sich technisch bereits abzeichnete. In seinem Buch »Die Rakete zu den Planetenräumen« erklärte der aus Siebenbürgen stammende Physiker Hermann Oberth (1894–1989) schon 1923, wie diese theoretisch möglich sei.[2] Von den Raketenexperimenten Fritz von Opels (1899–1971) und des österreichischen Astronomen, Technikers und Schriftstellers Max Valier (1895–1930) (Abb. 1) bis hin zu weiteren regionalen Raketenvereinen und dem »Raketenflugplatz« in Berlin-Reinickendorf (auf dem Gelände des späteren Flughafens Tegel) erfassten Raumfahrtideen nicht nur Techniker und Ingenieure. Sie entwickelten große kulturelle Strahlkraft, die sich zum Beispiel in Fritz Langs Kinofilm von 1929, »Frau im Mond« (siehe Abbildung auf S. 97), Zigarettenwerbung der Marke Juno und Johann Schädlers Musikstück »Raketenflug-Marsch« niederschlug.[3] Dies wurde oft im Zusammenhang mit den Goldenen 20ern erklärt, aber auch mit dem Eskapismus in Zeiten politischer und ökonomischer Krisen. Das ist aber nur die eine Seite dieser Geschichte.

Werbung in eigener Sache

Die andere Seite ist etwas ernüchternder, denn vielen Vereinsenthusiasten ging es nicht wirklich um Raumfahrt und Zukunftsutopien, sondern in erster Linie um lukrative Anstellungen in der Industrie und beim Militär. Der populäre Futurismus war dennoch mehr als ein Feigenblatt: Er bedeutete eine Chance für Ingenieure, als aktive Zukunftsgestalter auf sich aufmerksam zu machen. Denn von der latent hohen Arbeitslosigkeit der späten Weimarer Republik waren auch sie betroffen.[4] Nachdem ihnen während des Ersten Weltkriegs in der Rüstung und als Experten und Pioniere zentrale Aufgaben zugekommen waren, hatten sie auf eine größere gesellschaftliche Anerkennung ihres Berufsstandes gehofft. Der Verein Deutscher Ingenieure forderte in der Gründungszeit der Weimarer Republik gar ein eigenständiges Technikministerium. Dass dieses nicht kam, wurde, wie auch die Rüstungsbeschränkungen durch den Versailler Vertrag, von vielen Ingenieuren als Schmach empfunden.[5]

Während sich manche Enthusiasten für die Ideen einer internationalen, demokratischen Raumfahrtzukunft begeisterten, ging es für viele Techniker um näherliegende, auch militaristische und nationalistische Interessen: Sie warben vor Militärvertretern für die Idee der Fernrakete – wohlweislich, da deren Entwicklung nicht vom Versailler Vertrag eingeschränkt war. Während der Verein für Raumschiffahrt nach seiner Gründung 1927 noch recht bunt aufgestellt war – unter den rund 700 Mitgliedern waren der österreichische Chemiker Franz von Hoefft (1882–1954), der Bauingenieur Walter Hohmann (1880–1945), der Romanautor Otto Willi Gail (1896–1956) und der Wissenschaftsautor Willy Ley (1906–1969) –, setzten sich in den frühen 1930er-Jahren die Profis durch: Einige Techniker und Maschinenbaustudenten um Rudolf Nebel (1894–1978), Klaus Riedel (1907–1944) und Arthur Rudolph (1906–1996) gründeten den »Raketenflugplatz« auf dem alten Schießplatz in Berlin-Reinickendorf. Manch arbeitsloser Techniker, etwa Rolf Engel (1912–1993), kam zunächst vor allem deshalb dazu, weil er auf dem Vereinsgelände kostenfrei wohnen durfte.

Das Heereswaffenamt um seinen Forschungsleiter General Karl Becker (1879–1940) überließ gegen eine geringe Pacht nicht nur das Gelände: Spätestens ab Sommer 1933 kontrollierten Soldaten die Zufahrt, und auch schon zuvor warb die Reichswehr Vereinsmitglieder ab und ließ sie auf dem Versuchsgelände in Kummersdorf unter Geheimhaltung weiterarbeiten. Der junge Maschinenbaustudent und Mitstreiter Nebels, Wernher von Braun (1912–1977), erinnerte sich später an »wenig moralische Skrupel« im Verhältnis zur Reichswehr: »Die Frage war in diesen Diskussionen lediglich, wie die goldene Kuh am erfolgreichsten gemolken werden konnte.«[6] Dies geschah auch auf Vermittlung des Reichslandwirtschaftsministers Magnus Freiherr von Braun (1878–1972), dessen Sohn Wernher trotz seines jungen Alters von 20 Jahren die Leitung eines Flüssigkeitsraketen-Prüfstandes übernehmen durfte.[7]

Dass sich damit nicht technische Expertise, sondern selbst in ihrem vermeintlich modernen Berufsstand elitäre Verbindungen durchsetzten, verärgerte viele Ingenieure aus einfacheren Verhältnissen. Während die Reichswehr auf Geheimhaltung drängte, wandten sich manche stattdessen der NSDAP oder »patriotischen« Sponsoren zu. Die verbliebenen Mitglieder des Raketenflugplatzes um Nebel und Engel starteten im Juni 1933 in Magdeburg eine Flüssigtreibstoffrakete, die als »Magdeburger Pilotenrakete« angekündigt wurde und dann doch unbemannt war.[8] Der arbeitslose Pilot Reinhold Tiling (1893–1933) reiste mit Unterstützung Gisbert Freiherr von Ledeburgs (1899–1980) durchs Land und führte eine Postrakete vor. Mit solchen Postraketen glaubten Tüftler den Postverkehr zwischen Inseln und Festland oder gar nach England revolutionieren zu können. Über die SA inszenierten sich auch die Nationalsozialisten als Unterstützer dieser vermeintlich verkannten deutschen Technikgenies und förderten ebenfalls Experimente, etwa den Start einer Postrakete durch den Geschäftsmann Gerhard Zucker (1908–1985) in Cuxhaven-Duhnen im April 1933. Zucker verdiente daran vor allem durch den Verkauf von Eintrittskarten und Briefmarken. Er versprach, dass die Postrakete die Insel Neuwerk erreichen könne. Dass sie dann allerdings nach nur 40 Metern ins Wattenmeer fiel, war auch eine Blamage für die SA-Leute, die beim Start geholfen hatten, und

2, 3 Gerhard Zuckers Rakete »Herta« explodierte bei einer öffentlichen Vorführung in Cuxhaven-Duhnen an der deutschen Nordseeküste, April 1933. Die Bilder aus einem Nachrichtenbeitrag der British Pathé zeigen zunächst die aufwendige Startvorbereitung und nach dem Fehlschlag die konsternierten Gesichter der SA-Leute – dazu den sarkastischen Kommentar: »Up like a rocket… down like a stick.«

ein Ärger für die Besucherinnen und Besucher, die ihr Geld nicht zurückerhielten.[9] Ein Kameramann der British Pathé filmte nicht nur die aufwendig inszenierte Versuchsvorbereitung, sondern anschließend auch die verwirrten Gesichter der SA-Helfer, die sich um das vollkommen zerstörte Wrack der Rakete herum versammelten (Abb. 2 und 3).

Raketen für den Krieg

Wenngleich die Experimente Aufsehen erregten, waren die Fehlschläge und Enttäuschungen ein zunehmendes Imageproblem für die NSDAP, die die freien Entwickler 1934 fallen ließ und ein neues Narrativ entwickelte: Nach der »Machtergreifung« seien die Ingenieure als Funktionseliten erkannt und in den sogenannten Volkskörper integriert worden. Populäre Experimente zur Eigenwerbung seien daher nicht mehr notwendig. Der individuelle Raketentüftler erschien somit als Relikt einer vergangenen Zeit. Wer sich der immer strengeren Geheimhaltung nicht unterwerfen wollte oder konnte, musste mit Repressalien rechnen – wie Zucker, der seine Postraketen 1934 und 1935 auf englischen Messen präsentierte und bei seiner Rückkehr nach Deutschland inhaftiert wurde. Die Geheimhaltung betraf sogar die Science-Fiction-Literatur, die seinerzeit »technische Fantasie« oder »technische Utopie« genannt wurde, von Groschenheften bis zu Weltraumromanen. Deren Autoren wurden angehalten, Raumschiffe nicht mehr als Raketen darzustellen.

Im Rahmen seines Rüstungsprogramms weitete das deutsche Heer die Raketenentwicklungen ab 1936 massiv aus und verlegte sie nach Peenemünde auf der Ostseeinsel Usedom. Unter dem Kommando von Generalmajor Walter Dornberger (1895–1980) und der technischen Leitung von Brauns wurden in der dortigen Heeresversuchsanstalt Flüssigkeitsraketen entwickelt und erprobt, darunter die Raketenwaffe Aggregat 4, die als »Vergeltungswaffe V2« in den letzten beiden Kriegsjahren in die Durchhaltepropaganda einging.[10] Daneben wurde eine Versuchsstelle errichtet, auf der experimentelle Raketenflugzeuge und Flugbomben getestet wurden. Ab Juni 1943 wurden dazu Zwangsarbeiter und KZ-Insassen eingesetzt, und wegen Luftangriffen wurde die Serienfertigung kurz darauf in die Stollenanlagen des KZ Mittelbau-Dora verlegt. Betriebsdirektor der dortigen Mittelwerk GmbH wurde Arthur Rudolph, einer der Gründer des Berliner Raketenflugplatzes.[11] Dass viele der ehemaligen Weimarer Raketenenthusiasten in die NS-Rüstung und das System der Zwangsarbeit verwickelt waren, sollte die Erinnerung an die deutschen Pionierleistungen später schwer belasten.

Die Enthusiastenszene wuchs vor und während des Zweiten Weltkriegs wieder an und stellte für das Heereswaffenamt und die Rüstungswirtschaft ein wichtiges Rekrutierungsbecken dar. Während der Verein für Raumschiffahrt nur mehr auf dem Papier existierte, sammelten sich weltraumbegeisterte Studenten in der Gesellschaft für Weltraumforschung. Diese wurde als Ableger des Astronomievereins Breslau 1937 von Physiker Hans K. Kaiser (1911–1985) gegründet und zog bald nach Berlin um. Mitglied wurde auch der Berliner Maschinenbaustudent Krafft Arnold Ehricke (1917–1984), der nach seinem Studienabschluss 1942 nach Peenemünde ging und dort ein wichtiger Antriebsexperte wurde. Dornberger sagte nach dem Krieg, dass ein weiterer Grund für die neuen Freiheiten der Amateurclubs auch die Täuschung ausländischer Geheimdienste war: »Solange sie existierten und Reklame machten, war das Augenmerk des ausländischen Nachrichtendienstes mehr auf sie gerichtet, als auf uns.«[12]

Internationalisierung nach dem Krieg

In der Nachkriegszeit wurden viele Techniker der Heeresversuchsanstalt Peenemünde in die USA gebracht. Wernher von Braun entwickelte mit einem Teil seines ehemaligen Teams Raketen für die U.S. Army, später für die NASA. Eine Gruppe um den

4 Friedrich Staats (stehend) für die Deutsche Raketen-Gesellschaft Bremen (vormals Arbeitsgemeinschaft für Raketentechnik) und Eugen Sänger für die Deutsche Gesellschaft für Raketentechnik und Raumfahrt (vormals Gesellschaft für Weltraumforschung) nehmen an einer Sitzung des Internationalen Astronautischen Kongresses 1956 in Rom teil.

5 Die pazifistischen Ostermärsche, hier 1960 von Hamburg nach Bergen, organisierten sich nach den vielbesuchten »Kampf dem Atomtod«-Einzelkundgebungen 1958 und nach dem Vorbild der britischen »Aldermaston Marches« fortan jährlich zum Protest gegen Atomraketen und andere Nuklearwaffen auf deutschem und europäischem Boden und gegen militärische Gewalt.

Messtechnikspezialisten Helmut Gröttrup (1916–1981), die 1946 in einer Nacht- und Nebelaktion in die Sowjetunion deportiert wurde, arbeitete einige Jahre lang für das sowjetische Raketenprogramm. Andere Experten für Raketen- und Antriebstechnik, die nicht in Peenemünde, sondern für weitere Institute oder bei der Industrie (etwa BMW) gearbeitet hatten, fanden Anstellungen in Projekten in Westeuropa. Etwa 40 Ingenieure um den Österreicher Eugen Sänger (1905–1964) gingen 1946/47 nach Frankreich und entwickelten dort die Véronique-Rakete.[13] Manche der vielen in Deutschland verbliebenen ehemaligen Mitarbeiter der verschiedenen NS-Programme wandten sich jedoch angesichts der Rüstungsbeschränkungen wieder dem populärwissenschaftlichen Schreiben und dem utopischen Gedanken der Raumfahrt zu. Sie gründeten nicht nur erneut Vereine, wie 1948 die Gesellschaften für Weltraumforschung in Stuttgart, Hamburg und Wien und 1952 die Arbeitsgemeinschaft für Raketentechnik in Bremen. Zusammen mit Vereinen aus anderen Ländern – der British Interplanetary Society, der Groupement Astronautique Français, der American Rocket Society sowie kleineren Vereinigungen wie der Dansk Interplanetarisk Selskab aus Dänemark oder der Associazione Italiana Razzi aus Rom – gründeten sie im Jahr 1951 auch die Internationale Astronautische Föderation in London.[14] Der Militärische Sicherheitsrat der U.S. Army in Wiesbaden begrüßte die Gründung des Stuttgarter Vereins durch den ehemaligen BMW-Ingenieur Heinz Gartmann (1917–1960) und den Maschinenbaustudenten Heinz Hermann Koelle (1925–2011), weil diese neben der konsequenten Internationalisierung die »Vorbereitung des Raumfahrtgedankens« zum primären Vereinsziel erklärten.[15]

Erstarken militärisch-industrieller Interessen

Die Vision der zivilen Raumfahrt war für viele Mitglieder der neuen Vereine wegen der Rüstungsbeschränkungen zunächst alternativlos. Spätestens mit dem Koreakrieg (1951–53) erwuchsen jedoch neue Karrieremöglichkeiten in den USA. Und auch in Deutschland wurden – zunächst eingeschränkt, ab 1955 offen – wieder Raketenantriebe für die Rüstung entwickelt, etwa durch das Ottobrunner Luftfahrtunternehmen Ludwig Bölkows (1912–2003). Letzterer gewann als finanzkräftiger Förderer selbst Einfluss in den Vereinen, über die er Studierende an die Industrie heranführte.[16] Doch Teile der Stuttgarter und Bremer Vereine, die Mitte der 1950er-Jahre auf jeweils rund 1000 Mitglieder angewachsen waren, stemmten sich gegen die zunehmende Ausrichtung an militärisch-industriellen Interessen.[17]

Druck kam auch aus der Zivilgesellschaft: Die europäische Friedensbewegung traf in Deutschland auf die Bewegung gegen die Wiederbewaffnung und entlud sich nach dem Start des sowjetischen Satelliten Sputnik I am 4. Oktober 1957 in »Kampf dem Atomtod«-Protesten unter anderem in Hamburg und Frankfurt. Organisiert wurden diese von einigen politischen Parteien sowie Kirchen und Gewerkschaften. Eine idealistische Verstetigung fanden sie ab 1960 vor allem in den Ostermärschen (Abb. 5). Die Protestierenden befürchteten, neu entwickelte Raketen könnten vor allem als Träger für Atomwaffen eingesetzt werden. Dass sich einige Repräsentanten der Raumfahrtvereine bereits 1956 mit Vertretern der NATO und des neugegründeten Bundesverteidigungsministeriums zu einer Zusammenkunft der Advisory Group for

6 Die Deutsche Raketen-Gesellschaft in Bremen unterhielt in den frühen 1960er-Jahren eigene Labore, die mit Hochschulen kooperierten und in denen Studierende des Maschinenbaus gemeinsam mit Ingenieuren und ehemaligen Peenemündern tätig waren. Problematisch wurde dies, als einige Vereinsmitglieder um den Ingenieur Berthold Seliger nach erfolgreichen Tests von »Kumulus«- und »Cirrus«-Pulverraketen ein Rüstungsunternehmen aus dem Verein ausgründen wollten.

Aerospace Research and Development in München getroffen hatten, wurde mit Beunruhigung aufgenommen. »Schlank, schön und tödlich – das ist die Rakete. Das neue Schwert der Mächtigen von heute und Träger des drohenden interkontinentalen Todes von morgen,« kommentierte Adalbert Bärwolf (1921–1995), Technikredakteur der Tageszeitung »Welt«.[18]

Dass es eben nicht die europäischen Enthusiasten, sondern unter militärischen Vorzeichen die Sowjetunion und wenig später auch die USA waren, die die Raumfahrt realisierten, trug zur allgemeinen Ernüchterung in den bundesdeutschen Vereinen bei. Noch hatten Naturwissenschaftlerinnen und -wissenschaftler, Autorinnen und Autodidakten wichtige Funktionen in der Vernetzungsarbeit, wurden aber nach und nach herausgedrängt. Dies lag einerseits an der Professionalisierung und der wachsenden Nähe zu Industrieverbänden wie der Wissenschaftlichen Gesellschaft für Luftfahrt. Andererseits verhinderten die Vereinsvorstände etwa des Stuttgarter Vereins, der 1956 in Deutsche Gesellschaft für Raketentechnik und Raumfahrt umbenannt worden war, gezielt Projektgruppen zu Raumfahrtthemen – »weil es hierbei offenbar nicht direkt um Raketen ging,« wie Mitglied Walter Hecker mutmaßte.[19] Zusammen mit dem Mathematiker Alfred Fritz (1911–2001) wollte dieser im Verein eine Projektgruppe zu Satellitenmessungen aufbauen, die trotz namhafter Kooperationen mit Max-Planck-Instituten auf Ablehnung des Vorstands um Eugen Sänger stieß. Fritz verfolgte daraufhin bis in die frühen 1960er-Jahre das Konzept eines Deutschen Raumfahrtmuseums in Stuttgart, das viele Exponate, darunter eine V2-Rakete,[20] sammeln konnte und Raketen und Raumfahrt kritisch diskutieren sollte. Das Museumsprojekt scheiterte allerdings wegen mangelnder politischer Unterstützung, und viele Objekte, darunter auch die Rakete, gelangten 1962 an das Deutsche Museum.[21]

Tatsächlich wurden viele Mitglieder der Stuttgarter und Bremer Vereine ihren idealistischen Versprechungen lange nicht mehr gerecht: 1962 deckte das Nachrichtenmagazin »Der Spiegel« auf, dass Ingenieure von Sängers Forschungsinstitut für Physik der Strahlantriebe in Ägypten Raketenwaffen für das Nasser-Regime entwarfen und ihr Engagement über Schweizer Tarnfirmen abwickelten, was zu einem Eklat in den Beziehungen der Bundesrepublik zu Israel führte.[22] Derweil fühlte sich Ingenieur Berthold Seliger (1928–2020), ein Landesgruppenleiter in der Deutschen Gesellschaft für Raketentechnik, nach erfolgreichen Starts von Pulverraketen zusammen mit Studierenden in Cuxhaven 1963 ermutigt, in Hamburg die Waffen- und Luftrüstung AG zu gründen (Abb. 6). Dies führte zu Befürchtungen in europäischen Nachbarländern, Deutschland könnte seine Zusagen, neben Atom- auch keine unabhängigen Raketenentwicklungsprogramme durchzuführen, nicht mehr einhalten. Die Bundesregierung schränkte Amateurentwicklungen daraufhin per Gesetz erheblich ein.[23] Umbenannt in Hermann-Oberth-Gesellschaft, konzentrierte sich der Bremer Verein in der Folge auf politische Lobbytätigkeiten und Nachwuchsförderung.

7 Mit der Trägerrakete Europa I suchten die westeuropäischen Staaten ihre neue technisch-wissenschaftliche Zusammenarbeit zu demonstrieren. Die von Frankreich, Großbritannien und Deutschland entwickelten Stufen wurde ab 1964 getestet und erstmals 1968 gemeinsam gestartet. Nachdem diese wie auch die Weiterentwicklungen Europa II und III scheiterten, ging daraus letztlich das erfolgreiche Ariane-Programm der ESA hervor.

Von der Raumfahrtutopie zur ambivalenten Realität

In den weitgehend unabhängigen Jahren der deutschen Raketenforschung – in den 1920er- und erneut in den frühen 1950er-Jahren – wurden zwar wenige echte wissenschaftlich-technische Fortschritte gemacht (und diese von industriellen Entwicklungen rasch überholt), es wurden jedoch Grundlagen für die utopische Rahmung der technischen Fortschritte gelegt. Diese konnten daher im Zusammenhang mit gesellschaftlichen Utopien diskutiert werden. In eher nüchterner Auslegung könnte man zugleich argumentieren, dass die Utopien auch deshalb hochgehalten wurden (und gerne an die »unschuldigen« Anfänge der Enthusiastenszene erinnert wurde), weil es danach oft um militärische Anwendungen ging.

Raumfahrtvisionen zur Aushandlung von Chancen und Risiken des technischen Fortschritts und dessen Verhältnis zu gesellschaftlichem Wandel lebten aber weiter – politisch in den europäischen Raumfahrtinitiativen, ab 1962 in ESRO und ELDO und ab 1975 in der ESA (Abb. 7), aber auch in der Science-Fiction-Szene, die sich nach angloamerikanischem Vorbild liberalisierte und auf regelmäßigen Treffen, sogenannten »Conventions«, Zukunftswelten diskutierte. Diese Visionen werden mittlerweile von Raumfahrtpionieren einer neuen Generation von privatwirtschaftlichen Unternehmern wie Jeff Bezos (*1964), Elon Musk (*1971) und Richard Branson (*1950) aufgegriffen. Hier zeigt sich, dass Raumfahrtvisionen – vom Weltraumtourismus zur Mondbasis und von der Marsbesiedlung hin zu interstellaren Erkundungen – auch 150 Jahre nach Jules Vernes Roman Menschen begeistern. Fortschritte gestalten sich langsamer als einst vorhergesagt, sicherheitspolitische Interessen haben allzu naiven Utopismus längst wieder eingetrübt und es wird sich erst noch zeigen müssen, wohin staatliche oder private Initiativen die Raumfahrt im 21. Jahrhundert entwickeln werden. Der Enthusiasmus für die Zukunft in den Sternen bleibt darin jedoch eine einflussreiche kulturelle, soziale und politische Triebfeder.

1 Verne, Jules: Von der Erde zum Mond. Wien, Pest, Leipzig 1874, S. 7, 21.

2 Oberth, Hermann: Die Rakete zu den Planetenräumen. München 1923.

3 Neufeld, Michael J.: Weimar Culture and Futuristic Technology. The Rocketry and Spaceflight Fad in Germany, 1923–1933. In: Technology and Culture 31 (1990), H. 4, S. 725–752.

4 Kalkmann, Ulrich: Die Technische Hochschule Aachen im Dritten Reich (1933–1945). Aachen 2003, S. 78.

5 Ludwig, Karl-Heinz: Technik und Ingenieure im Dritten Reich. Düsseldorf 1974, S. 31 f.

6 Neufeld, Michael J.: Wernher von Braun. Visionär des Weltraums, Ingenieur des Krieges. München 2009, S. 37.

7 Ders.: The Rocket and the Reich. Peenemünde and the Coming of the Ballistic Missile Era. New York 1995, S. 28–39; Siebeneichner, Tilmann: Die »Narren von Tegel«. Technische Innovation und ihre Inszenierung auf dem Berliner Raketenflugplatz, 1930–1934. In: Technikgeschichte 84 (2017), H. 4, S. 353–379, auf S. 374.

8 Rietz, Frank-E.: Die Magdeburger Pilotenrakete 1933. Auf dem Weg zur bemannten Raumfahrt? Halle (Saale) 1998.

9 Brandau, Daniel: Raketenträume. Raumfahrt- und Technikenthusiasmus in Deutschland, 1923–1963. Paderborn 2019, S. 100–104.

10 Aumann, Philipp: Großforschung und Wunderglaube. Die Entwicklung von Fernwaffen als Strategie und letzte Hoffnung im Zweiten Weltkrieg. In: Historisch-Technisches Museum Peenemünde (Hrsg.): Ausstellungskatalog. Berlin 2016, S. 8–53.

11 Wagner, Jens-Christian: Zwangsarbeit für die Rakete. Die A4-Produktion in Peenemünde und Mittelbau-Dora. In: Stamm-Kuhlmann, Thomas; Wolf, Reinhard (Hrsg.): Raketenrüstung und internationale Sicherheit von 1942 bis heute. Stuttgart 2004, S. 11–23; Eisfeld, Rainer: Mondsüchtig. Wernher von Braun und die Geburt der Raumfahrt aus dem Geist der Barbarei. Reinbek bei Hamburg 1996, S. 115–124.

12 Dornberger, Walter: Brief an Willy Ley, 4.10.1953, National Air and Space Museum, Willy Ley Collection, 29/11.

13 Krige, John; Russo, Arturo: A History of the European Space Agency 1958–1987. Bd. 1: The Story of ESRO and ELDO, 1958–1973. Noordwijk 2000, S. 10; Magnus, Kurt: Raketensklaven. Deutsche Forscher hinter rotem Stacheldraht. Klitzschen 1999.

14 Shepherd, Leslie: Prelude and First Decade. In: Acta Astronautica 32 (1994), H. 7/8, S. 475–499, auf S. 477–478; Geppert, Alexander C.T.: Space Personae. Cosmopolitan Networks of Peripheral Knowledge, 1927–1957. In: Journal of Modern European History 6 (2008), H. 2, S. 262–286, auf S. 284.

15 Koelle, Heinz-Hermann; Gartmann, Heinz: Brief an Carl H. Nordstrom, Military Security Board der U.S. Army, 30.11.1950, U.S. National Archives and Records Administration, 1410420, HMS: A1 140.

16 Weyer, Johannes: European Star Wars. The Emergence of Space Technology through the Interaction of Military and Civilian Interest Groups. In: Mendelsohn, Emmeret u. a. (Hrsg.): Science, Technology and the Military. Dordrecht 1988, S. 243–288, auf S. 248

17 Krige, John: NATO and the Strengthening of Western Science in the Post-Sputnik Era. In: Minerva 38 (2000), H. 1, S. 81–108, S. 81 f.

18 Bärwolf, Adalbert: Da hilft nur beten. Düsseldorf 1956, S. 103.

19 Hecker, Walter: Brief an Alfred Fritz, 1.10.1959, Stanford University Library Special Collections, M718/3/5.

20 Die Bezeichnung „V2" – V für Vergeltungswaffe – geht auf eine Sprachregelung der Nationalsozialisten zurück. Die technische Bezeichnung war »Aggregat 4«, kurz A4. Letztere diente jedoch in der Nachkriegszeit oft zur Relativierung der militärischen Dimension. In diesem Artikel wird daher wie in gesamten Katalog die Bezeichnung »V2«-Rakete oder »V2«-Raketenwaffe verwendet, um den Propagandakontext nicht auszublenden und zugleich kontextualisieren zu können.

21 Siehe dazu auch die Einleitung dieses Katalogs, S. 63.

22 Blasius, Rainer A.: Geschäftsfreundschaft statt diplomatischer Beziehungen. Zur Israel-Politik 1962/63. In: Ders. (Hrsg.): Von Adenauer zu Erhard. Studien zur Auswärtigen Politik der Bundesrepublik Deutschland 1963. München 1994, S. 145–210; Weingardt, Markus A.: Deutsche Israel- und Nahostpolitik. Die Geschichte einer Gratwanderung seit 1949. Frankfurt a. M. 2002, S. 135–140.

23 Brandau, Daniel: Raketenträume. Raumfahrt- und Technikenthusiasmus in Deutschland, 1923–1963. Paderborn 2019, S. 421 f.

Tilmann Siebeneichner

Spacelab: Ein »Meilenstein« deutsch-europäischer Raumfahrtgeschichte des 20. Jahrhunderts?

1 Konzept des Spacelabs im Orbit, 1970er.

»Spacelabs fall'n auf Inseln, Vergessen macht sich breit«, sang die Düsseldorfer Band Fehlfarben in ihrem bekanntesten Hit »Ein Jahr (Es geht voran)« aus dem Jahr 1980.[1] Die offenkundige Verwechslung – über Australien abgestürzt war im Jahr zuvor kein Spacelab, sondern die erste amerikanische Raumstation Skylab – zeigt, welch große Faszination von diesem Objekt bereits drei Jahre vor seinem Erstflug im Dezember 1983 ausging.

STS-9, wie diese zehntägige Mission ganz nüchtern im Sprachgebrauch der NASA hieß, markierte nicht weniger als Westeuropas Einstieg in die bemannte Raumfahrt: Erstmalig flog mit dem promovierten Physiker Ulf Merbold (*1941) nicht nur ein Ausländer an Bord eines US-amerikanischen Raumschiffes mit; zum ersten Mal handelte es sich dabei auch nicht um einen professionellen Astronauten, sondern um einen »echten « Wissenschaftler.

Spacelab war das erste wiederverwendbare Labor für wissenschaftliche Forschungen im Weltraum. Es schuf die Grundlagen dafür, so NASA Public Affairs Officer Lori Meggs anlässlich des 30-jährigen Jubiläums seines Erstfluges am 6. Dezember 2013, wie wir heutzutage im Weltraum Wissenschaft betreiben.[2] Ein Meilenstein der Raumfahrtgeschichte also?

2 Offizielles NASA-Foto der Crew der STS-9 Mission mit Ulf Merbold (oben rechts)

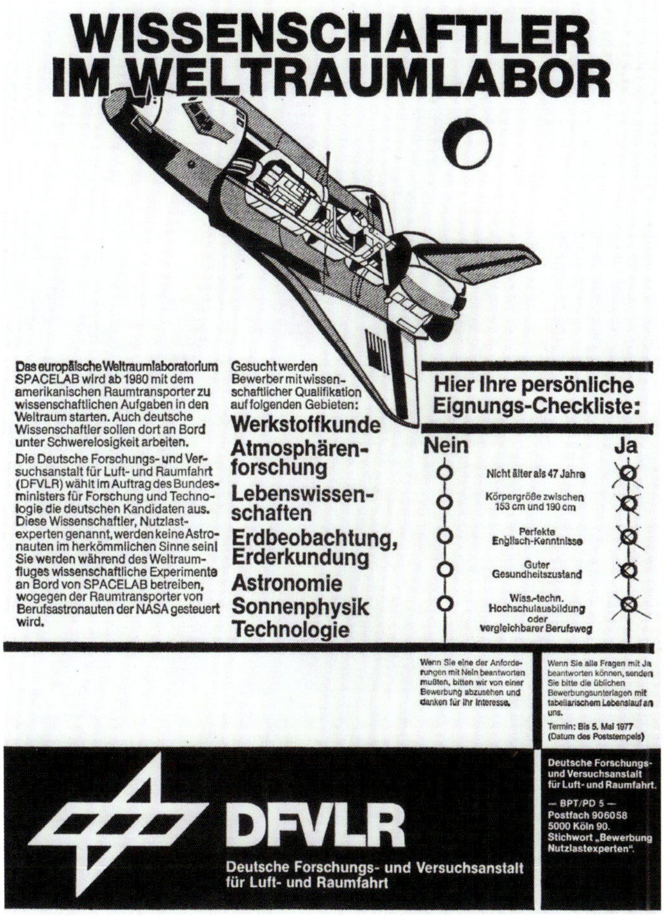

3 Stellenanzeige der DVFLR vom April 1977.

Historische Hintergründe: Wissenschaft und Politik im Weltraum

»Wissenschaftler im Weltraum« gesucht, verkündete im April 1977 eine Annonce der Deutschen Forschungs- und Versuchsanstalt für Luft- und Raumfahrt (DFVLR).

Der besondere Clou: »Diese Wissenschaftler, Nutzlastexperten genannt, werden keine Astronauten im herkömmlichen Sinne sein,« sondern »während des Weltraumfluges wissenschaftliche Experimente an Bord von Spacelab betreiben.« Einzige Voraussetzungen für potenzielle BewerberInnen: Sie sollten nicht älter als 47 Jahre und nicht größer als 190 cm sein, über einen guten Gesundheitszustand sowie perfekte Englischkenntnisse und ein abgeschlossenes Hochschulstudium verfügen. Auf ganz alltägliche Weise – die Annonce erschien in allen großen Tageszeitungen der Bundesrepublik – wurde hier eine Botschaft von geradezu revolutionärer Bedeutung verkündet: War der Weltraum bis dahin ein nahezu unzugänglicher Ort gewesen, der allein speziell ausgebildeten Berufsastronauten vorbehalten blieb, könnte er schon in naher Zukunft (beinahe) jedermann offenstehen und zu einem fast gewöhnlichen Arbeitsplatz werden! Mehr als 700 Personen bewarben sich auf die Annonce, darunter auch Ulf Merbold: »Das Angebot schien mir verlockend, und ich beschloss, mich zu bewerben.«[3]

Ganz ähnlich ließe sich auch die Kooperation zwischen der National Aeronautics and Space Administration (NASA) und der European Space Agency (ESA) beschreiben, in deren Rahmen das Spacelab entstand. Noch vor dem Abschluss des Apollo-Programms im Dezember 1972 war die NASA mit einer Einladung an die westeuropäische Weltraumgemeinschaft herangetreten, sich an ihrem sogenannten Post-Apollo-Programm zu beteiligen. Mit den erfolgreichen Flügen zum Mond hatte sich weithin die Ansicht durchgesetzt, dass man von der Pionierphase der Raumfahrt, in der es darum gegangen war, Menschen Zugang zum All zu verschaffen, nun in eine Phase intensivierter und umfassender Nutzung zumindest des erdnahen Orbits übergehen würde. Im Mittelpunkt des Post-Apollo-Programms stand folglich das Space Shuttle, die erste wiederverwendbare Raumfähre. Sie versprach, den Aufenthalt im All zu einer alltäglichen Angelegenheit zu machen.

50 Jahre später mögen derartige »Erwartungshorizonte« überzogen und allzu optimistisch erscheinen.[4] Zweifellos waren sie Ausdruck eines noch weitgehend ungebrochenen Zukunftsvertrauens in die Lösungskompetenzen von Technik auch für soziale und kulturelle Probleme, das – darin ist sich die zeithistorische Forschung einig – erst in den 1970er-Jahren ins Wanken geriet. Bis dahin kam Wissenschaft und Technik als Wegbereiter für eine bessere Welt – im Kalten Krieg verkörpert in erster Linie durch die Atomenergie und die Raumfahrttechnologie – eine fast heilsgeschichtliche Bedeutung zu. Welche konkreten technologischen, ökonomischen und politischen Vorteile sich aus der transatlantischen Zusammenarbeit ergeben würden, war lange Zeit eher unklar. Dennoch zeigte man sich innerhalb der Bundesregierung von der fortschrittlichen Bedeutung des Spacelabs überzeugt.[5]

Die transatlantische Weltraum-Kooperation war vor allem politisch motiviert und ging mit einer Reihe weitreichender Kompromisse einher, die von den Modalitäten der Zusammenarbeit bis zur praktischen Beteiligung in Form des Spacelabs reichten. Ursprünglich hätte man sich insbesondere in der Bundesrepublik gern an der Entwicklung des Space Shuttles beteiligt. Dieser Wunsch scheiterte jedoch am Einspruch des US-amerikanischen Verteidigungsministeriums, das maßgeblich in die Entwicklung des Shuttles involviert war und durch eine Hinzuziehung anderer Nationen amerikanische Sicherheitsinteressen gefährdet sah. Tatsächlich folgte die faktische »Eroberung des Weltraums« seit 1957 vorrangig den militärstrategischen Kalkülen der beiden Supermächte des Kalten Krieges. Das Pentagon befürwortete und unterstützte die Entwicklung des Space Shuttles, weil es die Möglichkeit eröffnete, Objekte im All auszusetzen und einzufangen. Diese Fähigkeit wiederum führte nicht nur in der Sowjetunion zu der Befürchtung, dass sein eigentlicher Zweck dem Einfangen und Zerstören feindlicher Satelliten gelte – noch zum Erstflug des Shuttles im März 1981 mutmaßte »Der Spiegel« in einem Leit-

4 US-Vizepräsident George Bush mit ESA-Astronaut Claude Nicollier vor dem Spacelab Engineering Model, Kennedy Space Center, im Februar 1982. Rechts von ihm sind Spacelab-1 back-up Payload Specialist Wubbo Ockels aus den Niederlanden, James McCulla von der Public Services Branch des NASA Hauptquartiers und James C. Harrington, Hauptverantwortlicher des Spacelab Programms auf Seiten der NASA. Aus dem Spacelab schaut NASA-Astronaut Owen Garriott heraus; Nicollier sollte im August 1992 in den Weltraum fliegen, Ockels bereits im November 1985 im Rahmen der D1-Mission.

artikel samt reißerischem Titelbild über eine »Aufrüstung im All«.[6]

Während insbesondere Satelliten im Zuge der 1970er-Jahre enorm an militärischer Bedeutung gewannen, stand die bemannte Raumfahrt weiterhin für eine Vision: »Als die ersten Astronauten den Mond verließen, hinterließen sie eine Gedenktafel, auf der zu lesen ist: ›Wir kamen in Frieden und zum Wohle der gesamten Menschheit.‹ Nun kehrt der Mensch ins All zurück und diesmal hat er alle Werkzeuge des Friedens dabei,« erklärte der damalige Vizepräsident George Bush (1924–2018), als er im Februar 1982 das erste Spacelab in Empfang nahm und dabei die große symbolische Bedeutung unterstrich, die der europäischen Beteiligung am Post-Apollo-Programm zukam.[7]

Denn im Gegensatz zu den beiden Supermächten hatte sich die westeuropäische Weltraumgemeinschaft im Zuge ihrer Gründung in den 1960er-Jahren dazu bekannt, einen multilateralen und integrativen Weg in den Weltraum zu beschreiten, der nicht spezifischen nationalen Sicherheitsinteressen, sondern dem allgemeinen Fortschritt verpflichtet sein sollte. Allerdings waren ihre Versuche, sich einen eigenständigen Weg in den Weltraum zu bahnen, bis dahin gescheitert.[8]

Dennoch reagierte die europäische Weltraumgemeinschaft nicht durchweg so begeistert auf die Einladung der Amerikaner wie Ulf Merbold auf die Annonce der DFVLR. Auf Seiten der USA bestanden vielfältige Gründe für die Einladung: Einerseits war man hier nach dem erfolgreichen Apollo-Programm um weitreichende ökonomische Einsparungen bemüht, andererseits erkannte man die starke symbolpolitische Wirkung, die von der Einbindung der Verbündeten in das eigene Raumfahrtprogramm ausging. Nicht zuletzt versprach man sich aus dieser Einbindung auch eine vergleichsweise bequeme Form der Abschöpfung technischen Wissens. Insbesondere in Frankreich, das im Machtgefüge des Kalten Krieges eine durchaus kritische Haltung gegenüber den Vereinigten Staaten einnahm, fürchtete man jedoch, durch die Kooperation mit der NASA in eine allzu starke raumfahrttechnologische Abhängigkeit zu geraten. Daher plädierte man dafür, die eigenen Ressourcen stattdessen in die Entwicklung einer europäischen Trägerrakete zu investieren.[9]

Die unterschiedlichen nationalen Interessen und Schwerpunktsetzungen innerhalb der westeuropäischen Weltraumgemeinschaft führten zu einer vollständigen Reorganisation, die 1975 in der Gründung der ESA gipfelte. Frankreich übernahm dabei die Federführung bei der Entwicklung einer europäischen Trägerrakete – aus der schließlich die Ariane hervorgehen sollte, die im Dezember 1979 erfolgreich ihren Erstflug absolvierte –, während Deutschland die Leitung des Spacelab-Programms zufiel. Außer Irland und Schweden beteiligten sich alle Mitgliedsstaaten der ESA an diesem Programm; den Hauptanteil der Gesamtkosten in Höhe von 800 Millionen Dollar, insgesamt 55 %, übernahm die

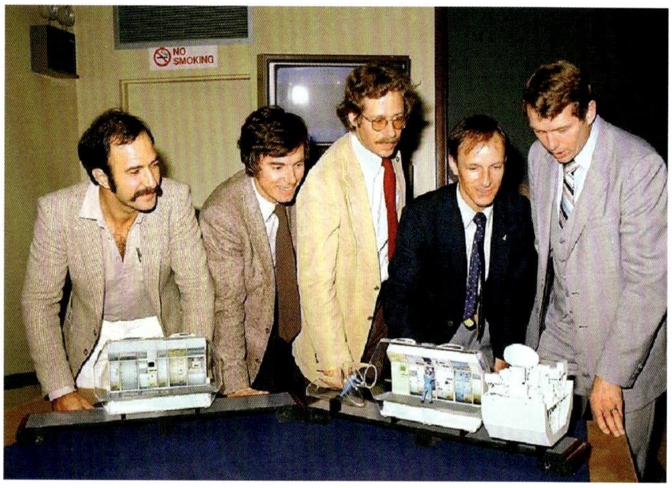

5 Die ESA-Astronauten Wubbo Ockels und Ulf Merbold, NASA-Astronaut Michael Lampton, ESA-Astronaut Claude Nicollier und NASA-Astronaut Byron Lichtenberg (v.l.n.r.) betrachten ein Modell des Spacelabs.

6 Einbau des Spacelabs in das Shuttle 1983.

Bundesrepublik, gefolgt von Italien (15,6 %), Frankreich (10,3 %) und Großbritannien (6,5 %).

In der Bundesrepublik gingen die Beweggründe für die Beteiligung am Post-Apollo-Programm über rein raumfahrttechnische Aspekte hinaus. Hier sah man darin auch eine Chance, sich nach der Ostpolitik Willy Brandts, die für einige Verunsicherungen unter den Verbündeten der Bundesrepublik gesorgt hatte, als verlässlicher Partner im transatlantischen Bündnis zu beweisen. Und nicht zuletzt hatten die erfolglosen Bemühungen der 1960er-Jahre, sich einen eigenen Zugang zum Weltraum zu verschaffen, auch die Frage aufgeworfen, inwieweit zwischen den Supermächten einerseits und Europa andererseits eine »technologische Lücke« klaffte. Derartige Wahrnehmungen verweisen wiederum auf den hohen symbolischen Stellenwert, der insbesondere der technisch außergewöhnlich anspruchsvollen bemannten Raumfahrt beigemessen wurde. So zeigte man sich innerhalb der Bundesregierung nach dem Abschluss der Kooperation überzeugt, am »technologisch fortschrittlichsten Raumfahrtprojekt der Zukunft teilzunehmen«.[10] Tatsächlich war das Spacelab als integraler Bestandteil des Space Shuttles gedacht; gemeinsam bildeten Shuttle und Spacelab das Space Transportation System (STS), das als Säule des Post-Apollo-Programms die angestrebte umfassende Erschließung wenigstens des erdnahen Orbits gewährleisten sollte.

Nachdem im Spätsommer 1973 in einem »Memorandum of Understanding« (MOU) die Modalitäten der gegenseitigen Zusammenarbeit beschlossen worden waren, begann im Jahr darauf der Bau des ersten Spacelabs, »Flight Unit 1« (FU 1) genannt.

Über 40 Firmen in ganz Europa waren daran beteiligt, als Hauptauftragnehmer fungierte das in Bremen ansässige Luftfahrtunternehmen VFW-Fokker/ERNO. Die gegenseitige Vereinbarung sah vor, das erste Spacelab der NASA kostenlos zu überlassen, während diese sich dazu verpflichtete, mindestens ein weiteres Weltraumlabor von der ESA zu kaufen. Im Gegenzug durfte ein europäischer Astronaut FU 1 auf seinem Erstflug kostenlos begleiten; weitere Flüge würden von der ESA jedoch gebucht und bezahlt werden müssen.

7 Briefmarke »Weltraumlabor« aus der Briefmarkenserie »Industrie und Technik«, die von 1975 bis 1982 erschien und bis etwa 1988 in Gebrauch war; die 40-Pfennig-Marke erschien am 15. Mai 1975 und zählte mit einer Auflage von 2 132 000 000 zu den meistvertriebenen Marken der Serie.

Das Weltraumlabor: Fortschrittsversprechen und -skepsis

»Diese Mission führt uns das große Potenzial vor Augen, das der Weltraum für die Menschheit bereithält,« lobte US-Präsident Ronald Reagan (1911–2004) am 5. Dezember 1983 in einem Beitrag der »Tagesschau«. Gemeinsam mit Bundeskanzler Helmut Kohl (1930–2017) waren die beiden per Live-Schaltung mit den Astronauten an Bord der Raumfähre Columbia verbunden, die in ihrer Ladebucht erstmals auch das Spacelab mitführte. »Ich freue mich besonders darüber, dass diesmal auch unser Landsmann Ulf Merbold zur Besatzung der Raumfähre zählt,« ergänzte der Bundeskanzler und betonte: »Wir hoffen, dass dieses gemeinsame Unternehmen erst den Anfang einer intensiven Zusammenarbeit zwischen den Vereinigten Staaten und Europa auf dem Gebiet der Weltraumforschung bildet.«[11] Ganz Deutschland, so schien es, befand sich im Spacelab-Fieber. Fast täglich berichtete die »Tagesschau« vom Fortgang der Mission. Anlässlich der Hannover Messe, auf der das Weltraumlabor im April 1983 erstmalig einem breiteren Publikum vorgestellt worden war, hieß es: »Spacelab ist mehr als ein Projekt, es ist ein zukunftsweisendes Programm.«[12]

Bereits 1977, also drei Jahre nach Abschluss des MOU, aber ganze sechs Jahre vor seinem Erstflug, hatte die Bundesregierung dem Spacelab eine Briefmarke gewidmet. Der 40-Pfennig-Wert war eine der ersten und wichtigsten Marken jener zwischen 1975 und 1982 herausgegebenen Serie, die bedeutenden Objekten aus Industrie und Technik gewidmet war und Deutschlands Renommee als eigenständige, wettbewerbsfähige und innovative Industrienation betonen sollte.

Um eine möglichst vielseitige Nutzung des Weltraumlabors zu gewährleisten, hatte man sich für eine modulare Konstruktion entschieden. Kernbestandteil des Spacelabs waren die sogenannten »Racks«, Geräteschränke mit standardisierten Schnittstellen, die mit Nutzlasten unterschiedlichster wissenschaftlicher Disziplinen bestückt und flexibel kombiniert werden konnten.[13] Da das Spacelab jedoch als integraler Bestandteil des Space Shuttles konzipiert und damit auch von dessen Luft- und Energieversorgung abhängig war, war die Dauer der Forschungsmissionen mehr oder weniger festgelegt. Denn das Shuttle war lediglich für eine Einsatzdauer von bis zu 14 Tagen ausgelegt – für die meisten Disziplinen allerdings zu wenig Zeit, um zu wirklich belastbaren Forschungsergebnissen zu kommen. Zu seinem Jungfernflug im November 1983 lagen deshalb gerade einmal 241 Forschungsanfragen vor, über 100 davon stammten aus der Bundesrepublik. Nur etwa ein Viertel von ihnen galt jedoch den Weltraumwissenschaften im engeren Sinn. Nichtsdestotrotz wurde die Raumfahrt hier weiterhin als »Querschnittstechnologie« bezeichnet, die »quer durch die verschiedenen Lebensbereiche hindurch ihre positiven Auswirkungen auf unsere gesellschaftliche Entwicklung und auf unsere Lebensgrundlagen« besitze.[14]

Wie schon die Briefmarke gezeigt hatte, stand insbesondere in der Bundesrepublik das Spacelab selbst im Fokus des allgemeinen Interesses. Die Elektropop-Pioniere Kraftwerk widmeten ihm auf ihrem 1978 erschienen Album »Die Mensch-Maschine« einen Song, Spielzeug- und Modellbauunternehmen wie Siku und Revell brachten eigene Modelle des Spacelabs auf den Markt, und in den 1980er-Jahren ermöglichte es »Das deutsche Raumfahrtspiel« der gesamten Familie, Spacelab-Missionen am heimischen Couchtisch nachzuspielen – am Einstieg in die bemannte Raumfahrt, so musste es den Zeitgenossen scheinen, konnte und wollte jeder (zumindest symbolisch) teilhaben.

Häufig wurde insbesondere in populärwissenschaftlichen Publikationen auf die spektakulären Pläne des US-Physikers Gerard K. O'Neill (1927–1992) verwiesen, der Mitte der 1970er-Jahre mit seinen Entwürfen riesiger Weltraumkolonien für Schlagzeilen gesorgt hatte. Für O'Neill und seine einflussreichen Anhänger, die sich zur sogenannten L5 Society zusammenschlossen,[15] stellte die Auswanderung in den Weltraum den Schlüssel zur Lösung all jener Probleme dar, die die Weltbevölkerung seit Beginn des Jahrzehnts in zunehmendem Maße beschäftigt hatten – Ressourcenknappheit, Umweltverschmutzung, Übervölkerung – und das Weltraumlabor wurde gern und häufig als erster Schritt einer solchen Entwicklung bezeichnet.

Hermann Oberth (1894–1989) hatte bereits in den 1920er-Jahren über eine bemannte »Außenstation« im All nachgedacht, Wernher von Braun (1912–1977) in den 1950er-Jahren für die Errichtung einer bemannten Raumstation im erdnahen Orbit geworben, die als Sprungbrett für das weitere Vordringen in die Tiefen des Weltalls fungieren sollte. Da schien es nur folgerichtig, dass die Bundesrepublik auch in den 1970er-Jahren zu den Wegbereitern einer solchen Entwicklung zählte. »Ihr Deutschen seid

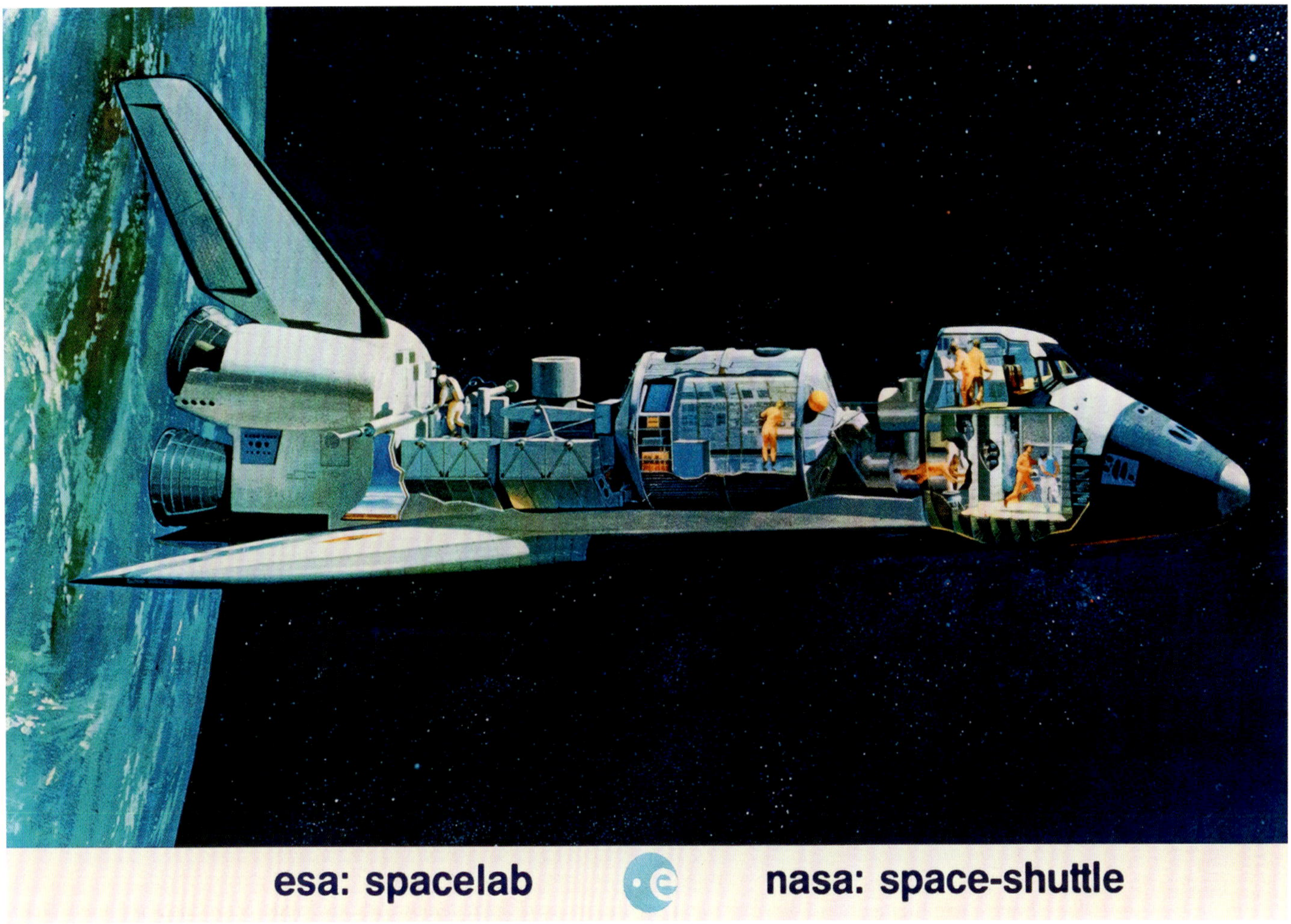

8 Graphische Darstellung des Space Transportation Systems, das die einzelnen Komponenten Space Shuttle und Spacelab den verantwortlichen Weltraumbehörden NASA und ESA zuordnet.

unbestritten die Nummer drei der Raumfahrt,« zitierte eine Broschüre des Spacelab-Herstellers nicht ohne Stolz das Lob eines NASA-Mitarbeiters nach der ersten Spacelab-Mission unter deutscher Regie.[16] Zwar war die Raumfähre wie üblich vom NASA-Kontrollzentrum in Houston, Texas, gesteuert worden; für die Leitung der wissenschaftlichen Experimente im Raumlabor war jedoch das Deutsche Raumfahrtkontrollzentrum in Oberpfaffenhofen zuständig gewesen. Erstmalig war im Zuge dieser D1 genannten Mission im März 1985 somit ein Teil einer bemannten Raumfahrtmission von außerhalb der USA oder der Sowjetunion überwacht worden.

In den 15 Jahren seiner Nutzung wurde das Weltraumlabor von 110 Astronauten aus neun verschiedenen Ländern (Belgien, BRD, Frankreich, Italien, Japan, Kanada, Niederlande, Schweiz, USA) genutzt, die insgesamt 720 Experimente an Bord durchführten. In Anbetracht von ursprünglich 200 geplanten Missionen fiel die faktische Verwendung, die sich bis 1998 auf gerade einmal 22 Missionen belief, eher ernüchternd aus. Von den ursprünglich anvisierten vier bis acht Weltraumlaboren wurde lediglich das vertraglich festgelegte, sogenannte »Follow-On Production«-Exemplar (FOP) noch realisiert. Auch wenn auf einigen seiner Missionen gemeinschaftlich konstruierte Instrumente der ESA zum Einsatz kamen, blieb es bis zur Außerdienststellung bei nationalen Forschungsmissionen. Von diesen fanden in Deutschland insbesondere die bereits erwähnte D1-Mission sowie eine weitere, D2 genannte Mission, im April 1993, besondere Aufmerksamkeit. Auch diese Mission wurde als großer Erfolg gefeiert, habe sie doch »in zahlreichen Fällen wichtige Perspektiven für die Anwendung neuer Technologien auf der Erde eröffnet,« die vom Automobilbau bis zur Zahnmedizin reichten.[17]

Derartige »Erfolgsmeldungen« hatten allerdings kaum noch etwas mit der Erforschung des Lebens im All zu tun. Bereits der Erstflug des Spacelabs im Dezember 1983 war von den Medien durchaus kritisch beurteilt worden: »Nutzlos und teuer« befand »Die Zeit«, und auch »Der Spiegel« urteilte nach der D1-Mission: »Bemannte Raumfahrt tut offenbar not, egal was sie kostet.«[18] Bezweifelten die öffentlichen Medien den wissenschaftlichen und wirtschaftlichen Mehrwert von Europas »Meisterstück«, so dienten die zitierten Erfolgsmeldungen auch dazu, derartige Zweifel zu zerstreuen. Dass nun jedoch die Erträge für das Leben auf der Erde derart betont wurden, zeigt zugleich, in welchem Maße man in den 1980er-Jahren von den hochfliegenden Plänen einer bald bevorstehenden Kolonisation des Alls abgerückt war.

Was bleibt? Ein (Zwischen-)Fazit

»Spacelabs fall'n auf Inseln, Vergessen macht sich breit« – mit dem Auslaufen der Briefmarken-Serie »Industrie und Technik« verschwand auch das Spacelab aus dem öffentlichen Bewusstsein; tatsächlich ist es heute nur noch wenigen ein Begriff. Die Fehlfarben schienen mit ihrem Song aber etwas anderes im Sinn gehabt zu haben: ironisch Kritik an einem technikbasierten Fortschrittsmodell zu üben, das kleine oder größere Katastrophen billigend in Kauf nimmt. Die Geschichte des Space Transportation System, das eine Zeitlang als ultimative Repräsentation dieses Fortschrittsmodells fungierte, zeigt, dass dem nicht so war. Als im Januar 1986 eine schockierte Öffentlichkeit am Bildschirm mitverfolgen konnte, wie die Raumfähre Challenger 73 Sekunden nach ihrem Start explodierte, wurde der Shuttle-Betrieb für über zwei Jahre komplett eingestellt. Und als kaum vier Monate später der Block IV im Atomkraftwerk Tschernobyl in die Luft flog, verstärkte sich vielerorts der Eindruck, dass jene beiden Technologien, die nach 1945 zu den wichtigsten Garanten wirtschaftlichen Wachstums und wissenschaftlichen Fortschritts gezählt wurden, eine nachgerade apokalyptische Zukunft heraufbeschworen: »Challenger, Tschernobyl, ohne schwarzmalen zu wollen,« gab Rudolf von Woldeck in der Zeitschrift »Kursbuch« einem breiten gesellschaftlichen Unbehagen Ausdruck: »Wer weiß, was uns sonst noch erwartet.«[19] Weshalb dieses Fortschrittsmodell so nachhaltig in die Krise geraten konnte, darüber streitet die Geschichtswissenschaft bis heute.[20] Nicht wenig spricht dafür, dass die Raumfahrt selbst zu dieser Entwicklung beitrug. So habe erst der Blick vom Mond, argumentierte etwa der Philosoph Günther Anders (1902–1992), ein Bewusstsein für die Einzigartigkeit und Verletzlichkeit unseres Heimatplaneten geschaffen, in dessen Folge die Sorge um den Erhalt des »Raumschiffes Erde« vordringlicher wurde als das menschliche Vordringen in die Weiten des Weltraums.[21]

Zur Errichtung einer Raumstation hat das Post-Apollo-Programm dann aber doch geführt, auch wenn die ISS bislang nicht als Sprungbrett für Flüge zu weiteren Planeten gedient hat. Gleichwohl handelt es sich um das größte und teuerste menschengemachte Objekt im All, das seit November 2000 permanent bewohnt wird. Nach dem Ende des Kalten Krieges war es in erster Linie russischer Expertise zu verdanken, dass das Projekt verwirklicht werden konnte, wiederum unter Beteiligung der ESA, die das Forschungsmodul Columbus beisteuerte. Wie bereits das Spacelab ist auch Columbus mit standardisierten Racks ausgestattet, die sich als derart zweckdienlich erwiesen haben, dass sie für alle Labormodule der ISS übernommen wurden. Im Umkehrschluss heißt das, dass die wissenschaftlichen Experimente an Bord der ISS heute in derselben Art und Weise von internationalen Astronautenteams betrieben werden wie seinerzeit im Spacelab.

»Spacelab hat uns gelehrt, wie man Wissenschaft im Weltraum betreibt,« bekräftigt Teresa Vanhooser, die als stellvertretende Direktorin des Marshall Space Flight Center viele seiner Missionen begleitete und im Spacelab einen wichtigen Zwischenschritt auf dem Weg zur ISS sieht.[22] FU 1, das allererste Weltraumlabor, befindet sich heute im Steven F. Udvar-Hazy Center des National Air and Space Museum in Washington D.C. und ist dort als integraler Bestandteil des STS neben der Raumfähre Discovery aufgestellt. FOP wurde nach seiner Ausmusterung im April 1999 der ESA zurückgegeben und an seinen »Heimatstandort« Bremen verbracht. Bereits 1987 hatte das Deutsche Museum ein sogenanntes Mock-Up erhalten, das zwar selbst nie im All zum Einsatz gekommen war, insofern aber eine zentrale Funktion für Entwicklung und Inbetriebnahme des Weltraumlabors besaß, als dass es für vielfältige Funktions-und Qualifikationstests genutzt wurde. Dass das weitgehend in Originalstruktur aufgebaute Mock-Up zunächst als Leihgabe der ESA ins Museum gelangte, bevor es 1997 endgültig in seinen Bestand überging, war nicht zuletzt der Unterstützung staatlicher Stellen wie dem Bundesministerium für Forschung und Technik zu verdanken. Seine prominente Platzierung in der Ausstellung, aber auch seine frühzeitige Musealisierung – mehr als zehn Jahre vor seiner Außerdienststellung – zeigen deutlich, dass man das Spacelab in Deutschland nicht bloß als Zwischenschritt auf dem Weg zur ISS betrachtet(e).

Letztendlich ist seine historische Bewertung immer auch eine Frage der Perspektive. Zweifellos kennzeichnete die Entwicklung und Inbetriebnahme des Spacelabs eine pragmatische Dialektik, die vom Geist des Kalten Krieges geprägt war und zwischen utopischen Erwartungen und politischen Erwägungen oszillierte. Gleichzeitig fungierte es jedoch auch als Wegbereiter für Europas Einstieg in die bemannte Raumfahrt und legte damit den Grundstein für ein Betätigungsfeld, in dem insbesondere die Bundesrepublik weiterhin sehr aktiv ist. Nicht ohne Grund befindet sich die zentrale Einrichtung der ESA für die Ausbildung von RaumfahrerInnen, das Europäische Astronautenzentrum (European Astronaut Centre, EAC), in Köln, und mit Alexander Gerst (*1976) avancierte im Oktober 2018 erstmalig ein deutscher Astronaut zum zeitweiligen Kommandanten der ISS. Sich der Tradition, in der er steht, bewusst, sendete Gerst anlässlich eines Kraftwerk-Konzerts im Juli 2018 eine Grußbotschaft aus dem All, um dann gemeinsam mit der Band eine spezielle Version ihres Songs »Spacelab« zu intonieren, für den Gerst eigens einen mit virtuellen Synthesizern konfigurierten Tablet-Computer mit zur ISS genommen hatte.[23] Seit Sigmund Jähns Erstflug 1978 im Dezember 1983 sind, Maurer eingeschlossen, elf weitere Deutsche, zum Teil sogar mehrfach, ins All geflogen – mehr als aus jedem anderen (west-)europäischen Land. Auch wenn das Spacelab mittlerweile Geschichte ist, hat die Geschichte, die es angestoßen hat, im Grunde erst begonnen.

1 Fehlfarben, »Ein Jahr (Es geht voran)« (2:51), vom Album »Monarchie und Alltag«, EMI 1980.

2 »Science on the Shuttle's Spacelab« vom 6.12.2013, https://www.youtube.com/watch?v=5ukl5ySa6ZA [zuletzt abgerufen am 13.1.2022].

3 Merbold, Ulf: Flug ins All. Von Spacelab 1 bis zur D1-Mission, Bergisch-Gladbach 1986, S. 171.

4 Vgl. Koselleck, Reinhart: ‚Erfahrungsraum' und ‚Erwartungshorizont' – zwei historische Kategorien, in: ders., Vergangene Zukunft. Zur Semantik geschichtlicher Zeiten. Frankfurt a. Main 1989, S.349–375.

5 Vgl. dazu Fraunholz, Uwe; Hänseroth, Thomas; Woschech, Anke: Hochmoderne Visionen und Utopien. Zur Transzendenz technisierter Fortschrittserwartungen. In: diess. (Hrsg.): Technology Fiction. Technische Visionen und Utopien in der Hochmoderne. Bielefeld 2012, S. 11–24; Reinke, Niklas: Geschichte der deutschen Raumfahrtpolitik. Konzepte, Einflussfaktoren und Interdependenzen 1923–2002. München 2004.

6 Vgl. Der Spiegel, Nr. 14 (Jg. 35) vom 30.3.1981; zu den militärischen Hintergründen des Shuttles vgl. Logsdon, John M.: After Apollo? Richard Nixon and the American Space Program. Basingstoke 2015; zu den militärischen Dimensionen des Space Ages vgl. die Beiträge in Geppert, Alexander C.T.; Brandau, Daniel; Siebeneichner, Tilmann (Hrsg.): Militarizing Outer Space. Astroculture, Dystopia and the Cold War. New York 2021.

7 »Spacelab Welcomed by Bush«, in: Today. Florida's Space Age Newspaper vom 6.2.1982, HAEU, ESA-7980.

8 Zur Geschichte der europäischen Weltraumgemeinschaft vgl. Trischler, Helmuth: Contesting Europe in Space. In: Kohlrausch, Martin; ders. (Hrsg.): Building Europe on Expertise: Innovators, Organizers, Networkers. Basingstoke 2014, S.243–275.

9 Vgl. dazu McDougall, Walter A.: Space-Age Europe: Gaullism, Euro-Gaullism and the American Dilemma. In: Technology & Culture 26 (1985), S. 170–203; Krige, John; Long Callahan, Angelina; Maharaj, Ashok: NASA in the World. Fifty Years of Interwnational Collaboration in Space. Basingstoke 2013, S. 23–124.

10 Johannes Preisinger, zit. nach: Reinke, Geschichte der deutschen Raumfahrtpolitik, S.146; zur »technologischen Lücke« vgl. Trischler, Helmuth: Die »amerikanische Herausforderung« in den »langen« 70er Jahren. Konzeptionelle Überlegungen. In: Ritter, Gerhard A.; Szöllösi-Janze, Margit; ders. (Hrsg.): Antworten auf die amerikanische Herausforderung. Forschung in der Bundesrepublik und der DDR in den »langen« 70er Jahren. Frankfurt a. Main 1999, S.11–18.

11 »Remarks During a Conference Call with Chancellor Helmut Kohl of the Federal Republic of Germany and Crewmembers of the Space Shuttle Columbia« vom 5.12.1983, https://www.reaganlibrary.gov/archives/speech/remarks-during-conference-call-chancellor-helmut-kohl-federal-republic-germany-and [zuletzt abgerufen am 17.3.2023].

12 Spacelab Report Hannover Messe, hrsg. von MBB/Erno, Bremen 1983, S. 1.

13 Eine detaillierte Studie zur technischen Entwicklung und Fertigung des Spacelabs bietet Horst Wilhelm: Spacelab. Europas Einstieg in die bemannte Raumfahrt, Bd. 1: Eine Erfolgsgeschichte der Bremer Raumfahrt. Lemwerder 2010.

14 Spacelab-Special, hrsg. von MBB/ERNO, Bremen/Ottobrunn 1985, S. 5; zur ersten Spacelab-Mission vgl. Shapland, David; Rycroft, Michael: Spacelab. Forschung im Weltraum. Weinheim 1986.

15 Vgl. dazu McCray, Patrick: The Visioneers. How a Group of Elite Scientists Pursued Space Colonies, Nanotechnologies and a Limitless Future. Princeton 2013.

16 Spacelab-Special, hrsg. von MBB/ERNO, Bremen/Ottobrunn 1985, S. 2; vgl. dazu auch Hahn, Hermann-Michael (Hrsg.): D1 – Unser Weg ins All. Braunschweig 1985.

17 »D-2 Mission: Die Ergebnisse«, in: VDI-Nachrichtenmagazin, Juni 1994, S. 8f.

18 »Nutzlos und teuer«, in: Die Zeit, Nr. 4 vom 20.1.1984; »Raumfahrt: Gegen diese Lobby kommt keiner an«, in: Der Spiegel, Nr. 32 vom 3.8.1987.

19 Rudolf von Woldeck, Warnung vor der Wahrscheinlichkeit, in: GAU – Die Havarie der Expertenkultur. Kursbuch Nr. 85, September 1986, hrsg. von Karl Markus Michael und Tilmann Spengler. Berlin 1986, S. 63–80, hier S. 63.

20 Vgl. dazu Seefried, Elke: Zukünfte. Eine Geschichte der Zukunftsforschung in den 1960er und 1970er Jahren, München 2015; mit Blick speziell auf den Weltraum: Geppert, Alexander C. T. (Hg.): Limiting Outer Space: Astroculture After Apollo. London 2017.

21 Anders, Günther: Der Blick vom Mond. Reflexionen über Weltraumflüge. München 1970; Höhler, Sabine: Spaceship Earth in the Environmental Age, 1960–1990. London 2015.

22 »Spacelab taught us how to do Science in an Orbital Lab« vom 25.11.2013, zur Geschichte der ISS vgl. Krige/Callahan/Ashok, Nasa in the World, S. 249–265.

23 »Guten Abend Kraftwerk« vom 21.7.2018, https://blogs.esa.int/alexander-gerst/de/2018/07/21/good-evening-kraftwerk/ [zuletzt abgerufen am 13.1.2022].

Darina Volf

Zusammen ist man nicht weniger antagonistisch: Kooperation und Konkurrenz in der Raumfahrt im Kalten Krieg

»Russia Scores Big Cold War Victory«,[1] titelte die »San Francisco Chronicle« am 5. Oktober 1957. Die Sowjetunion hatte die Welt und vor allem den Systemrivalen USA mit dem Start des ersten künstlichen Erdsatelliten, dem »Sputnik 1«, überrumpelt. In einer relativ kurzen Zeitspanne von acht Jahren folgten weitere sowjetische Erfolge im Kampf um die Vorherrschaft im Weltall, die gleichzeitig als gewonnene Schlachten im Kalten Krieg auf der Erde wahrgenommen wurden. Im November 1957 beförderten die Sowjets das erste Lebewesen, die Hündin Laika, ins Weltall. 1961 folgte der erste Mann, Juri Gagarin (1934–1968), und 1963 die erste Frau, Walentina Tereschkowa (*1937). 1965 schließlich absolvierte Alexei Leonow (1934–2019) den ersten Weltraumspaziergang. Ab Mitte der 1960er-Jahre wendete sich jedoch das Blatt allmählich und das Jahrzehnt endete mit der triumphalen Landung der Amerikaner auf dem Mond im Juli 1969.

1 Juri Gagarin vor seinem Raumflug am 12. April 1961.

Aufgrund dieser markanten Ereignisse dürften die Anfänge der Raumfahrt in vielen Köpfen mit Wettbewerb und Rivalität, mit Siegen und Niederlagen, mit den Amerikanern auf der einen und den Sowjets auf der anderen Seite verknüpft sein. Das sogenannte Wettrennen ins All, das zu einem Schauplatz der Systemkonkurrenz im Kalten Krieg wurde, hat die Geschichtsschreibung und die öffentliche Wahrnehmung der Raumfahrt stark geprägt. Doch im Schatten der Konkurrenz der Weltraummächte entfalteten sich schon früh internationale Kooperationen, die die weniger bekannte, aber nicht weniger bedeutende Seite der Raumfahrtgeschichte darstellen. In diesem Essay soll sowohl die internationale Zusammenarbeit als auch der Wettstreit in der Entwicklung der Raumfahrt beleuchtet werden. Dabei wird gezeigt, dass sich Kooperation und Konkurrenz nicht bloß parallel entwickelten, sondern oft zwei Seiten einer Medaille darstellten.

Das stete Nebeneinander von Kooperation und Konkurrenz lässt sich für verschiedene Felder der Wissenschaft und Technik beobachten. Die Spezifika der Raumfahrt machen diese jedoch einerseits zu einem besonders umkämpften symbolischen Schlachtfeld, auf dem sich im Kalten Krieg ganze Nationen – ob als Rivalen, Komplizen oder Zuschauer – begegneten. Andererseits ist die Raumfahrt aufgrund dieser Besonderheiten, die im Folgenden erläutert werden, für internationale wissenschaftliche und technische Kooperation geradezu prädestiniert.

Die Raumfahrt zwischen nationalen Zielen und globalem Anspruch

Eine Besonderheit, die sich in der Geschichte der Kooperation und Konkurrenz in der Raumfahrt manifestiert, stellt die globale Dimension der Weltraumerkundung dar. Das Weltall hatte die Aufmerksamkeit der Menschen aus verschiedenen Ländern gefesselt, lange bevor die Raketeningenieure der Realisierung der Träume von Weltraumreisen nähergekommen waren. Zudem waren mit dem Verlassen der Erde und der damit verbundenen technischen und wissenschaftlichen Entwicklung Folgen für die ganze Menschheit zu erwarten: Hoffnungen auf Fortschritt und Aufbruch, Neugier auf das, was die Menschen jenseits der Erdatmosphäre erwartet, aber auch Ängste vor der militärischen Bedrohung aus dem Weltall – die mit der Raumfahrt verbundenen Erwartungen mochten unterschiedlich sein, doch sie ließ nur wenige völlig unbeeindruckt. Daher ist es verständlich, dass Menschen auf der ganzen Welt bei den ersten Weltraumflügen der Großmächte Sowjetunion und USA mitfieberten.

Für die USA und die Sowjetunion bot diese weltweite Aufmerksamkeit auf der einen Seite eine Gelegenheit, den Kampf um das bessere System auf der Erde ins Weltall zu verlegen und auf dem prestigeträchtigen Feld der Raumfahrttechnologie auszutragen. Auf der anderen Seite waren für die Großmächte Punkte auf der Beliebtheitsskala der Weltöffentlichkeit nur dann zu erwarten, wenn das Raumfahrtprogramm als friedlich und dem Wohl der ganzen Menschheit dienend präsentiert werden konnte. Die Öffnung des Raumfahrtprogramms für die internationale Zusammenarbeit war dazu geeignet, die Ängste vor dem Missbrauch der Raumfahrttechnologie für militärische Zwecke zu zerstreuen und ein positives, friedliches Image zu etablieren.

Gleichermaßen wirkte die Tatsache, dass die Erkundung des Weltraums eine enorme Ressourcenmobilisierung erforderte, zu der zu diesem Zeitpunkt nur die zwei mächtigsten Staaten der Welt in der Lage waren, sowohl konkurrenztreibend als auch kooperationsfördernd. Die Weltraumflüge beeindruckten viele

2 Parade zur Begrüßung der Apollo-11- Astronauten in New York am 13. August 1969.

Menschen, waren aber für die meisten Nationen unerreichbar. Deswegen wurde die Mitgliedschaft im exklusiven Club der Raumfahrtnationen mit einer enormen symbolischen Bedeutung aufgeladen, welche weit über den Anspruch der wissenschaftlich-technischen Überlegenheit hinausging. Dies verschärfte zusätzlich die Konkurrenz zwischen den Supermächten. Gleichzeitig war damit ein Anreiz für jene Länder geschaffen, die nicht zu den Weltraummächten gehörten, sich um eine Zusammenarbeit zu bemühen. Für die USA und die Sowjetunion bot eine solche Zusammenarbeit die Möglichkeit, die hohen Kosten der Weltraumerforschung auf mehrere Schultern zu verteilen. Noch viel wichtiger war jedoch das Signal, das von dieser Art der Zusammenarbeit ausging: Die Raumfahrtnationen behielten die aus dem Weltraum gewonnenen Erkenntnisse nicht für sich, sondern teilten sie mit der internationalen wissenschaftlichen Öffentlichkeit. Später nahmen sie sogar einige Raumfahrer anderer Nationen mit auf die Weltraumreise.

Die Raumfahrt weckte Aufmerksamkeit weltweit, zog Folgen für die ganze Menschheit nach sich und hatte somit einen globalen Anspruch. Gerade deswegen eignete sie sich aber auch zur Verfolgung nationaler Ziele, wie der Demonstration der eigenen Überlegenheit und dem Prestigegewinn. Aus diesem Spannungsfeld zwischen dem Nationalen und dem Globalen ergab sich in der Geschichte der Raumfahrt die Gleichzeitigkeit von internationaler Kooperation und Konkurrenz. Nichtsdestotrotz war die Konkurrenz zu Beginn der Motor, der die Raumfahrt antrieb.

Mit »Kaputnik« gewinnt man kein Wettrennen

Das Wettrennen ins All begann hinter den Kulissen. Um die Politik von der Notwendigkeit eines Satellitenprogramms zu überzeugen, erwies es sich für die Befürworter der Raumfahrt sowohl in der Sowjetunion als auch in den USA als hilfreich, auf die intensiven Bemühungen des Systemgegners zu verweisen. Infolgedessen leiteten die politischen Eliten auf beiden Seiten erste Schritte für ein Raumfahrtprogramm ein, die wiederum weitere Gerüchte und Erwartungen beim Gegner entfachten und Maßnahmen nach sich zogen. Die US-Presse griff jeden Hinweis auf den möglicherweise bevorstehenden Start eines Satelliten auf der anderen Seite des Eisernen Vorhangs auf und erzeugte so Druck auf die Politik. Zum Beispiel sagte das sowjetische Mitglied der Akademie der Wissenschaften Leonid Sedow (1907–1999) auf einer Pressekonferenz in Kopenhagen im August 1955, dass ein sowjetischer Satellit in naher Zukunft zu erwarten sei. Um der Ankündigung entsprechende Dringlichkeit und Dramatik zu verleihen, hieß es dazu in der »Washington Post«: »Russen sagen, sie wollen die USA beim Start des ersten unbemannten Satelliten überholen.«[2] In ähnlicher Weise berichteten auch andere US-Zeitungen und forcierten damit das Nachdenken und Reden über die Raumfahrt in den Kategorien der Konkurrenz.

In der Sowjetunion, wo es der Presse wegen der Zensur kaum möglich war, öffentlichen Druck aufzubauen, übermittelten die an der Raumfahrt interessierten Raketenkonstrukteure der politischen Führung Berichte aus den US-Medien, die beweisen sollten, dass sich die Amerikaner dem ersten Flug ins Weltall näherten.[3] Gleichzeitig versicherten sie der Regierung, dass sie in der Lage seien, ein ähnliches Projekt umzusetzen. Konnte da die Sowjetunion zurückbleiben und den Sieg den USA überlassen? In der zweiten Hälfte der 1950er-Jahre schaukelten sich also die Ängste, von dem Rivalen überholt zu werden, hoch, und die beiden Großmächte arbeiteten fieberhaft an der Entsendung des ersten Erdsatelliten. Als es am 4. Oktober 1957 mit dem sowjetischen Sputnik 1 (s. Sputnik 1, Kat.-Nr. 41, S. 145) so weit war, war das Entsetzen der amerikanischen Öffentlichkeit groß.

Weitere Rückschläge für das amerikanische Selbstbewusstsein und für den Glauben an eine Sonderstellung der USA – den amerikanischen Exzeptionalismus – folgten noch im selben Jahr: Am 3. November entsandte die Sowjetunion die Hündin Laika in den Erdorbit, und am 6. Dezember explodierte die amerikanische Rakete Vanguard, die den ersten amerikanischen Satelliten ins All bringen sollte. Der »Kaputnik«, »Upsnik« oder »Flopnik«, wie der bei der Explosion zerstörte Satellit spöttisch betitelt wurde, war ein Fiasko, das sich vor den Augen der Weltöffentlichkeit abspielte. Denn anders als die Sowjetunion, die die Weltraumflüge erst anzukündigen pflegte, wenn sich das Raumfahrzeug bereits im Weltall befand, wurden die Flüge der Amerikaner im Voraus bekannt gegeben und von einer mächtigen Werbemaschinerie begleitet. Im April 1959 stellte die amerikanische Raumfahrtbehörde NASA sieben Männer vor, die ins Weltall fliegen sollten. Die Astronauten – als »Mercury Seven« bekannt – wurden von Anfang an als Helden gefeiert, und die Rechte an der exklusiven Berichterstattung aus ihrem Privatleben sicherte sich das »Life«-Magazin. Doch einer stahl ihnen die Show: Ein bis dahin völlig unbekannter sowjetischer Pilot namens Juri Gagarin flog am 12. April 1961 als erster Mensch ins Weltall.

Auch wenn die USA eine Reihe von Niederlagen im Konkurrenzkampf mit der Sowjetunion hinnehmen mussten, wurde dadurch der Grundstein für eine immense Mobilisierung der Kräfte gelegt. Schon im US-Wahlkampf 1960 war das Thema des Zurückbleibens hinter der Sowjetunion sehr präsent. Nach seinem Amtsantritt warb der neue Präsident John F. Kennedy (1917–1963) für seinen Plan, noch im laufenden Jahrzehnt einen Amerikaner zum Mond zu schicken und konnte den Kongress und Teile der Öffentlichkeit davon überzeugen. Auch wenn mittlerweile bekannt ist, dass der Rückhalt für das Mondprogramm in der amerikanischen Gesellschaft nicht so hoch war, wie es auf den ersten Blick scheinen mochte, reichte es, um die NASA mit einem großzügigen Budget auszustatten, damit sie im Rennen bleiben konnte.

Auf sowjetischer Seite wiederum war die Begeisterung der politischen Führung über die Aufmerksamkeit und das Prestige, die die ersten Erfolge im Weltall dem Land bescherten, groß. Nun »bestellte« die sowjetische Führung zu wichtigen Jahrestagen, wie dem Jahrestag der Oktoberrevolution oder zu Lenins Geburtstag, spektakuläre Weltraumflüge, um die eigene Überlegenheit vor der Weltöffentlichkeit zu demonstrieren. Selbstverständlich behielten dabei die Verantwortlichen den Rivalen USA im Auge. So betonten die Vertreter des sowjetischen Raumfahrtprogramms in ihrer Korrespondenz an die politische Führung, wie wichtig es sei, die Vorherrschaft der Sowjetunion in diesem Bereich aufrechtzuerhalten und verwiesen gerne auf die laufenden Aktivitäten der NASA, um ihren Forderungen Nachdruck zu verleihen. Zum Beispiel erwähnte ein Dokument von 1964, in dem es um die Vorbereitung des ersten Ausstiegs des Menschen in den offenen Weltraum ging, die intensiven amerikanischen Arbeiten an den Projekten Gemini und Apollo[4].

Ein besonderer Clou gelang der Sowjetunion im Juni 1963 mit dem Entsenden der ersten Frau, Walentina Tereschkowa, ins Weltall. Die NASA lehnte nämlich zu diesem Zeitpunkt die Aufnahme von Frauen in das Astronautenkorps ab, sodass sie hier der Sowjetunion nichts entgegenzusetzen hatte. Enttäuscht stellte die Pilotin Jane Hart (1921–2015) in der »Washington Post« fest: »Auf die Möglichkeit, Frauen ins Weltall zu schicken, würde die NASA selbst dann mit Abwarten und Tee trinken reagieren, wenn die Russen das ganze Leningrader Symphonieorchester zum Mond

3 Die erste Frau im Weltraum: Walentina Tereschkowa.

schicken und wieder zurückbringen würden.«[5] Auch wenn die NASA-Führung Tereschkowas Leistung herunterzuspielen versuchte, änderte es nichts daran, dass die Sowjetunion dadurch weitere Sympathiepunkte bei den Menschen weltweit gewinnen konnte. Tereschkowas Popularität war so groß, dass sie noch öfter als andere Kosmonauten in verschiedene Länder der Welt geschickt wurde, um dort für die Sowjetunion und den Sozialismus zu werben.

Mit zahlreichen »space firsts« auf dem Konto, hatte die Sowjetunion Mitte der 1960er-Jahre allen Grund, sich als die überlegene Nation im Weltall zu präsentieren, was sie intensiv tat. Doch abseits der Propaganda waren sich die für die Raumfahrt zuständigen sowjetischen Politiker und die Konstrukteure dessen bewusst, dass sie technologisch den USA hinterherhinkten. Hinzu kam eine Reihe von Rückschlägen, die das Ziel, noch vor den Amerikanern auf dem Mond zu landen, bedrohten. Dazu gehörte insbesondere 1966 der Tod des Konstrukteurs und der Schlüsselfigur der sowjetischen Raumfahrt, Sergei Koroljow (1907–1966). Zudem ereignete sich 1967 eine Katastrophe, die das Vertrauen in die Raumfahrttechnologie stark erschütterte. Die früheren Todesfälle im Zusammenhang mit dem Raumfahrtprogramm, z. B. eine Explosion am Kosmodrom Baikonur im Jahr 1960 mit mindestens 120 Todesopfern oder der Tod des Kosmonauten Walentin Bondarenko (1937–1961) bei einem Training 1961, konnte die Sowjetunion vertuschen. Doch der Tod des Kosmonauten Wladimir Komarow (1927–1967), der im April 1967 als erster Mensch während seiner Weltraummission starb, ließ sich nicht verheimlichen.

Im selben Jahr waren zwar auch auf US-Seite drei Opfer des Raumfahrtprogramms – die Astronauten Virgil Grissom (1926–1967), Edward White (1930–1967) und Roger Chaffee (1935–1967) – zu beklagen, doch bremste dies die amerikanischen Bemühungen, das Mondprogramm erfolgreich abzuschließen, nicht aus. Im Juli 1969 landeten die amerikanischen Astronauten Neil Armstrong (1930–2012) und Buzz Aldrin (*1930) auf dem Mond und sicherten den USA ein spektakuläres, hart umkämpftes »space first«. Nach außen hin gab sich die Sowjetunion gelassen. Weil die sowjetische Führung die Existenz der eigenen Pläne zur bemannten Mondmission nie zugegeben hatte, konnte sie nun erklären, dass sie das Mondrennen nicht verloren habe, da sie daran gar nicht teilgenommen habe. Und überhaupt seien die unbemannten Mondmissionen, wie das sowjetische Luna-Programm, den bemannten Flügen, bei denen menschliches Leben aufs Spiel gesetzt wird, vorzuziehen.

Auch wenn die Sowjetunion ihre Beteiligung am Mondrennen abstritt, betrachteten die Medien das Weltall weiterhin als einen Raum der Konkurrenz. Nach der amerikanischen Mondlandung kam die Erwartung auf, dass die Sowjets nun mit einem eigenen aufsehenerregenden Flug aufwarten würden, der für Oktober 1969 vorausgesagt wurde. Diese Erwartung schien sich zu bestätigen, als die Sowjetunion Mitte Oktober drei Sojus-Raumschiffe gleichzeitig startete. Doch nach der Rückkehr von Sojus 6, 7 und 8 waren sich die Experten einig, dass die Sowjetunion damit nicht die im Westen erwartete Sensation geliefert hatte, auch wenn unklar blieb, ob dies so geplant war oder ob es sich um den misslungenen Versuch einer Sensation handelte.[6] Zudem ging das Interesse der Menschen an der Raumfahrt allgemein und an dem kostspieligen Wettrennen ins All im Besonderen zurück. Das Mondrennen war entschieden, die öffentliche Kritik an den hohen Ausgaben der Raumfahrt nahm immer weiter zu, und die politischen Prioritäten verschoben sich zugunsten der Lösung von Problemen auf der Erde.

In den 1980er-Jahren schien es, als würde der Konkurrenzkampf um das Weltall mit der »Strategic Defense Initiative« (SDI) von Präsident Ronald Reagan (1911–2004), den sogenannten »Star Wars«, wiederaufleben. Doch standen nun nicht mehr Prestige und die Demonstration der eigenen Überlegenheit im Mittelpunkt, sondern strategisch-militärische Überlegungen. Den beiden Weltraummächten ging es weniger um neue Erkundungen im Weltall, als um die Absicherung im Falle eines Atomkriegs. Zudem verfolgte die Öffentlichkeit dieses Wettrennen nicht mit Interesse und Spannung, sondern mit wachsender Sorge. Am Ende stieg die Sowjetunion, deren Wirtschaft in diesem Wettrüsten nicht mithalten konnte, aus dem Rennen aus. Der darauffolgende Zerfall der Sowjetunion und das Ende des Kalten Krieges wirkten sich tiefgreifend auch auf die weitere Entwicklung der Raumfahrt aus.

Kooperation in Konkurrenz, Konkurrenz in Kooperation

Konkurrenz erwies sich zu Beginn des Weltraumzeitalters als die treibende Kraft hinter den größten Meilensteilen in der Geschichte der Raumfahrt. Der Blick auf die Bemühungen des Gegners spornte die Raumfahrtmanager und -konstrukteure an. Die Angst, in dem Wettrennen um die Vorherrschaft im All zurückzubleiben, sicherte den Raumfahrtprogrammen gewaltige Ressourcen sowie politische und öffentliche Unterstützung. Und wegen des Interesses der Weltöffentlichkeit wurde die Rivalität im Weltall zu einem der zentralen Schauplätze des Kalten Krieges. Ohne diese Konkurrenz wäre die rasante Entwicklung der Raumfahrt kaum möglich gewesen. Doch schon früh gab es auch erste Initiativen, das Weltall als einen Ort der Kooperation zu etablieren und die Raumfahrt zu einer internationalen Unternehmung zu machen. Und die Bedeutung der Kooperation in der Weltraumerkundung nahm in den folgenden Jahren stetig zu.

Die Möglichkeit, bei der Weltraumerkundung internationale Partnerschaften einzugehen, wurde auf der US-Seite bereits in dem Gesetz zur Gründung der NASA, dem National Aeronautics and Space Act von 1958, verankert. Im März 1959 bot die NASA während eines Treffens des Ausschusses für Weltraumforschung (Committee on Space Research, COSPAR) anderen Ländern an, deren wissenschaftliche Experimente und Satelliten ins Weltall zu bringen. Dieses scheinbar großzügige Kooperationsangebot, das Ländern ohne eigene Raumfahrtkapazitäten Weltraumforschung ermöglichte, war jedoch nicht bloß der Ausdruck des guten Willens der NASA. Vielmehr war es mit der Konkurrenz im Kalten Krieg eng verbunden und brachte der NASA einige Vorteile: Weil die Kooperationspartner die Finanzierung der von ihnen gelieferten Komponenten übernahmen, konnten die Kosten der Weltraumforschung auf mehrere Schultern verteilt werden. Zudem wurden Länder, die Interesse an der Raumfahrt hatten und sich künftig zu Konkurrenten der USA entwickeln konnten, in das amerikanische Programm eingebunden und ihnen so der Druck genommen, eigene Raumfahrtkapazitäten auszubauen. Vor allem aber ließ die internationale Kooperation das amerikanische Raumfahrtprogramm als besonders offen, friedfertig und kooperativ erscheinen. Solange die USA der Sowjetunion bei den »space firsts« hinterherhinkten, konnten sie zumindest damit bei der Weltöffentlichkeit punkten und den Konkurrenzkampf mit der Sowjetunion in dieser Hinsicht gewinnen.

Anders als die USA, ermöglichte die Sowjetunion kaum Einblicke in ihr Raumfahrtprogramm. Die sowjetischen Konstruktionsbüros, die Schlüsselfiguren der Raumfahrt und die geplanten Missionen wurden streng geheim gehalten, was auch den Ausbau internationaler Kooperationen erschwerte. Auch wenn sich die führenden Figuren des sowjetischen Raumfahrtprogramms dessen bewusst waren, dass ihr Fernbleiben von internationalen Projekten und die Geheimniskrämerei dem Raumfahrtprogramm einen Imageschaden zufügten, überwogen in den Anfangsjahren Bedenken gegen die Öffnung der sowjetischen Raumfahrt nach außen. Ein Grund lag darin, dass es in der Sowjetunion, anders als in den USA, keine Trennung zwischen dem militärischen und dem zivilen Teil des Programms gab. Eine Zusammenarbeit in der

4 Offizielles Emblem der Apollo-Sojus Mission.

zivilen Raumfahrt hätte also den internationalen Partnern auch Einblicke in das militärische Programm gewährt. Darüber hinaus war die Motivation, das eigene Know-how mit der Welt zu teilen, gering, solange die Sowjetunion für sich die Vormachtstellung im Weltall behaupten konnte. Deswegen blieb die internationale Weltraumkooperation der Sowjetunion zunächst nur sehr rudimentär und beschränkte sich auf die weniger prestigeträchtigen Bereiche.

Erst 1966 wurde bei der sowjetischen Akademie der Wissenschaften der Rat für internationale Zusammenarbeit in der Erforschung und Nutzung des Weltraums – Interkosmos – gegründet. Seine Aufgabe war es, die internationale Kooperation der Sowjetunion auf dem Gebiet der Raumfahrt zu koordinieren. Zu diesem Zeitpunkt zeichnete sich bereits ab, dass die Sowjetunion ihre Vorrangstellung im Weltall verlieren würde. Vor allem wuchs aber mit der Ausweitung der internationalen Aktivitäten der NASA, die in der Sowjetunion ganz genau beobachtet wurden, der Druck auf die Sowjetunion, ihre Kooperationsbereitschaft zu demonstrieren. Im Oktober 1969 wurde der erste Satellit, der im Rahmen des Interkosmos-Programms zusammen mit den sozialistischen Verbündeten entwickelt wurde und an dessen Bord sich auch Messgeräte aus der DDR und der Tschechoslowakei befanden, gestartet.

Während die Sowjetunion in der zweiten Hälfte der 1960er-Jahre die Kooperation mit ihren Verbündeten in die Wege leitete, häuften sich in den amerikanischen, aber auch westeuropäischen Medien Artikel, die auf das Fehlen einer Kooperation zwischen den beiden Weltraummächten verwiesen. Eine solche Koopera-

5 Aufnahme der ISS, fotografiert vom Raumschiff Sojus MS-08 am 4. Oktober 2018.

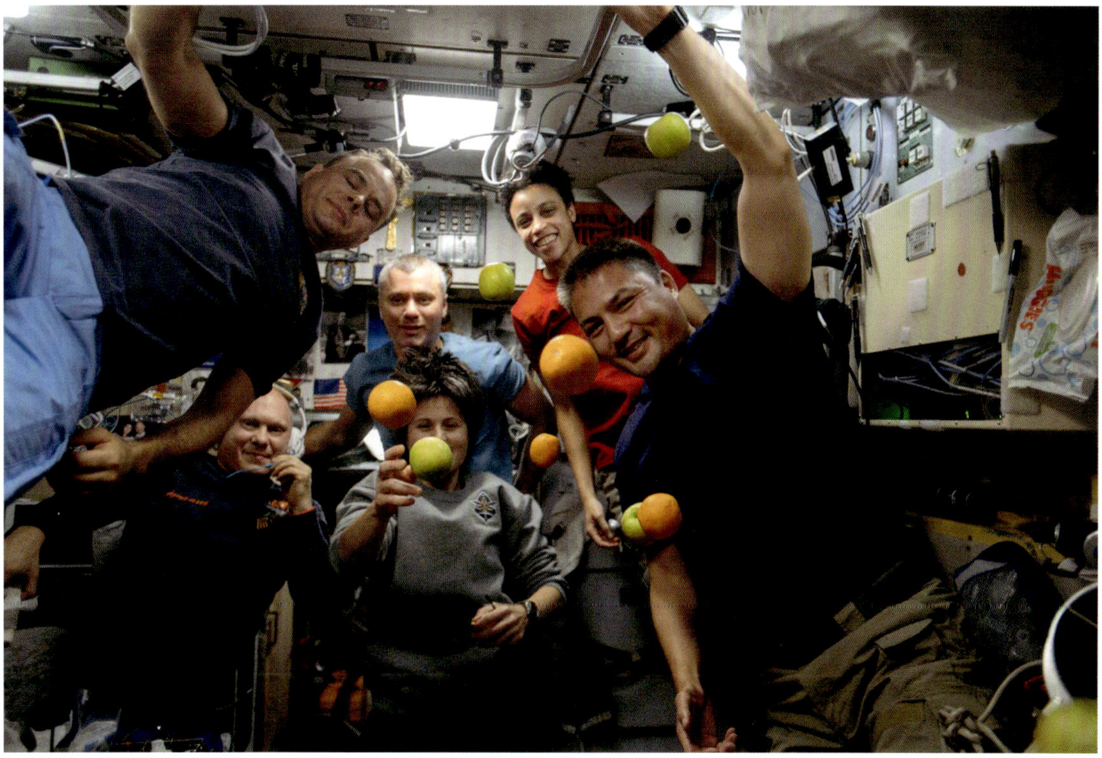

6 Internationale Crew der ISS im Frühjahr 2022.

tion und ein Erfahrungsaustausch wären vorteilhaft gewesen und hätten möglicherweise den Tod der Astronauten Chaffee, Grissom und White sowie des Kosmonauten Komarow verhindern können, sinnierte John V. Reistrup 1967 in der »Washington Post«.[7] Der Administrator der NASA Thomas Paine (1921–1992) versicherte der Presse, dass die NASA durchaus sehr an Kooperation interessiert sei und beklagte, dass alle amerikanischen Kooperationsangebote von der Sowjetunion abgelehnt worden seien. Solche Berichte, die sich negativ auf das Ansehen der Sowjetunion auswirkten, wurden von den sowjetischen Stellen mit großer Aufmerksamkeit verfolgt und ins Russische übersetzt. Zudem war mit dem verlorenen Mondrennen der Anreiz für die Sowjetunion groß, mit den USA eine Kooperation einzugehen, in der die beiden Weltraummächte als gleichberechtigte Partner auf Augenhöhe erscheinen würden.

Aus diesen Überlegungen entwickelte sich das Apollo-Sojus-Testprojekt (ASTP) – die weltweit erste Kooperation in der bemannten Raumfahrt, die 1975 in der Kopplung eines sowjetischen Sojus- und eines amerikanischen Apollo-Raumschiffes und dem Handschlag des Kosmonauten Alexei Leonow (1934–2019) und des Astronauten Thomas Stafford (*1930) gipfelte. Während der Mission wurden nicht nur das neu entwickelte Kopplungssystem getestet, sondern auch einige wissenschaftliche Experimente durchgeführt (s. in der Ausstellung das Zelltrennungsexperiment aus der Apollo-Sojus-Mission, Kat.-Nr. 128). Weitere geplante gemeinsame Projekte zwischen den Weltraummächten fielen aber der veränderten Haltung der USA gegenüber einer Kooperation mit der Sowjetunion und der sich verschlechternden politischen Lage zum Opfer. Auch wenn die ASTP-Kooperation, die im Kalten Krieg einmalig blieb, manchmal lediglich als ein teurer Handschlag ohne weitere Bedeutung abgetan wird, lernten sich die Weltraummächte dadurch besser kennen und sammelten Erfahrung mit der Durchführung internationaler Kooperationsprojekte in der bemannten Raumfahrt.

Diese Erfahrung konnte die Sowjetunion nutzen, als sie ein Jahr nach dem Apollo-Sojus-Testprojekt die sozialistischen Verbündeten einlud, an ihrem bemannten Raumfahrtprogramm teilzunehmen. Die Weltraumflüge der Kosmonauten aus befreundeten Ländern, die 1978 mit den Kosmonauten Vladimír Remek (*1948) aus der Tschechoslowakei, Mirosław Hermaszewski (1941–2022) aus Polen und Sigmund Jähn (1937–2019) aus der DDR starteten, sollten symbolisch für Freundschaft und Kooperation im sozialistischen Lager stehen und fügten sich somit in die Systemrivalität des Kalten Krieges ein. Darüber hinaus war diese Zusammenarbeit für die Sowjetunion auch in ökonomischer Hinsicht vorteilhaft, da sie dadurch günstig oder sogar kostenlos an teure tschechoslowakische Messgeräte oder die begehrte Multispektralkamera MFK-6 der DDR (s. in der Ausstellung die Fernerkundungskamera MKF-6M mit Filmkassetten, Kat.-Nr. 57) kam. Auch die USA schickten in den 1980er-Jahren Astronauten aus anderen Ländern ins Weltall, darunter 1983 den Westdeutschen Ulf Merbold (*1941). Hinzu kam, dass das sowjetische und das amerikanische Raumfahrtprogramm nun unterschiedliche Ziele verfolgten: Während sich die Sowjetunion auf die Weiterentwicklung der Raumstationen spezialisierte, richteten sich die Bemühungen der USA vorerst auf den Bau eines wiederverwendbaren Raumfahrzeugs – des Space Shuttle. Aus diesen Gründen konzentrierte sich das Wettrennen ins All nun, noch stärker als in den Jahren zuvor, nicht mehr auf das Erreichen bestimmter Meilensteine, sondern vielmehr auf die Frage, welches Raumfahrtprogramm freundlicher, offener und kooperativer ist – ein Wettstreit, für den die Forschungsliteratur den Begriff »competing at cooperation« etablierte. Dass parallel dazu die mit Reagans SDI angezettelten »Star Wars« liefen, gehört zu den Paradoxa der Raumfahrt im Kalten Krieg, in dem Konkurrenz und Kooperation stets eng aneinandergekoppelt waren.

Schlussbetrachtung

Die Raumfahrt im Kalten Krieg war von einem Nebeneinander und Ineinander von Kooperation und Konkurrenz geprägt. Die Konkurrenz trieb zu Beginn die Entwicklung der Raumfahrt voran, aber die Vorteile der Kooperation für ein derart komplexes und teures Unterfangen waren zu offensichtlich, um sie ignorieren zu können. Zudem konnten internationale Kooperationen die Konkurrenzfähigkeit gegenüber dem Systemrivalen verbessern. In den 1970er-Jahren schienen sich die Weltraummächte weg vom Wettrennen und hin zur Kooperation zu bewegen. Doch selbst wenn sie, wie im ASTP, miteinander kooperierten, verloren sie dabei die Konkurrenz nie aus den Augen. Als die Ära der Entspannung und Kooperation vorbei war, kehrten sie zum Konkurrenzmodus zurück, doch die Öffentlichkeit interessierte sich mittlerweile wenig für ein Wettrennen um die »space firsts«, und so konkurrierten die Rivalen nun darum, sich kooperativer als der andere zu zeigen.

Nach dem Ende des Kalten Krieges schien ein neues Zeitalter in der Geschichte der Raumfahrt anzubrechen. Nachdem die sowjetische und später russische Raumstation Mir (russisch »Frieden« oder auch »Welt«) in den 1990er-Jahren zunehmend Raumfahrer aus westlichen Ländern empfangen hatte, wurde 1998 die Internationale Raumstation ISS (s. in der Ausstellung die Internationale Raumstation ISS, Kat.-Nr. 113) aufgebaut, an der neben den USA (NASA) und Russland (Roskosmos) auch die europäische (ESA), die kanadische (CSA) und die japanische Raumfahrtagentur (JAXA) beteiligt sind. Die ISS wurde zum Symbol dieser neuen Ära, in der die Weltraumerforschung als ein Feld der grenzüberschreitenden Zusammenarbeit gilt und die Konkurrenz definitiv vorbei sein soll. Nach der Jahrestagung der Vereinigung der Raumfahrer 2013 hieß es in einem Artikel der Deutschen Welle, der den Titel »Internationale Kooperation statt Wettlauf ins All« trug: »Konkurrenzdenken ist eine Sache der Vergangenheit – darüber sind sich die Raumfahrer aller Generationen einig.«[8] Doch aktuell mehren sich die Stimmen, die ein neues Wettrennen ins All vorhersagen.[9] In dem neuen »space race« stehen sich nun nicht mehr die USA und die Sowjetunion gegenüber. Vielmehr ist das Feld durch den Aufstieg anderer Raumfahrtnationen, insbesondere China, aber auch durch den zunehmenden Einfluss privater Unternehmen wie Tesla oder Amazon unübersichtlicher geworden und die Fronten bilden sich erst heraus. Doch wie es scheint, bleibt die Raumfahrt auch in der Zukunft im Spannungsfeld zwischen Kooperation und Konkurrenz gefangen.

1 Hightower, John M.: »Russia Scores Big Cold War Victory.« San Francisco Chronicle, 5.10.1957.

2 »Russians Say They Intend to Beat U.S. In Launching First Unmanned Satellite.« Washington Post, 3.8.1955.

3 Siddiqi, Asif: »Sputnik 50 Years Later: New Evidence on Its Origins.« Acta Astronautica 63 (2008), S. 529–539.

4 Schreiben der Führung des militärisch-industriellen Komplexes an das Zentralkomitee der Kommunistischen Partei der UdSSR, 25.3.1964. Online: https://www.roscosmos.ru/28187/ [30. Januar 2022].

5 »U.S. Has No Plans to Put Woman in Space.« Washington Post, 18.6.1963, B5. Übersetzung durch die Verfasserin.

6 Mittlerweile ist bekannt, dass während des Dreifachflugs ein Kopplungsmanöver von zwei Raumschiffen (Sojus 7 und 8) vorgesehen war, die dabei von dem dritten Raumschiff, Sojus 6, aus gefilmt werden sollten.

7 Reistrup, John V.: »U.S. and Russia Urged to Cooperate on Space: Johnson's Message.« Washington Post, 25.4.1967, A16.

8 Schmidt, Fabian: »Internationale Kooperation statt Wettlauf ins All.« Deutsche Welle, 4.7.2013. Online: https://www.dw.com/de/internationale-kooperation-statt-wettlauf-ins-all/a-16927559 [30. Januar 2022]

9 S. z.B. Harding, Luke: »The Space Race is Back on – But Who Will Win?« Guardian, 16.7.2021. Online: https://www.theguardian.com/science/2021/jul/16/the-space-race-is-back-on-but-who-will-win [30. Januar 2022].

Joachim Block

Raumfahrtmissionen im Sonnensystem

1 Blick in den Kontrollraum des European Space Operations Centre (ESOC) in Darmstadt.

Bis über die Mitte des 20. Jahrhunderts hinaus waren die anderen Planeten unseres Sonnensystems für die meisten Menschen ferne, unwirklich erscheinende Welten, von denen man fast nichts wusste und die meist nur wegen ihrer Auffälligkeit am Nachthimmel wahrgenommen wurden. Selbst die Astronomen kannten lediglich ihre Umlaufbahnen und ihre Größe exakt, während man über ihre physische Beschaffenheit nur Mutmaßungen anstellen konnte.

Die Geschwister der Erde – und ihre Erforschung

Durch die systematische Erforschung des Sonnensystems mit Raumsonden in den vergangenen sechs Jahrzehnten hat sich diese Situation komplett verändert. Inzwischen ist in Grundzügen bekannt, wie die Planeten und ihre Monde entstanden sind, wie ihr Inneres aufgebaut ist, welche Landschaften, welche Atmosphären und welche Klimata es dort gibt. Dank der Faszination, die mit diesen Entdeckungen einherging, hat sich das Wissen darüber auch in der Öffentlichkeit verbreitet; und dies hat dazu beigetragen, dass unsere Erde heute in zunehmendem Maße als Planet unter Planeten wahrgenommen wird. Vergleichende Betrachtungen geophysikalischer Entwicklungen auf der Erde mit solchen auf ihren »Geschwistern« erweisen sich immer deutlicher als wichtige Voraussetzungen für eine umfassende Einschätzung der Faktoren, die auch die zukünftigen Lebensbedingungen auf der Erde bestimmen werden.

Die allerersten Raumsonden, die in den 1960er-Jahren in den interplanetaren Raum vordrangen, standen noch ganz im Zeichen des »Space Race« zwischen den USA und der damaligen Sowjetunion. Sie sollten nicht nur wissenschaftliches Neuland erforschen, sondern auch durch prestigeträchtige Erstleistungen im Wettstreit der politischen Systeme die Überlegenheit der eigenen Seite demonstrieren. Die Technologie dieser frühen Raumsonden entstand vielfach als Beiprodukt zu zeitgleichen Entwicklungen in der bemannten Raumfahrt und war manchmal mit ziemlich heißer Nadel gestrickt. Das Management lag zunächst noch ganz in der Hand der jeweiligen nationalen Behörden, auf amerikanischer ebenso wie auf russischer Seite. Erste Schritte darüber hinaus wurden über bilaterale Verträge mit anderen Staaten realisiert, zum Beispiel die Mission der beiden deutschen Sonnensonden Helios-1 und -2, die 1974 bzw. 1975/76 im Rahmen eines speziell hierfür abgeschlossenen deutsch-amerikanischen Vertrages in zwei aufeinanderfolgenden Wintern (also im sonnennächsten Abschnitt der Erdbahn) in Richtung Sonne gestartet wurden.

In den 1960er-Jahren hatte sich die bundesdeutsche Weltraumforschung an gemeinsamen Missionen der 1962 gegründeten European Space Research Organisation (ESRO) beteiligt und auch einige nationale Satelliten-Missionen zur Erforschung des erdnahen Weltraums durchgeführt. Mit der Gründung der europäischen Raumfahrtagentur ESA im Jahre 1975 begannen sich dann die heutigen Strukturen zu entwickeln. Raumfahrtprojekte in Deutschland und Europa sind seitdem weitgehend »europäisiert«, wobei allerdings die nationalen Raumfahrtagenturen (in Deutschland das DLR) in jeder Hinsicht Partner der ESA sind und deren Forschungsprogramme maßgeblich mitbestimmen. Sie koordinieren auch die wissenschaftlichen Beiträge der Forschungsinstitute ihres Landes, die vor allem aus den sogenannten »PI-Instrumenten« bestehen: Für jedes wissenschaftliche Instrument, das im Rahmen eines ausgeschriebenen Wettbewerbs von der ESA ausgewählt wird, gibt es einen persönlich verantwortlichen Wissenschaftler (Prime Investigator, kurz: PI), der das zugehörige Forschungsteam leitet und sich auch um die Finanzierung durch die nationale Raumfahrtagentur kümmert. Die ESA bietet lediglich die Fluggelegenheit, beauftragt die Entwicklung und den Bau des Raumfahrzeugs und steuert schließlich die Mission vom ESOC (European Space Operations Centre) in Darmstadt aus. Bei der NASA sind die Strukturen heute ganz ähnlich, jedenfalls im Bereich der Wissenschaftsmissionen. Nur die Missionen zur Fernerkundung der Erde selbst haben in Deutschland noch eine stärkere nationale Basis, nämlich das EOC (Earth Observation Center), das aus dem Deutschen Fernerkundungsdatenzentrum (DFD) und dem DLR-Institut für Methodik der Fernerkundung (IMF) besteht. Beide sind DLR-Institute mit dem Hauptstandort in Oberpfaffenhofen bei München. Die von hier aus betreuten Missionen verbleiben räumlich zwar in erdnahen Umlaufbahnen, erlauben es aber mit unübertroffener zeitlicher und räumlicher Präzision, Veränderungen auf der Erde zu verfolgen.

Exploration unseres Nachbarplaneten Mars

Obwohl der Mars streng genommen nur unser zweitnächster Nachbar ist (die Venus kommt uns näher), stand er doch von Anfang an im Fokus des Interesses. Schließlich war er der einzige Planet, auf dem man schon mit Teleskopen von der Erde aus Oberflächenstrukturen zu erkennen meinte, selbst wenn es sich dabei um optische Täuschungen handelte, wie die berühmten »Marskanäle«, die Giovanni Schiaparelli (1835–1910) am Observatorium in Mailand 1877 entdeckt zu haben glaubte.

Die ersten wirklichen Nahaufnahmen der Marsoberfläche, die die amerikanische Raumsonde Mariner-4 von ihrem Vorbeiflug am 15. Juli 1965 zur Erde sendete, bargen eine Überraschung ganz anderer Art, nämlich eine große Anzahl von Kratern. Bis dahin hatte man Kraterlandschaften eher nur mit dem Mond assoziiert; von nun an begann sich jedoch die Erkenntnis durchzusetzen, dass sie typisch für jede feste und geologisch alte Oberfläche im Sonnensystem sind – was durch viele andere Missionen in den folgenden Jahren eindrucksvoll bestätigt wurde. Dadurch wurde zur Gewissheit, dass sich die Planeten des Sonnensystems vor viereinhalb Milliarden Jahren in einer sogenannten Akkretionsscheibe um die junge Sonne gebildet hatten, angefangen von mikroskopisch kleinen Staubteilchen, die sich schnell zu größeren Staubflocken, dann zu steingroßen, hausgroßen und schließlich kilometergroßen Brocken zusammenballten, bis hin zur Vereinigung dieser Brocken zu kompletten Planeten. Diese jungen Planeten waren dann aufgeschmolzen, hatten sich in einen schweren Eisenkern und einen darüberliegenden leichteren Gesteinsmantel differenziert und waren noch viele Millionen Jahre lang einem Bombardement übrig gebliebener Gesteinsbrocken ausgesetzt – Ursprung der allgegenwärtigen Kraterlandschaften.

Heute können wir diesen Prozess mit modernen Weltraumteleskopen auch an jungen Sternen anderswo in der Milchstraße beobachten; in den 1960er-Jahren war er hingegen noch Gegenstand einer heiß diskutierten Theorie, und es waren nicht zuletzt die Resultate der ersten Mariner-Missionen, die hier der Erkenntnis zum Durchbruch verhalfen. Der erste Mars-Orbiter, Mariner-9, entdeckte auch das 4000 km lange Grabenbruchsystem Valles Marineris, das im Gedenken daran diesen Namen erhielt, die großen Schildvulkane (mit dem 27 km hohen Olympus Mons als größtem) und zahllose ausgetrocknete Flusstäler. Mit den ersten erfolgreichen Landungen durch Viking-1 und -2 im Jahre 1976 war die erste Phase der Marserkundung dann zunächst abgeschlossen. Sie war eine Domäne der NASA geblieben, weil die damalige Sowjetunion mit ihren Marsprojekten nur Pannen erlebt und sich daraufhin ganz auf die Erforschung der Venus konzentriert hatte.

Erst nach einer Pause von 21 Jahren eröffnete die Landung von Mars Pathfinder 1997 eine neue Runde der Marsexploration,

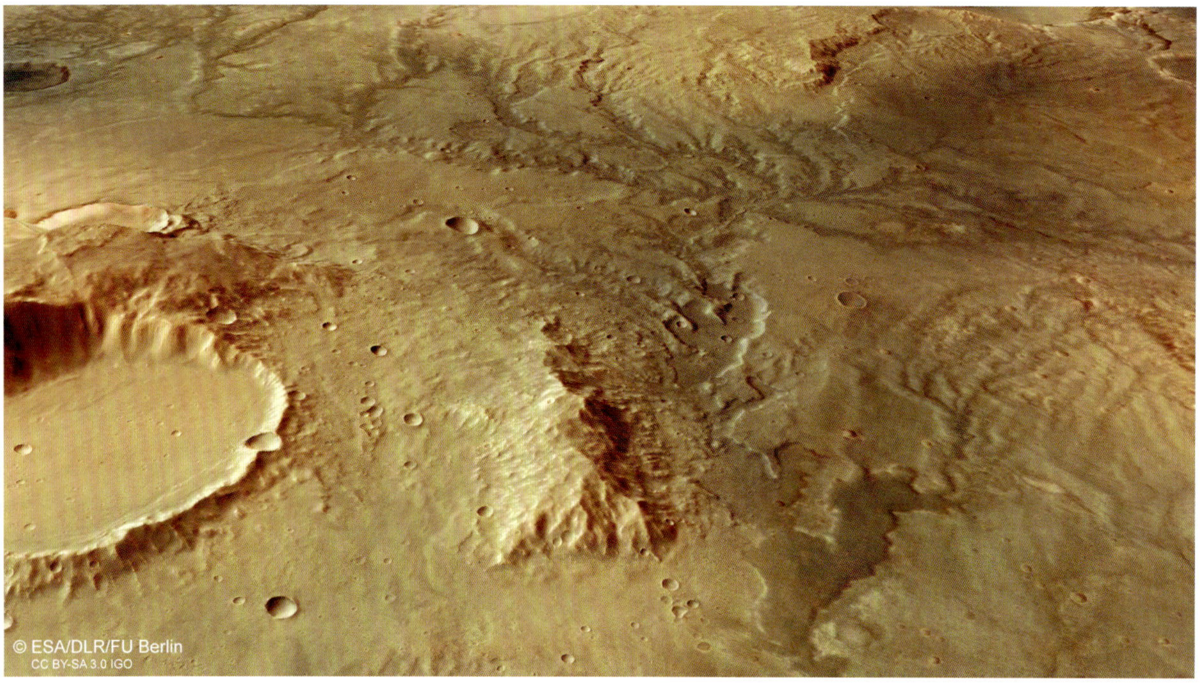

2 Zahllose Landschaftsdetails auf dem Mars zeigen, dass es hier einmal Wasserbecken und Flüsse gab (Aufnahme der europäischen Marssonde Mars Express).

3 Blick vom Marslabor Perseverance zurück auf seine eigenen Reifenspuren im Jezero-Krater.

und von nun an war auch Europa mit dabei. Der Lander trug ein kleines robotisches Fahrzeug (Sojourner), das im Vergleich zu heutigen fahrbaren Laborplattformen fast wie ein Spielzeug anmutet, aber dank seiner Mobilität wertvolle Ergebnisse erbrachte. Eines der wichtigsten Instrumente war ein Alpha-Proton-X-Ray-Spektrometer (APXS) auf dem Sojourner, das vom Max-Planck-Institut für Chemie (MPIC) in Mainz entwickelt worden war. APX-Spektrometer können die Verteilung der Elemente in Gesteinen detektieren und eignen sich daher hervorragend für die Untersuchung von Planetenoberflächen.

Während die NASA in den Folgejahren immer leistungsfähigere Orbiter und Lander zur Untersuchung der Marsoberfläche zum Einsatz brachte, ging auch die ESA erstmals mit einer komplett eigenen Marssonde an den Start. Der im Juni 2003 gestartete europäische Orbiter Mars Express hatte die Aufgabe, den gesamten Planeten hochgenau zu kartografieren und bildlich zu erfassen, und diese Aufgabe erfüllte er mit Bravour. Das Schlüsselinstrument hierfür war die Stereokamera HRSC (High Resolution Stereo Camera), die vom Institut für Planetenforschung des DLR in Berlin-Adlershof entwickelt worden war und die es erstmals erlaubte, selbst Objekte von nur wenigen Metern Größe dreidimensional abzubilden. Die hochgenaue kartografische Erfassung des Mars durch Mars Express und zeitgleich durch einige Mars-Orbiter der NASA bildete die Grundlage für die gezielte Auswahl vielversprechender Landeplätze für die in jüngster Zeit eingesetzten hochmodernen Rover Curiosity und Perseverance. Deren Hauptaufgabe ist die Suche nach fossilen Lebensspuren in den Ablagerungen ehemaliger Wasserströme, wo man die Hoffnung haben kann, dass sich solche Spuren erhalten haben – sofern es auf dem frühen Mars denn auch tatsächlich zur Biogenese, also zur Entstehung ersten Lebens, gekommen war.

Die Antwort auf diese spannende Frage hängt wesentlich davon ab, wie lange sich auf dem frühen Mars lebensfreundliche Bedingungen halten konnten, bevor die Atmosphäre dramatisch ausdünnte und das Wasser verdunstete und in den Weltraum entwich. Reichte diese Zeitspanne aus, um der Biogenese eine Chance zu geben? Um dies herauszufinden, muss man der weiterführenden Frage nachgehen, ab wann die Partikel des Sonnenwindes die ungeschützte Marsatmosphäre erreichen und sie buchstäblich erodieren konnten, weil sie von keinem starken Magnetfeld mehr abgehalten wurden. Dazu wiederum muss man etwas über die Entwicklungen im Eisenkern des Mars wissen, wo der planetare Dynamo, der einstmals ein viel stärkeres Magnetfeld erzeugte, seinen Ursprung hatte. Eine lange Kette zusammenhängender Fragen, fürwahr – aber genau dies war die Motivation für Instrumente, die sich der Erforschung des Marsinneren zuwenden, also Seismometer und Messgeräte für ein thermisches Tiefenprofil. Der 2018 auf dem Mars abgesetzte Lander InSight der NASA ist genau hierauf ausgerichtet und trägt zwei europäische PI-Instrumente: ein französisches Seismometer und einen vom DLR-Institut für Planetenforschung in Berlin entwickelten »Maulwurf« (Mole), der sich zwar nicht wie vorgesehen tief in den Marsboden hineinhämmern konnte, aber gerade dadurch für überraschende Erkenntnisse sorgte.

Ziele innerhalb der Erdbahn: Venus, Merkur und die Sonne selbst

Im Gegensatz zum Mars besitzt die Venus eine undurchdringliche Wolkendecke, so dass man vor dem Raumfahrtzeitalter nur wilde Spekulationen über ihre Oberfläche anstellen konnte. Klar war lediglich, dass es auf der Venus wegen ihrer größeren Nähe zur Sonne bedeutend wärmer sein müsste als auf der Erde, aber wie höllisch heiß es dort tatsächlich ist (470 °C bei einem Bodenluftdruck von 90 bar), ahnte kein Mensch. Nachdem die erste erfolgreiche interplanetare Raumsonde Mariner-2 (die als Modell in der Ausstellung gezeigt wird) bei ihrem Vorbeiflug im Dezember 1962 Hinweise darauf geliefert hatte, dass die Bodentemperaturen tatsächlich in dieser Größenordnung liegen könnten, hielt man dies zunächst für einen Messfehler. Gleichwohl verlor die NASA zunehmend das Interesse an der Venus, weil klar war, dass man dort in naher Zukunft nicht würde landen können, und konzentrierte sich in den nächsten Jahren auf den Mars.

4 Die Venus ist eine Treibhaushölle. Diese künstlerische Darstellung gibt anschaulich wieder, was wir über die Oberflächenbedingungen auf unserem Nachbarplaneten wissen.

Im Gegenzug setzte die Sowjetunion nunmehr alles daran, auf der Venus zu landen. Das gelang schließlich nach einer ganzen Kette von Missionen der Venera-Serie, bei der sich die Landekapseln gegen immer höhere Temperaturen und Luftdrücke buchstäblich bis auf den Boden durchkämpften, bis Venera-9 schließlich im Oktober 1975 die ersten Bilder von der Venusoberfläche sendete. Für eine Kartografierung des Planeten kamen wegen der undurchdringlichen Atmosphäre allerdings keine optischen Systeme in Frage, sondern nur Radarmessungen aus dem Orbit. Diese Arbeit leisteten die letzten Venera-Raumsonden und schließlich (mit deutlich höherer Auflösung) der amerikanische Orbiter Magellan. Die ESA war erst sehr viel später vor Ort: Von 2006 bis 2014 erforschte die europäische Raumsonde Venus Express die Atmosphäre der Venus, die ungeheuer dicht ist und riesige Mengen von CO_2 enthält, was die Ursache für den enormen Treibhauseffekt ist. Im Vergleich dazu ist der irdische CO_2-Vorrat zum größten Teil in Form von Kalziumkarbonat in den Gesteinen der Erdkruste gebunden, und es ist der viel kleinere freie Anteil in der Atmosphäre, der uns heute extreme Sorgen macht. Damit ist aber klar, dass die Menschheit sehr gut daran tut, den Treibhauseffekt auf der Venus genauer zu studieren, zumal alles darauf hindeutet, dass dieser nicht von Anfang an da war, sondern irgendwann angefangen hat, sich aufzuschaukeln – aber durch was?

Der innerste Planet unseres Sonnensystems, der Merkur, ist hingegen eher wegen seiner Rolle bei der Bildung des Sonnensystems interessant. Er ist der kleinste unter den großen Planeten, aber ziemlich dicht, und sein großer Eisenkern könnte darauf hin-

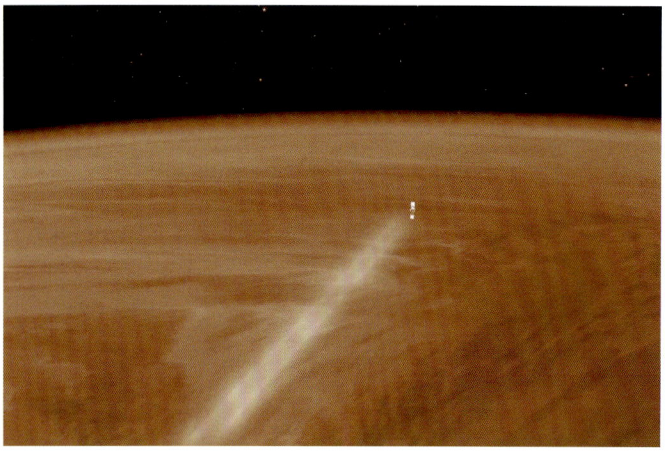

5 Gegen Ende ihrer erfolgreichen Mission vollführte die Sonde Venus Express 2014 ein Eintauchmanöver in die tieferen Schichten der extrem dichten Venusatmosphäre.

6 Die europäisch-japanische Mission BepiColombo zum Merkur benötigt mehrere Swingby-Manöver an der Erde, der Venus und an Merkur selbst, um Ende 2025 in einen Orbit um den innersten Planeten einschwenken zu können. Hier eine künstlerische Darstellung der ersten Merkurpassage.

deuten, dass der Innenbereich der einstigen Akkretionsscheibe vermehrt schwerere Elemente enthielt, vor allem viel Eisen. Deswegen sind auch Magnetfeldmessungen am Merkur besonders interessant. Bislang ist der Merkur nur von zwei Raumsonden besucht worden, weil er bahnmechanisch schwierig zu erreichen ist, nämlich von Mariner-10 (drei Vorbeiflüge 1974–75) und dem ersten Orbiter Messenger (2011–15). Seit Oktober 2018 ist mittlerweile die Raumsonde BepiColombo zum Merkur unterwegs, eine Kooperation der ESA mit der japanischen Raumfahrtagentur JAXA, und soll Ende 2025 in einen Merkurorbit einschwenken. Dort wird sich der japanische Sondenteil von dem europäischen trennen, und beide werden aus unterschiedlichen Orbits den Merkur so genau untersuchen wie noch nie zuvor.

Auch die Erforschung der Sonne selbst wird gegenwärtig mit Raumsonden vorangetrieben, die den enormen Temperaturen in Sonnennähe widerstehen können. Die ESA-Sonde Solar Orbiter wurde im Zuge einer Kooperation mit der NASA im Februar 2020 von Cape Canaveral aus gestartet und steilt ihre Bahn um die Sonne schrittweise bis zu immer größeren Winkeln gegenüber der Ekliptik auf, um auch die polaren Breiten der Sonne beobachten zu können. Die NASA-Sonde Parker Solar Probe soll sogar den Rand der Sonnenkorona berühren. Beide Sonnensonden sind dabei, den Annäherungsrekord an die Sonne zu brechen, den die deutsche Sonnensonde Helios-2 Ende der 1970er-Jahre aufgestellt und jahrzehntelang gehalten hatte.

Vorstoß ins äußere Sonnensystem

Die Riesenplaneten des äußeren Sonnensystems gerieten erstmals um 1965 ins Blickfeld konkreter Missionsplanungen, nachdem Michael Minovich (*1935) und Gary Flandro (*1934) unabhängig voneinander die heute längst etablierte Technik der »Swing-by-Manöver« analysiert hatten. Diese macht es möglich, eine Raumsonde erheblich zu beschleunigen, indem man sie in möglichst geringem Abstand an einem großen Planeten in dessen Umlaufrichtung um die Sonne vorbeifliegen lässt (vgl. hierzu auch den Katalogteil). Dank solcher Manöver können Reisezeiten, die sonst extrem lang wären, drastisch verkürzt werden. Nachdem Minovich zunächst die mathematischen Grundlagen untersucht hatte, fand Flandro heraus, dass bei einem Start um 1977 die spektakuläre Chance bestehen würde, eine Raumsonde auf einer einzigen Bahntrajektorie in nur zwölf Jahren hintereinander zu Jupiter, Saturn, Uranus und Neptun zu schicken. Diese Chance, die sich erst im späten 22. Jahrhundert wiederholen würde, konnte sich die NASA nicht entgehen lassen. So plante man in großer Eile die Mission MJS-77 (Mariner-Jupiter-Saturn 77), die dann in »Voyager« umbenannt wurde, als allen Beteiligten klar geworden war, dass sie etwas qualitativ völlig Neues sein würde. Deswegen sollten vorsichtshalber auch zwei Sonden nahezu gleichzeitig gestartet werden. Der wichtigste technische Unterschied zu allen bisherigen Raumsonden lag in der Energieversorgung an Bord: Sie beruhte auf Radionuklidbatterien statt auf Sonnenzellen-Arrays, weil letztere im äußeren Sonnensystem völlig nutzlos gewesen wären. Und weil es auch bezüglich der Risiken auf der Reiseroute selbst zahlreiche offene Fragen gab, schickte man den beiden Voyager-Sonden zwei Vorläufersonden voraus (Pioneer-10 und -11). Diese konnten 1973 und 1974 unter anderem zeigen, dass eine Raumsonde beim Passieren des Asteroidengürtels keineswegs durch einen Mahlstrom kleiner Staubteilchen zersiebt wird, wie manche Skeptiker befürchtet hatten, und auch, dass ein Swing-by-Manöver am Jupiter wirklich funktioniert.

Die Ergebnisse von Voyager-1 und -2 selbst übertrafen dann alle Erwartungen. Beide Sonden fotografierten den Jupiter und zwei Jahre später den Saturn mit einer bisher unerreichten Bildqualität, zeigten die Dynamik in den Atmosphären, entdeckten einen Ring um den Jupiter und vor allem völlig unerwartete Phänomene auf den Monden: So ist der innerste Jupitermond Io die vulkanischste Welt im ganzen Sonnensystem, der zweite Mond Europa besitzt einen flüssigen Ozean unter seinem Eispanzer, und die Saturnmonde stehen den Jupitermonden hinsichtlich ihrer inneren Aktivität und Dynamik in keiner Weise nach. Am Saturn teilten sich die Wege: Man ließ Voyager-1 besonders dicht am größten Saturnmond Titan vorbeifliegen, der eine richtige Atmosphäre und reichlich Kohlenwasserstoffe besitzt, gab aber dafür die Weiterflugmöglichkeit zu Uranus und Neptun auf. So blieb es Voyager-2 vorbehalten, die »Grand Tour« ganz allein zu vollenden und 1986 bzw. 1989 auch den Uranus und den Neptun und ihre Monde zu besuchen – eine Erstleistung, die in der Raumfahrtgeschichte unübertroffen bleiben wird. Dabei darf man nie vergessen, dass die Voyager-Sonden alle Bilder und Daten immer nur im schnellen Vorbeiflug aufnehmen konnten – wie auch die viel später gestartete Raumsonde New Horizons, die 2015 am Pluto und seinem großen Mond Charon vorbeiflog. Dafür sind Pioneer-10 und -11, Voyager-1 und -2 sowie New Horizons nun auch die ersten von Menschenhand gefertigten Objekte, die das Sonnensystem ganz verlassen haben und in den interstellaren Raum vorgedrungen sind (vgl. die Grafik im Katalogteil).

Eine viel gründlichere Erkundung der äußeren Planeten konnte nur mit Orbitern erfolgen, die ihr Ziel jahrelang umkreisen würden. Dies wurde bislang erst durch drei NASA-Missionen verwirklicht, nämlich durch Galileo und Juno zum Jupiter sowie Cassini zum Saturn, wobei der Cassini-Orbiter im Januar 2005 den ESA-Lander Huygens auf der Oberfläche des großen Saturnmondes Titan absetzte. Damit war nun auch Europa nicht nur mit einzelnen Instrumenten im äußeren Sonnensystem präsent, sondern erstmals auch mit einem kompletten Raumfahrzeug. Es ist hier nicht der Platz, all die spektakulären Ergebnisse auch nur anzureißen, die durch diese Missionen erzielt werden konnten – es mag vielleicht genügen zu sagen, dass die erstmals von Voyager-1 und -2 gesichteten Phänomene wie Vulkanismus, Eisvulkanismus und ungeahnte Reservoire organischen Materials auf den Monden sowie die atemberaubende Dynamik der Planetenatmosphären und der Ringsysteme voll bestätigt wurden und dass unser Verständnis des Sonnensystems dadurch enorm vertieft worden ist.

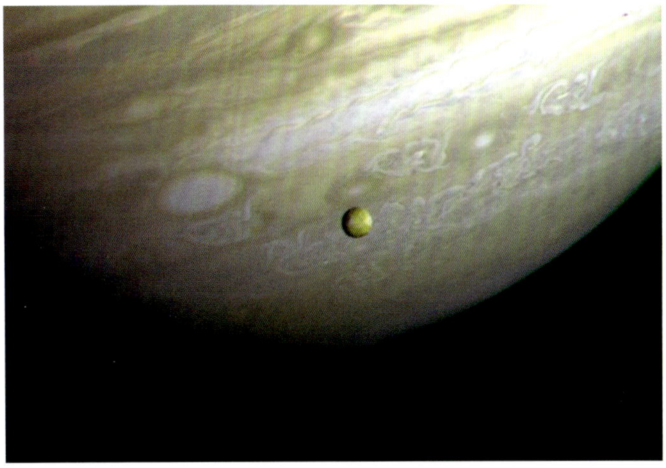

7 Die Voyager-Vorbeiflüge am Jupiter 1979 eröffneten ein ganz neues Kapitel in der Erforschung des äußeren Sonnensystems. Die Entdeckung des Vulkanismus auf Io (hier vor der Jupiteratmosphäre) war nur eine der Überraschungen.

8 Nach der Abtrennung von der NASA-Sonde Cassini, die den Saturn weiter umkreiste und erfolgreich erforschte, stieg der ESA-Lander Huygens auf die Oberfläche des großen Saturnmonds Titan herab. Dieses Bild entstand kurz vor der Landung am 14. 1. 2005.

Missionen zu Kometen und Asteroiden

Jenseits der äußeren Planeten liegt der Kuipergürtel, eine riesige ringförmige Ansammlung von Kleinplaneten und noch kleineren Körpern. Noch viel weiter draußen erstreckt sich weit in den interstellaren Raum hinaus die Oort'sche Wolke, ein Reservoir von Kometen, die dort in Kälte und Dunkelheit langsam ihre Bahn ziehen. Manchmal kommt es jedoch vor, dass Körper von dort draußen aufgrund gravitativer Störungen (etwa von benachbarten Sternen) in Richtung Sonne abgelenkt werden, und einige davon können, wenn sie dabei zufällig einem der großen Planeten nahekommen, in engere Bahnen um die Sonne gezwungen werden. Sofern diese Objekte einen hohen Anteil von Wassereis enthalten, verdampft ein Teil davon bei jeder Annäherung an die Sonne und bildet dabei den typischen Kometenschweif aus. Man nennt diese Objekte »kurzperiodische Kometen«, und sie sind die ein-

9 Trotz seiner zunächst verunglückten Landung in einer dunklen Schlucht war der Rosetta-Lander Philae noch nicht verloren. Nachdem die Sonnenstrahlen seinen Landeplatz erreicht hatten, konnte er wieder senden.

zigen Kometen, bei denen überhaupt die Chance besteht, sie mit einem Raumfahrzeug zu erreichen. Erstmals gelang dies der ESA im Jahre 1986 mit der Raumsonde Giotto, die den berühmten Halleyschen Kometen passierte und bei diesem Vorbeiflug die ersten Aufnahmen eines Kometenkerns machen konnte. Das Interesse der Forschung an den Kometen wuchs weiter, als zunehmend klar wurde, dass in der Frühzeit des Sonnensystems nicht nur asteroidenartige Brocken, sondern auch Kometen massenhaft auf die jungen Planeten herabgeprasselt waren. Waren sie es gewesen, die den Planeten ihren Vorrat an Wasser und organischen Molekülen gebracht hatten, auf deren Basis sich dann die Entstehung des Lebens vollziehen konnte? Es galt also, ein Rätsel der Vergangenheit zu lösen, nämlich herauszufinden, welche Rolle die Kometen einst bei den Voraussetzungen für die Biogenese gespielt hatten.

Die ESA beschloss, eine ihrer größten Missionen überhaupt dieser Aufgabe zu widmen und nannte die Mission »Rosetta« – in historischer Analogie zu dem berühmten Rosetta-Stein, mit dessen Hilfe es Jean-François Champollion (1790–1832) einst gelungen war, die ägyptischen Hieroglyphen zu entschlüsseln, die zu seiner Zeit als eines der größten Rätsel der Vergangenheit gegolten hatten. Als Ziel wurde zunächst der kurzperiodische Komet 46P/Wirtanen ausgewählt, der dann jedoch aufgrund einer erzwungenen Startverschiebung gegen den Kometen 67P/Churyumov-Gerasimenko ausgetauscht werden musste. Das Raumfahrzeug, der Rosetta-Orbiter, wurde im Auftrag der ESA von einem Konsortium der europäischen Raumfahrtindustrie gebaut, wobei EADS Astrium in Friedrichshafen die führende Rolle zukam. Die wissenschaftliche Nutzlast bestand aus elf Instrumenten zur bildlichen Erfassung und Vermessung des Zielkometen sowie zur Analyse seiner Zusammensetzung. Da der Rosetta-Orbiter jedoch den Kometen nur umkreisen sollte, wurde ihm zusätzlich ein Lander mitgegeben, der neun weitere Instrumente trug und der nach der Ankunft selbstständig auf der Kometenoberfläche landen sollte. Dieser Rosetta-Lander, der den Namen »Philae« erhielt, wurde nicht von der Industrie gebaut, sondern einige der führend beteiligten Forschungsinstitute entwickelten ihn gemeinsam und bauten ihn selbst, nämlich zwei DLR-Institute in Köln und in Braunschweig sowie zwei Max-Planck-Institute in Katlenburg-Lindau und in Garching.

Nach dem Start im März 2004 ging Rosetta auf eine mehr als zehnjährige Reise mit mehreren Swing-by-Manövern an Mars und Erde, zwei Asteroidenpassagen sowie einer zweieinhalbjährigen »Winterschlafpause« (Deep Space Hibernation), bis im Sommer 2014 der Zielkomet 67P/Churyumov-Gerasimenko erreicht wurde, der sich zur allseitigen Überraschung als Doppelkörper entpuppte. Die folgende Exploration durch die Instrumente des Orbiters war ein großer Erfolg; zahlreiche organische

Verbindungen konnten nachgewiesen werden. Bei der Landung von Philae gab es zunächst eine technische Panne, als die Harpunen, die den Lander verankern sollten, nicht zündeten. Philae prallte zurück, landete in einer dunklen Schlucht und konnte zunächst nur ein Notprogramm mit Batteriebetrieb absolvieren. Einige Monate später »erwachte« er jedoch wieder, als die Sonne in jene Schlucht schien, und konnte noch viele wertvolle Daten übermitteln. Als die Mission Rosetta 2016 zu Ende ging, hatte die ESA eine führende Rolle in der Kometenforschung erreicht. Der bis dahin bedeutendste Beitrag der NASA bestand in der Mission Deep Impact, bei der im Juli 2005 ein Impaktor auf einen Kometen (Temple 1) geschossen wurde, um aus der Distanz die Signale des Aufschlags zu analysieren.

Die aktive Erforschung des Asteroidengürtels begann noch später als die der Kometen. Gleichwohl wurden in den letzten Jahren bedeutende Fortschritte erzielt, insbesondere durch die NASA-Missionen Dawn (zu Ceres und Vesta), Near Shoemaker (zu Eros), Osiris-Rex (zu Bennu) sowie durch die beiden japanischen Missionen Hayabusa-1 und -2 (zu Itokawa bzw. Ryugyu). Hierbei gelang auch die Rückführung von Bodenproben zur Erde.

Fazit

In jedem Fall erweist sich die wissenschaftliche Raumfahrt als eine Menschheitsaufgabe der Zukunft. Sie erschließt uns zunächst einmal die Entwicklungsgeschichte unseres Heimatplaneten sowie seiner näheren kosmischen Umgebung und erlaubt es uns, Phänomene zu verstehen, deren Zusammenhänge uns ansonsten vielfach unverständlich bleiben würden, wenn wir sie nur auf unserer eigenen Welt beobachten könnten. Die technischen Mittel für diese Erforschung liefert uns die Raumfahrttechnik. Gleichzeitig eröffnet uns diese aber auch noch die Möglichkeit, weit mehr als unser eigenes Sonnensystem zu erfassen: Mit Weltraumteleskopen können wir heute in die räumlichen Tiefen des Universums blicken und parallel dazu astrophysikalische Messungen (zum Beispiel an Gravitationswellen) durchführen, die uns auch an die Anfänge der Zeit vor 13,8 Milliarden Jahren zurückführen.

10 Die großen Eismonde des Jupiter (insbesondere Europa und Ganymed) sind das Ziel der geplanten ESA-Mission JUICE (Jupiter Icy Moons Exploration). Sie soll herausfinden, wie weit und bis zu welcher Tiefe sich Ozeane flüssigen Wassers unter dem Eispanzer befinden, möglicherweise mit heißen Quellen am Grund, wo Leben entstanden sein könnte.

Ulrich Walter

Die deutsche Shuttle-Mission D-2
Aus dem Tagebuch von Ulrich Walter

Abgeschnitten von der Welt

Kennedy Space Center, Florida/USA, Shuttle Launch Pad 39A, 26. April 1993, 9:50h EST (Eastern Standard Time, Standardzeit an der Ostküste der USA).

Da liege ich nun, auf dem Rücken, die Beine angewinkelt nach oben, etwa 60 Meter über der Erde im Mid-deck unserer Columbia, eine der amerikanischen Raumfähren, die uns sieben Astronauten in wenigen Sekunden in den Weltraum bringen soll. Dies ist der Ort und der Zeitpunkt, auf den ich jahrelang hingearbeitet habe. Ich schließe das Visier und höre ... nichts mehr! Nur noch den aufs Notwendigste reduzierten, stakkatoartigen Funkverkehr des Air-to-Ground kann ich wahrnehmen. Man ist wie von der Außenwelt abgeschnitten. Man hört nichts mehr, und im Middeck, wo mein Platz beim Start ist, sieht man auch nichts, bis auf die Schubladenwand vor beziehungsweise über einem, auf die man dauernd starren muss und von der man hofft, dass sie beim Start nicht zufälligerweise eine ihrer Schubladen entlässt.

Doch dann der Start! Sechs Sekunden vor dem Abheben werden die drei Flüssigkeitstriebwerke am Shuttle gezündet. Sie drücken die Spitze des Shuttles nach vorn, weil die Bolzen, die das System noch am Boden halten, an den beiden weißen, einige Meter abgesetzten Feststoffboostern angebracht sind. In diesen sechs Sekunden schwingen die Astronauten wie in einer Schiffschaukel zunächst etwa 1,5 Meter nach vorn – was man deutlich spürt – und dann wieder zurück. Dabei vibriert und schüttelt das Shuttle dermaßen, dass es einem durch Mark und Bein geht, genau wie bei einem Erdbeben. Ich, der drinnen sitzt, höre nichts von dem überwältigenden Gedonner, das draußen den Zuschauern das Zwerchfell beben lässt, und vom hellen, peitschenden Krachen der Feststoffbooster. Und dann hört man über Funk nur: »SRB [Solid Rocket Booster] Ignition – Lift-off!« Das Shuttle hat abgehoben ... und was spürt man? Von 3 g – der berüchtigten starken Beschleunigung von der dreifachen Stärke der Erdanziehung – keine Spur! Der Schub der Antriebe, immerhin zweimal 1200 Tonnen Schub der beiden Feststoffraketen plus dreimal 185 Tonnen Schub der drei Flüssigkeitsantriebe, übersteigt die 2000 Tonnen des ganzen Systems zwar um großzügige 50 %; aber die Beschleunigung ist nicht stärker als die bei einem Flugzeugstart.

Die Feststoffraketen sind jetzt die Arbeitspferde, die das Shuttle durch die Wolkendecke drücken, und ihre Urgewalt bestimmt das Erlebnis der ersten zwei Minuten des Aufstiegs. Ihr leicht ungleichmäßiges Abbrennen, bedingt durch eine inhomogene Verteilung des Treibstoffes, versetzt dem Shuttle schnelle, starke Beschleunigungsschläge, die es durch und durch erschüttern und zu unregelmäßigem Schwingen anregen. Alles an Bord des Shuttles wird gnadenlos durchgeschüttelt. Es ist ein Ritt wie mit 100 Sachen über Kopfsteinpflaster – und es herrscht Schweigen. Nur ganz wenige Worte werden zwischen der Missionskontrolle und dem Commander gewechselt. Jeder der Beteiligten weiß, dass dies der mit Abstand kritischste Moment der ganzen Mission ist. Wenn jetzt etwas Unvorhergesehenes passiert, gibt es absolut keine Rettung. Auch die vielen Verbesserungen nach der Challenger-Katastrophe von 1986 haben daran nichts geändert. Feststoffraketen sind wie Silvesterraketen – sie lassen sich nicht abschalten. Selbst ein Absprengen der Booster würde nichts helfen. Ihre Schubkraft ist so enorm, dass der hohe Luftwiderstand beim plötzlich ausbleibenden Schub dem ganzen Shuttlesystem einen so gewaltigen Schlag versetzen würde, dass das gesamte Shuttle auseinanderbrechen würde! Sollte sich also, wie damals bei der Challenger, der Feuerstrahl eines porös gewordenen Boosters wie ein Schneidbrenner in den externen Tank bren-

1 Erster Start der Raumfähre Atlantis am 3. Oktober 1985.

2 Raumfähre Columbia kurz nach dem Start am 9. Januar 1990.

3 Raumfähre Challenger in der Erdumlaufbahn am 27. Juni 1983.

nen – es ließe sich damals wie heute nichts dagegen tun. In diesen zwei Minuten ist die Besatzung dem Shuttle auf Gedeih und Verderb ausgeliefert. Daher diese wortlose Stille.

Ab jetzt kein Zurück mehr

Die Beschleunigung, die Kraft, mit der man in den Sitz gepresst wird, hat zwischenzeitlich in dem Maße langsam zugenommen, in dem das Shuttlesystem um den abgebrannten Treibstoff leichter geworden ist. Kurz vor dem Abschlussbrand der Feststoffbooster, genau zwei Minuten nach dem Abheben, sind 1,8 g erreicht. Der Schub der ausgebrannten Booster geht schnell auf Null zurück und gleich darauf werden sie abgesprengt. Ist das vorüber, geht eine Art Aufatmen durch das Shuttle. Der ein oder andere kann ein »Yeahhh … « nicht unterdrücken und jeder denkt genauso: Die Gefahr ist vorbei! Die Probleme, die jetzt noch auftreten könnten, lassen sich alle irgendwie meistern, sie wären nicht mehr so lebensbedrohlich.

Nach diesem befreienden Schubloch, in dem die Booster abgesprengt wurden, erzeugen nur noch die Flüssigkeitsantriebe den Schub. Ihr Abbrand ist wesentlich gleichmäßiger als der der Booster. Man hat außerdem schon die dichten, turbulenteren Bereiche der Atmosphäre verlassen. Es sind kaum mehr Vibrationen zu spüren. Die ganze harmonische Kraft der Antriebe äußert sich jetzt ausschließlich in dem stetig zunehmenden Andruck in den Sitz. Nach 4 Minuten 20 Sekunden kommt von der Missionskontrolle Houston der »Negative Return Call« – was bedeutet, dass im Ernstfall eine Rückkehr zum Kennedy Space Center und eine dortige Landung nicht mehr möglich wäre.

Nach insgesamt 7,5 Minuten, wenn der riesige, rostrote externe Tank zu 90 % entleert und das Shuttlesystem weniger als 200 Tonnen leicht geworden ist, erst dann hat der Andruck durch den Schub der drei Flüssigkeitsantriebe auf 3 g zugenommen. Dann muss man sich zwingen zu atmen, weil es – trotz Atemnot – einfach angenehmer ist nicht zu atmen, als durch die Atmung den Brustkorb mitsamt dem schweren Anzug nach oben zu stemmen. Die Antriebe werden nun gedrosselt und es geht noch 60 Sekunden bei diesen 3 g weiter. Dann, kurz bevor der Tank vollkommen entleert ist, lässt der Commander wissen: »In 10 seconds we have MECO [Main Engines Cut-off]«, und innerhalb nur weniger Sekunden fährt er den vollen Schub auf Null herunter. Genauso plötzlich entlädt sich der Andruck von 3 g in die Schwerelosigkeit – ich bin im Weltraum!

Hier im Weltraum ist man sofort eingefangen von der Schwerelosigkeit, einem Gefühl, das es auf der Erde in dieser Form nie gibt. Zunächst macht sich diese neue Erfahrung bei etwa 70 % aller Raumfahrer gar nicht wohltuend bemerkbar, sie leiden deswegen vielmehr an der Weltraumkrankheit. Man merkt es auch selbst: Bei jeder Drehung des Körpers, bei jeder schnellen Kopfbewegung wird einem mulmig. Als erste Gegenmaßnahme ziehen viele unwillkürlich den Kopf zwischen die Schultern, was die

4 Wissenschaftsastronaut Ulrich Walter im Spacelab während der Weltraummission D2 (26. 4.–6. 5. 1993).

Kopfbewegungen stark einschränkt. Das mildert, verhindert jedoch nicht grundsätzlich den Gang des letzten Essens nach oben. Zurückhalten macht die Sache nur noch langwieriger. Besser ein Griff zur Tüte in der Brusttasche und einmal den Dingen freien Lauf lassen. Bei vielen gesellen sich noch Kopfschmerzen, Rückenschmerzen, anhaltendes Unwohlsein und andere Beschwerden dazu. Die, bei denen absolut nichts mehr geht, lassen sich von ihrem Kollegen eine Spritze mit Phenagran setzen, von ihrem Commander vorläufig arbeitsunfähig schreiben und suchen sich zum Auskurieren der Raumkrankheits-Symptome für die nächsten Stunden ein ruhiges Eckchen – am besten ihre Schlafkoje.

Nun die gute Nachricht: Nach spätestens 36 Stunden ist alles vorbei und dann kann man die Schwerelosigkeit so richtig genießen. Schließt man nun in Ruhe die Augen und lässt sich langsam durch den Raum driften, die Arme und Beine in ganz lockerer Haltung leicht angewinkelt, dann gibt es nichts, was einen noch beeinflussen könnte und man kann sich vollkommen auf das eigene Empfinden konzentrieren.

Das Gefühl der Schwerelosigkeit

Ich hatte zunächst das Gefühl, als wiederhole sich ein Traum. In meiner Jugend träumte ich oft, ich liefe vor unserem Haus eine abschüssige Straße hinunter. Ich wurde leichter und leichter und irgendwann hob ich ab und schwebte. Ich flog nicht, ich schwebte. Nirgendwo sonst hatte ich im täglichen Leben je dieses Gefühl. Und genau dieses Gefühl, das ich während des Traumes hatte, ist nahezu identisch mit dem in der Schwerelosigkeit. Es ist unter Psychologen bekannt, dass der Traum vom Laufen, Abheben und Schweben unter Menschen sehr verbreitet ist. Ist also dieser Traum eine unbewusste Erfahrung der Schwerelosigkeit? Wie kann der Körper etwas sehr Realistisches träumen, was er nie wirklich erfahren hat? Oder schafft in diesem Traum der Verstand eine lustvolle Variante auf die kurze, aber gefährliche Schwerelosigkeitserfahrung des Fallens im Alltag?

Was also empfindet man im Zustand der Schwerelosigkeit? Zunächst fällt auf, dass etwas Wichtiges fehlt: In welchem Bezug zur Umgebung befinde ich mich gerade? Wo ist die Decke mit

5 Der südliche Teil Grönlands, aufgenommen von der Raumfähre Atlantis am 2. April 1992.

den Lampen und wo der Boden? Ich weiß es nicht mehr. Ich habe auch kein Gefühl mehr dafür – und ein Oben und Unten gibt es tatsächlich nicht mehr! Diese fehlende Beziehung ändert mein Empfinden radikal. Ich fühle mich nicht mehr in eine Welt eingebettet, die mich gerade noch umgab, sondern alles Sein reduziert sich nur noch auf mich. Wie kann es etwas anderes geben, zu dem ich keinerlei Beziehung mehr habe? Und selbst wenn es da irgendwo etwas gibt, ist es dann nicht dasselbe, als wenn es das nicht gäbe? Ich habe das elementare Gefühl, allein zu sein. Ich bin die Welt – sonst nichts!

Diese Hinwendung auf das Ich lässt einen nur noch mehr in sich hineinhorchen. Was hat sich an mir geändert? Mir fällt auf, dass nichts mehr belastet. Die Kleidung, die einen immer noch wärmt, schwebt wie eine Hülle um den eigenen Körper und liegt fast nirgendwo mehr auf. Auch sie ist schwerelos und liegt weder auf den Schultern noch sonst wo auf. Es ist so eigenartig und ungewöhnlich, dass man ein wenig mit den Schultern wackelt, um zu fühlen, ob die Kleidung noch da ist. Aber nicht nur die Last der Kleidung fehlt, auch die Last des eigenen Körpers ist verschwunden. Kein Köperdruck mehr auf die Fußsohlen beim Stehen oder auf den Allerwertesten beim Sitzen. Die Arme liegen nirgendwo auf wie sonst immer. Es ist schon eigenartig: Erst in dieser Situation, wo man absolut nichts mehr vom Körper verspürt, erkennt man umfassend, welche Belastungen der Körper auf der Erde wirklich hat, obwohl es doch genau umgekehrt sein sollte! Erst nach dieser Erfahrung wird mir heute das kaum spürbare Herunterhängen der Wangen bewusst. Und dieses leichte Schmetterlingsgefühl in meiner Magengegend ist, wie ich nun weiß, das Ziehen der Eingeweide unter dem Einfluss der Erdschwere. In der Schwerelosigkeit ist einfach absolut nichts mehr davon da. Man ist im wahrsten Sinne des Wortes vollkommen unbeschwert.

Vollkommen unbeschwert. Woran merke ich dann eigentlich noch, ob ich einen Körper habe, wenn nicht an diesen äußeren Eindrücken? Die eigene Antwort ist verblüffend: Es scheint so, als gäbe es ihn tatsächlich nicht mehr! Nichts, aber auch gar nichts, deutet mehr auf ihn hin. Eigenartig, ein Sein ohne Körper! Aber was ist denn dann noch das, was ich als mein Sein empfinde? Auf

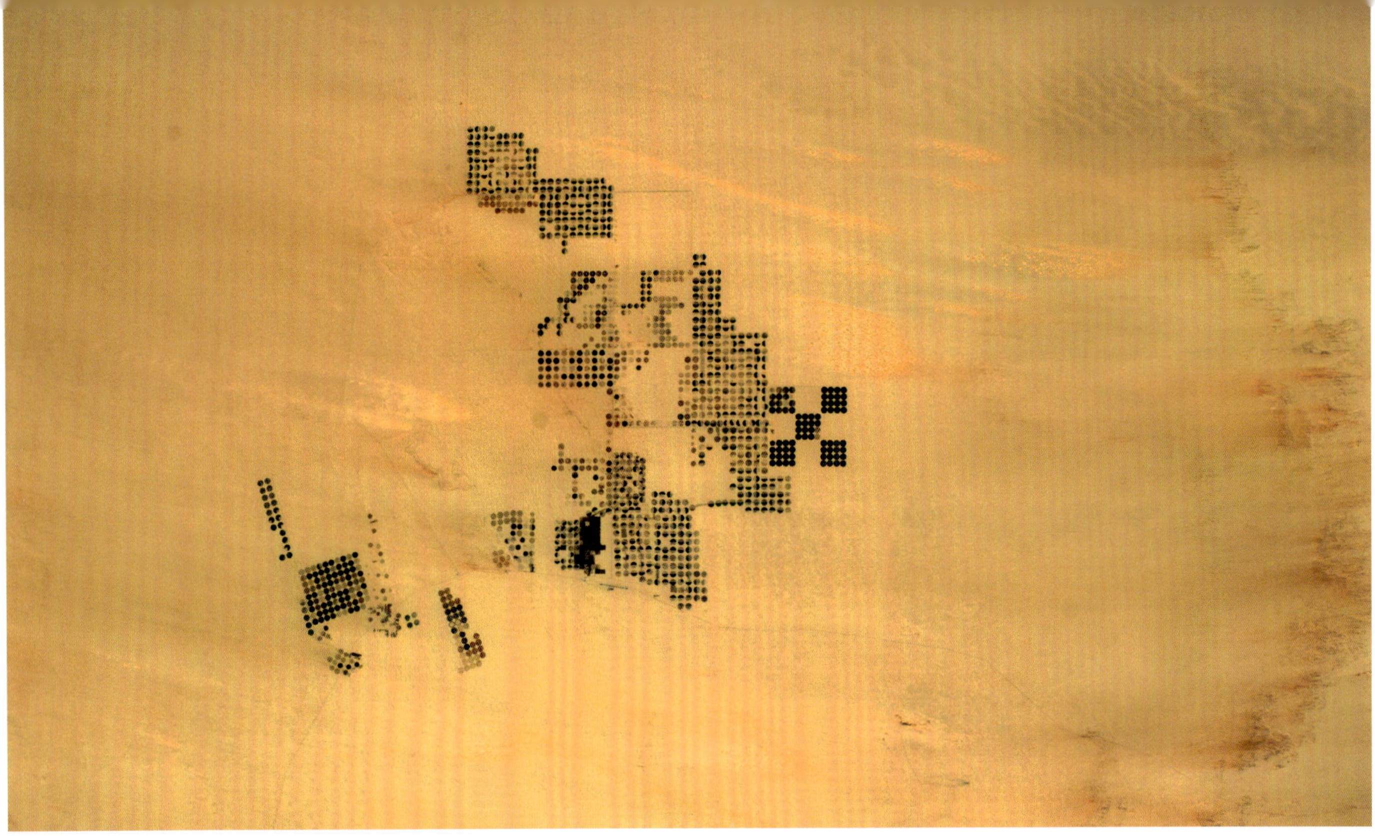

6 Bewässerungsprojekt im ägyptischen Teil der Sahara, aufgenommen von der ISS während der Mission »Blue Dot« 2014.

der Erde hatte ich meinen Körper, und im Nachhinein erst merke ich, wie ich in der Erdschwere mein eigenes Sein doch nur über die Erfahrung des eigenen Körpers definierte. Ich wackle leicht mit den Schultern und tippe mit beiden Daumen auf die Zeigefinger. Jawohl, da ist er noch – da bin ich noch! Doch nun, ohne ihn, bin ich noch da? Natürlich bin ich noch da, ich spüre es, sonst könnte ich mir diese Frage nicht stellen. Aber genau das ist es! Das einzige, was mir bleibt, was mich ausmacht, ist das Denken. Ich denke, also bin ich! Das ist das Besondere an der Schwerelosigkeit: Sie reduziert, auf einen selbst, auf den Geist.

Der unbeschreiblich schöne Blick auf die Erde

Erwartungsvoll schaue ich hinaus und sehe … Wasser! Nichts als tiefblaues Wasser! Meine tägliche Erfahrung, nach der die Erde praktisch nur aus Land besteht, wird zutiefst erschüttert. Zwei Drittel der Erdoberfläche sind Wasser und nicht Land! Hier begreife ich es wirklich. Wahrscheinlich ist es der Pazifische Ozean und dabei wird es für die nächste halbe Stunde, also die nächsten 15 000 km, auch bleiben. Das wenige, was man sieht, reicht aber vorerst zum Staunen: Strahlend weiße Wolkenformationen verschleiern kunstvoll das Blau des Meeres. Man könnte meinen, die Erde im Weltraum sei einer bayerischen Laune entsprungen: Die Wolken zusammen mit dem Meer bilden eine Komposition in den bayerischen Nationalfarben vor dem pechschwarzen Hintergrund des Alls.

Aus 300 km Entfernung ist die Erde zwar noch nicht als ganze Kugel zu sehen, aber die Erdkrümmung verläuft bei entsprechender Anordnung der Fenster gerade am oberen Gesichtsfeld entlang. Jetzt sieht man auch erstmals, was es bedeutet, dass der Durchmesser der Erde zwar 12 750 km beträgt, die Atmosphäre aber nur etwa 20 km dünn ist. Bei diesem ins Auge springenden Größenvergleich erscheint unsere irdische Schutzhülle wie eine hauchdünne Reifschicht, so zerbrechlich, dass man glauben könnte, der geringste Windhauch genüge, sie einfach wegzufegen und jede Berührung, jede kleinste Beeinflussung hinterließe schwere Kratzer. Und in dieser zarten Schicht spielt sich all das ab, was wir Leben nennen. Das Leben: ein Balanceakt zwischen der mächtigen, undurchdringbaren Masse Erde und – ein Blick zur Seite – dem lebensfeindlichen Nichts des Alls! Der Mensch bewohnt nicht einmal die ganze Erde. Die Menschheit ist lediglich ein unscheinbarer Bazillus auf einer die Erde umspannenden Seifenblase, im unendlichen Meer des Universums.

Nach einigen Tagen kennt man jedoch dann »seine« Erde und man beginnt Zusammenhänge zu sehen, übergreifende Eigenheiten, die man vorher nie erwartet hätte. Man hat beispielsweise gelernt, Kontinente an ihren Farben zu erkennen. Wann immer man hinunterschaut und Land sieht, weiß man, über welchem Erdteil man sich gerade befindet, denn jeder Erdteil hat seine charakteristische Farbe! Südamerika etwa ist dunkelgrün. Die Farbe des Regenwaldes dominiert diesen Kontinent. Afrika mit seiner ausgedehnten Wüste Sahara und den angrenzenden Steppen und Savannen präsentiert sich in einem ockerbraunen Ton. Australien: der gesamte Kontinent ein tiefes Purpurrot! Indonesien mit seinen vielen Inseln, dessen Regenwald stets im Dunst liegt, ebenfalls ein dunkelgrünes Farbenmeer. Europa? Im Süden noch ein freundliches Hellbraun, ansonsten nur Graugrün – sollten die ebenso trostlosen Wolken ausnahmsweise einmal den Blick auf den Boden freigeben. Selbst die Wolken, ein tristes Grau. Und hier beginnt man erstmals, die einfache, aber zutreffende astronautische Faustregel abzuleiten: Dort, wo der Mensch nicht leben kann, in den Eis- und Sandwüsten, ist die Welt wunderschön, und

7 Erdatmosphäre mit Gewitterwolken, die teilweise die Sonne verdecken. Aufgenommen von der Raumfähre Endeavour im September 1992.

dort, wo der Mensch lebt, leben kann, ist die Welt nicht oder auch nicht mehr so schön!

Es ist darüber hinaus sehr befriedigend zu sehen, wie nichtig die anscheinend so wichtigen menschlichen Probleme sind. Die Nachrichten im Fernsehen, voll von staatlichen und kriegerischen wie diplomatischen Auseinandersetzungen. Aus dem Weltraum hat die Erde ein ganz anderes Gesicht. Für sie zählt der Mensch nichts. Sie käme auch gut, vielleicht besser, ohne ihn aus. Für die Erde haben die Menschen dieselbe Bedeutung, die Bakterien für den Menschen haben. Staatliche Grenzen? Nichts dergleichen prägt die Erde. Was zählt, sind Meere und Kontinente. Zwei Ausnahmen vielleicht: die schnurgerade Grenze zwischen Israel und Ägypten – sie verläuft sichtbar am östlichen Rande des Sinai – und die ebenso geradlinige Grenze zwischen Angola und Namibia, 200 km nördlich der Etosha-Pfanne in Südwestafrika. Hier wie dort ist es jedoch nicht die Grenze selbst, die erkennbar wird, sondern der krasse Gegensatz zwischen der ausgedehnten Landnutzung und den angrenzenden Staaten.

Faszination der Nacht

Der Eintritt der dreiviertelstündigen Nacht mag für den Astronauten, der einfach nur die Erde betrachten will, im ersten Augenblick verschenkte Zeit sein. Wenig später, wenn sich seine Augen an die Dunkelheit gewöhnt haben, ist die Erde bei Nacht ein ganz besonderes Schauspiel. Da sind zunächst die abendlichen Wärmegewitter, die sich bis in den irdischen Morgen hineinziehen. Das Lichterspiel der durch die Wolken gedämpften Blitze erinnert mich in zweifacher Hinsicht an das vom Flugzeug aus zu sehende Aufblitzen detonierender Bomben bei Nachtangriffen in alten Filmen über den Zweiten Weltkrieg. Trotz ihrer zerstörerischen Wirkung geht von ihnen ein magisch-fesselnder Zauber aus. Ohne Zusammenhang blitzt es in schnellem Wechsel, mal hier, mal dort, auf. Manchmal bildet sich aber ein Blitz, der bis zu hundert Kilometer weit durch die Wolken zuckt und dabei eine schlängelnde Spur zieht. Im Gegensatz zum furchterregenden Gewitter auf der Erde hinterlässt ein aus dem Weltraum betrachtetes Gewitter einen eher gespenstischen Eindruck, denn ihm fehlt hier oben, genauso wie dem Bombenhagel vom Bomber aus betrachtet, eine sehr irdische Zutat – der Donner!

Sollten Außerirdische dem Augenschein nach je den Schluss ziehen, die Erde sei mit intelligenten Wesen bewohnt – wobei sich darüber streiten ließe, ob es wirklich Intelligenz auf der Erde gibt –, dann kommt ihnen diese Einsicht sicherlich, wenn es Nacht ist auf der Erde. Denn nachts, wenn nicht gerade Wolken die Sicht nehmen, bestimmt der Mensch das Bild der Erde. Diese grellen, scharf begrenzten Lichter der Städte, verbunden mit ihren Vorstädten durch die Spinnenfäden der Straßenlichter, sind ein markantes Zeichen für die Existenz höherer Wesen. Der Mensch hat sich die Nacht untertan gemacht. Nirgendwo sieht man dies deutlicher als aus dem All. Die Zivilisation präsentiert sich als verzweigtes Lymphsystem, das das Land durchzieht und das Meer rändert, weil gerade Küsten von Menschen bevorzugt bewohnt werden.

Milchstraße – dieses Wort erhält seine ureigenste Bedeutung im Weltraum zurück. Um die Pracht des Sternenhimmels in voller Schönheit genießen zu können, müssen die Lichter auf dem Flugdeck allerdings ganz heruntergefahren werden. Das Faszinierende dabei ist nicht nur die enorme Vielzahl von Sternen, die sich dabei offenbart, sondern ihre erbarmungslose Klarheit. Wie feinste Nadelstiche in einem von hinten beleuchteten Samtteppich, so unverrückbar festgenagelt wirken sie am Firmament. Kein Funkeln haucht ihnen scheinbares Leben ein. Ihr stummes Dasein drückt einfach nur die unendliche Stille des Universums aus.

8 Raumfähre Atlantis mit geöffneter Ladebucht über den Bahamas am 10. Juli 2011. Es war der letzte Flug einer amerikanischen Raumfähre.

So schön der Blick auf die Erde auch sein mag, den allergrößten Teil der Missionszeit hat man als Astronaut und insbesondere als Wissenschaftsastronaut eigentlich der Arbeit gewidmet. Aber es ist wie immer mit der Erinnerung: Nur die schönen und eindringlichen Erlebnisse bleiben haften, die monotone Arbeit wird schnell vergessen, und die Zeit vergeht im wahrsten Sinne des Wortes wie im Fluge.

Abschied vom All

Nach zehn arbeitsreichen, aber auch wunderbaren Missionstagen begebe ich mich zu meinem Sitz und bereite mich für den Wiedereintritt in die Erdschwere vor, indem ich wie beim Start die Checkliste durchlese, insbesondere die Cue-Card mit den Stichworten für den Notfall. Das gibt mir die Beruhigung, alles fest im Griff zu haben.

Zum Schluss noch eine Vorsichtsmaßnahme: Damit beim ersten Aufstehen nach der Landung der Kreislauf nicht gleich zusammenbricht, sind die Astronauten angehalten, die Flüssigkeitsmenge im Körper stark zu erhöhen. Dafür müssen mehrere Salztabletten geschluckt und jede Menge Wasser nachgetrunken werden. Das Salz bindet das Wasser im Körper und lässt es nicht gleich wieder von der Niere ausscheiden. Auf jeden Fall ist diese Prozedur wesentlich angenehmer als mehrere Liter Salzwasser trinken zu müssen. Wir sind nun bereit für den Wiedereintritt in die Erdatmosphäre.

75 Minuten oder eine halbe Erdumkreisung vor der Landung dreht der Commander zunächst das Shuttle so, dass es mit dem Schwanz voraus fliegt. Für uns ist dies vollkommen belanglos, ja, man merkt es nicht einmal, da es in der Schwerelosigkeit kein Oben und Unten gibt. Exakt eine Stunde vor der Landung werden die Orbitantriebe gegen die Flugrichtung für drei Minuten gezündet, wobei die Orbitgeschwindigkeit um lediglich 300 km/h verringert wird: Statt 28000 km/h fliegen wir jetzt also nur noch 27700 km/h schnell. Diese scheinbar belanglose Änderung reicht jedoch aus, um das Shuttle auf einer leicht elliptischen Umlaufbahn in tiefere Schichten der Erdatmosphäre zu bringen. Zwischenzeitlich hat der Commander das Shuttle wieder in die reguläre Fluglage gebracht und mit 35° gegen die Flugrichtung angestellt. Das Shuttle verliert dabei zunehmend an Höhe und der Bordcomputer steuert in dieser Phase des Anfluges das Shuttle so,

9 Die Raumfähre Columbia bei der Landung in Florida am 9. Juli 1992.

dass die Geschwindigkeit über die nächste halbe Stunde konstant bei 27700 km/h bleiben wird. Der Luftwiderstand in diesen Höhen wird also ausschließlich dazu genutzt, die Flughöhe bei konstanter Geschwindigkeit abzubauen. Von dieser Anflugphase merkt man noch nicht viel. Die Luftwiderstandskräfte bleiben so gering, dass auch die entsprechenden Schwerkräfte noch unter 0,2 g bleiben, und da man mit den Gurten fest in den Sitz eingespannt ist, sind diese schwachen Kräfte noch nicht spürbar. Lediglich ein leicht zur Decke geworfener Gegenstand, zum Beispiel ein Kugelschreiber, lässt erkennen, wie tief man bereits in die Atmosphäre eingetaucht ist. Stößt er nicht mehr an die Decke, sondern kehrt er vorher seine Flugbahn langsam um, dann weiß man, es geht abwärts.

Noch 25 Minuten bis zum Touchdown. Die Luftreibungskräfte haben stark zugenommen und bringen die Kacheln auf der Unterseite des Shuttles bei 1500 °C zum Glühen. Dabei wird die Luft so stark ionisiert, dass auch der Funkverkehr bis auf Weiteres abbricht. Vom Temperaturanstieg merkt man im Anzug kaum etwas. Man schwitzt vielleicht vor Aufregung, weil nun das Shuttle deutlich schüttelt. Die Luftdichte ist in dieser Höhe von 120 km so weit angestiegen, dass sich das Shuttle aerodynamisch verhält und die Schwerkräfte so stark zugenommen haben, dass der Anti-g-Anzug aufgeblasen werden muss. (Dieser Anzug schützt durch den Druck von Luftpolstern auf Beine und Eingeweide vor einem Versacken des Blutes in den Unterkörper und damit vor einer Blutunterversorgung, also einem Blackout des Gehirns.). Dies ist der Zeitpunkt, wo der Commander die Steuerung des Shuttles übernimmt. Von diesem Punkt an reduziert er auch die Geschwindigkeit des Shuttles durch verschiedene Roll- und Kurvenmanöver.

12 Minuten vor Touchdown hat sich die Hitze an den Kacheln so weit verringert, dass der Funkverkehr wieder einsetzt. Das Shuttle ist jetzt in einer Höhe von 55 km und bei einer Geschwindigkeit von 12 000 km/h noch 900 km von der Landebahn der Edwards Air Force Base entfernt. Ich habe meinen Anti-g-Anzug nochmals kräftig aufgeblasen, weil die g-Belastung auf 1,3 g zugenommen hat. Das ist nach der Schwerelosigkeit im Weltall ungewohnt anstrengend. Man hört, wie die Ansagen des Commanders immer gepresster hervorgestoßen werden, also auch er gegen die körperliche Schwäche ankämpft, und ich bin froh, dass ich sitze und mein Gewicht nicht im Stehen halten muss.

Noch 5 Minuten. Jetzt beginnt der eigentliche Anflug auf die Landebahn. Das Shuttle schießt in 25 km Entfernung und mit einer Geschwindigkeit von Mach 2,5 im schrägen Gegenanflug auf die Landebahn zu, führt dann ein vorher genau festgelegtes Kurvenmanöver durch, das es exakt auf die Richtung der Landebahn bringt. Der Commander braucht jetzt nur noch den Anstellwinkel des Shuttles so einzustellen, dass es im Gleitwinkel von 22° – für einen Piloten fast wie ein Stein – in Richtung Aufsetzpunkt fliegt. Die Geschwindigkeit hat sich weiter auf 700 km/h reduziert. 30 Sekunden vor dem Aufsetzen zieht der Commander die Nase des Shuttles nach oben, was den Gleitwinkel auf 1,5° reduziert und die Geschwindigkeit auf die Landegeschwindigkeit herabsetzt. Erst 15 Sekunden vor der Landung wird das Fahrwerk ausgefahren, weil die bisherige hohe Geschwindigkeit das Fahrwerk hätte abreißen können. Mit ziemlich genau 400 km/h setzt das Shuttle schließlich auf: Touchdown!

Vom Aufsetzen hat man jedoch kaum etwas mitbekommen, so sanft hat der Commander das Shuttle gelandet. Nur durch das Herunterzählen der Höhe durch den Piloten war man im Bilde, wie weit es noch genau bis zum Aufsetzen ist. Der Commander hält die Nase des Shuttles jetzt nach dem Aufsetzen noch lange in den Fahrtwind, damit das Shuttle weiter an Fahrt verliert. Wenn das vordere Fahrwerk schließlich den Boden berührt, wird der Bremsfallschirm ausgefahren, dessen effektive Abbremsung des Shuttles man drinnen deutlich spürt. Genau eine Minute nach dem Aufsetzen ist das Shuttle zum Stillstand gekommen. Ich lehne mich entspannt zurück und weiß:

Die Erde hat uns wieder!

Wer mehr über das Erlebnis eines Raumfluges mitsamt aller Vorbereitungen wissen und auch die Schönheit der Erde anhand vieler beeindruckender Bilder erleben möchte, dem sei das Buch In 90 Minuten um die Erde von Ulrich Walter empfohlen.

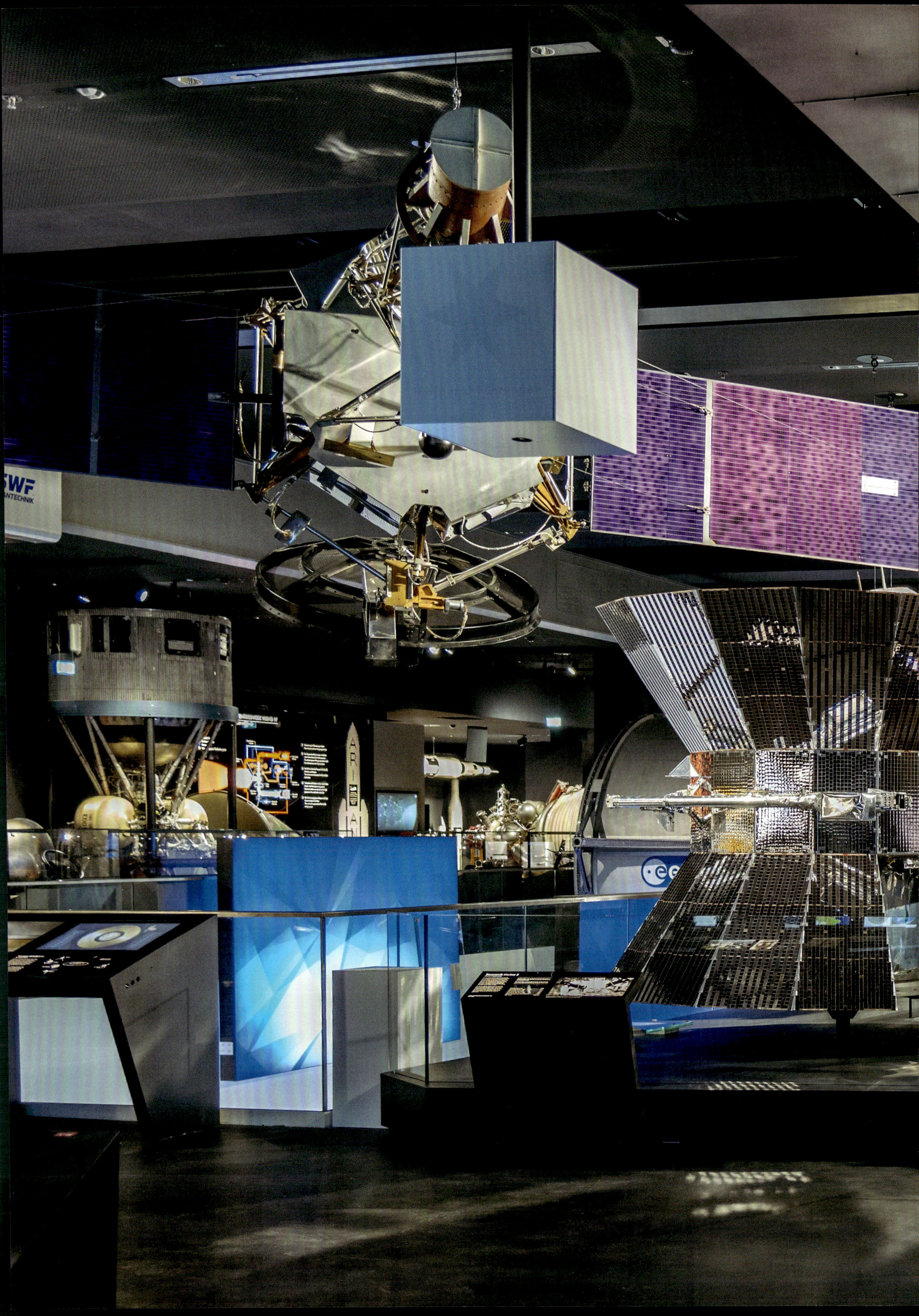
SWF
ARIANE

Katalog

Lage im Deutschen Museum, Ebene 2

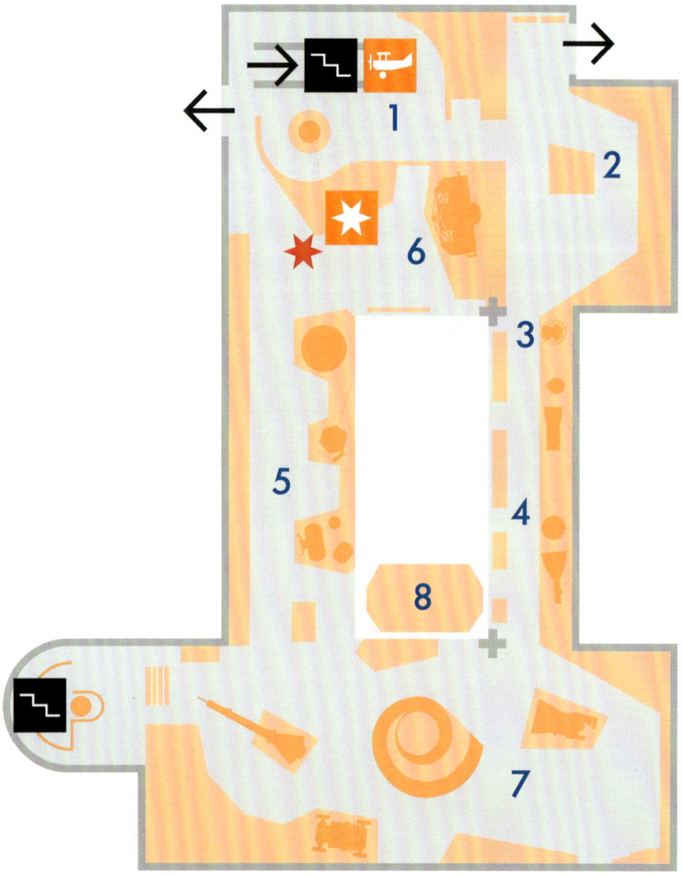

Legende

1 Einführung
2 Anfänge der Raketentechnik
3 Entwicklung der V2-Rakete
4 Antriebe für den Weltraum
5 Satelliten und Sonden
6 Fernerkundung aus dem Weltraum
7 Bemannte Raumfahrt
8 Weltraumlabor Spacelab

↑ Eingang / Ausgang
✱ Vorführung Wettersatelliten
✶ Treffpunkt Führungen

Die Ausstellung

Aufgrund der vielen in den letzten Jahren vorgenommenen Verbesserungen und Aktualisierungen wurde der Bereich Raumfahrt innerhalb der Generalsanierung (genannt »Zukunftsinitiative«) als Aktualisierung eingestuft. Bei der Aktualisierung sollten Grundkonzeption und Anzahl der Exponate möglichst erhalten bleiben. Ausstellungstechnisch und gestalterisch kann man aber durchaus von einer Neugestaltung sprechen.

In der neuen Ausstellung wird vermittelt, wie unverzichtbar Raumfahrttechnik in vielen Bereichen für unser tägliches Leben geworden ist. Das Motto der Ausstellung lautet »Für die Erde ins All«. Damit soll zum Ausdruck gebracht werden, dass der Fokus der Ausstellung sich mit Exponaten und Inhalten beschäftigt, die mit der Erde und ihrer näheren Umgebung (Mond) sowie ihrer Erforschung (Fernerkundung) zu tun haben. Es wird damit auch eine Trennlinie zum Ausstellungsbereich Astronomie aufgezeigt, in dem schwerpunktmäßig die extraterrestrische Forschung angesiedelt ist. Die Ausstellung Raumfahrt streift die extraterrestrische Forschung mit Exponaten wie der Helios- und der Mariner-Raumsonde sowie Bildern der Voyager-Missionen.

Die neue Ausstellung greift die Hauptinhalte der alten Ausstellung auf, ergänzt Themengebiete und bringt diese ausstellungstechnisch auf den neuesten Stand. Für die unterschiedlichen Projekte in der neuen Luft- und Raumfahrthalle wurde bewusst der gleiche Gestalter (neo.studio) gewählt, um Synergieeffekte maximal ausnutzen zu können. So werden z. B. Großobjekte grundsätzlich auf Podesten positioniert, die eine integrierte Betextung, Beleuchtung und Medien erlauben.

Um ein konsistentes, atmosphärisch stimmiges Bild beim Besucher zu erzeugen, ist die Raumfahrt insgesamt als Dunkelausstellung konzipiert. Die bisherige problematische Mischbeleuchtung durch Tages- und Kunstlicht wird reduziert, farbliche und materielle Gestaltung von Decke und Boden tragen dem Rechnung. Trotzdem müssen bestimmte Kompromisse hinsichtlich der Verwendung von Tageslicht in Kauf genommen werden, hauptsächlich im Eingangsbereich und im Bereich des Lichthofs (Streulicht von unten).

Die neue Luft- und Raumfahrthalle wird von fast allen Besucherinnen und Besuchern des Deutschen Museums wegen ihrer zentralen Lage und der Attraktion der Großexponate aufgesucht. Dementsprechend ist die Ausstellung in ihrer Zielgruppe nicht grundsätzlich eingeschränkt und will alle ansprechen. Trotzdem wird bei der Planung besonders auch auf Konformität der Ausstellung für Familien und Schulklassen geachtet: Familien verbringen ihre Freizeit im Museum und wollen sich dementsprechend nicht nur informieren, sondern in gewissem Umfang auch unterhalten lassen. Ähnliches gilt (heute meist auch aus Lehrersicht) für Schulklassen. Für die neue Ausstellung wurden deshalb Ausstellungselemente konzipiert, die den Anspruch zu informieren und gleichzeitig zu unterhalten (Stichwort »Edutainment«) einlösen.

Die Besucherinnen und Besucher sollen möglichst mit all ihren Sinnen angesprochen werden. Das erfolgt zum einen durch interessante, manchmal ungewöhnliche, funktionsfähige und vorführbare Exponate. Darüber hinaus werden Modelle, Dioramen wie die Apollo-Mondlandung, interaktive Medienstationen und Demonstrationen zur Veranschaulichung der abstrakteren Inhalte eingesetzt. Die Ausstellungstexte sind passend zu den Zielgruppen kurz, prägnant, anschaulich und leicht verständlich.

NEUE PROJEKTE
GEMINI-KAPSEL
Trägerrakete ist die TITAN 2.
Länge 39 m - Schub 240 t.
UNITED STATES
Die GEMINI-KAPSEL soll 2 Mann im Frühjahr 1964 in eine Erdum-laufbahn tragen.
Die SATURN 1 wird in der ersten Stufe durch 8H1 Motoren von je 85 Tonnen Schub angetrieben.
Start der ersten SATURN-Rakete am 29.10.1961.
Länge 48 m - Schub 680 t
SATURN 1 in der Montagehalle.

Die Raumfahrt im Deutschen Museum

Von der Raketentechnik zur Raumfahrt war ein langer Weg im Deutschen Museum. Erst die erfolgreiche Landung von Amerikanern auf dem Mond 1969 gab den notwendigen Ruck, das neue Themengebiet Raumfahrt in einer Dauerausstellung zu etablieren. Dazu trug erheblich das große Interesse der Öffentlichkeit an den Apollo-Missionen und der bemannten Raumfahrt bei. Die erste 1969 eröffnete Ausstellung trug daher auch den Titel »Mensch und Weltraum«. Das Motto der 2022 neu eröffneten Ausstellung »Für die Erde ins All« rückt die Erde selbst stärker in den Mittelpunkt.

Ausstellungswände der Sonderschau »Raketentechnik und Raumfahrt« im Treppenhaus vor der Alten Luftfahrthalle, 1963.

1 Max Valier mit RAK BOB 2 auf dem zugefrorenen Starnberger See, 9.2.1929.

Wie bei vielen neuen Fachgebieten, die bei Museumsgründung noch gar nicht existierten, tastete sich das Deutsche Museum auch beim Thema Raumfahrt vorsichtig an die Thematik heran. Statt von Raumfahrt sprach man im Deutschen Museum zunächst von »Raketentechnik«. Ähnliche Bezeichnungen finden sich bei Luftfahrt und Schifffahrt, die noch bis in die 1960er-Jahre »Flugtechnik« und »Schiffbau« hießen.

Die ersten Exponate des Fachgebiets »Raketentechnik« waren die Raketenfahrzeuge von Max Valier (1895–1930) und die Fotorakete von Alfred Maul (1870–1942). Der in Bozen geborene Max Valier hatte in Innsbruck Astronomie studiert, zog später nach München und hielt hier viele futuristische Vorträge über die Eroberung des Weltraums mithilfe von Raketen. Dabei beschränkte er sich nicht nur auf Vorträge, sondern machte praktische Versuche mit Schwarzpulverraketen und später mit flüssigen Treibstoffen. 1930 kam er bei einem dieser Versuche ums Leben. Sein Raketenschlitten (Abb. 1) und Raketenwagen (Abb. 2), mit denen er Versuchsfahrten beispielsweise auf zugefrorenen oberbayerischen Seen unternommen hatte, wurden auf Veranlassung der Reichskanzlei in Berlin restauriert und 1934 dem Museum übergeben.

Das nächste Exponat war eine Fotorakete aus dem Jahr 1906, die der Dresdener Ingenieur Alfred Maul 1936 dem Museum stiftete. Die Rakete enthielt in der Spitze eine Kamera, die am höchsten Punkt der Flugbahn ein Foto machen konnte.

Die Exponate von Max Valier und Alfred Maul bildeten den Grundstock der Sammlung »Raketentechnik«, die später im heutigen Fachgebiet Raumfahrt aufging. Sie wurden vor dem Zweiten Weltkrieg in der Ausstellung »Flugtechnik« gezeigt. Der Bereich »Flugtechnik« bestand eigentlich nur aus zwei schmalen Gängen oder Galerien, die sich zusammen mit der Ausstellung »Schiffbau« in der sogenannten Mittelhalle befanden. Mit der gewölbten Decke erinnerte diese Räumlichkeit stark an den Kirchenraum einer Kathedrale. Erst nach dem Krieg wurde eine Zwischendecke eingezogen, die der 1958 neu eröffneten »Flugtechnik« mehr Platz bot.

Nach dem Zweiten Weltkrieg verbot ein Erlass der Alliierten Deutschland bis 1955 Forschung und industrielle Tätigkeiten auf dem Gebiet der Luft- und Raumfahrt. Einer der in Deutschland verbliebenen Raketenpioniere war Eugen Sänger (1905–1964) in Stuttgart. Dort entstand auch die Idee eines Deutschen Raketen-

2 Paul Heylandt (links) und Max Valier auf dem Gelände der Industrie-Gasverwertungs-Gesellschaft Berlin-Britz beim Betanken des Rückstoß-Versuchswagens Rak. 7. mit flüssigem Sauerstoff.

und Raumfahrtmuseums, das aber nie verwirklicht wurde. Trotzdem sammelte man fleißig Exponate, darunter auch eine auf Vermittlung Wernher von Brauns erworbene V2-Rakete. Als sich abzeichnete, dass die Pläne nicht umsetzbar waren, erwarb das Deutsche Museum den Großteil der Bestände, darunter auch die V2-Rakete (Abb. 3). Sie kam 1962 ins Museum und wurde dort zunächst restauriert. Das Thema Raumfahrt tritt ausstellungsmäßig erstmalig am 7. Mai 1963 in Form der Sonderschau »Raketentechnik und Raumfahrt« in Erscheinung. Aus Platzmangel wurde die Sonderausstellung im Treppenhaus vor der »Alten Luftfahrthalle« untergebracht (Abb. 4). Von der USIS (United States Information Service) wurden eine Reihe von Satelliten-Nachbauten zur Verfügung gestellt. Highlight aber war die V2-Rakete, die man im Haupttreppenhaus positionierte, wo sie bis 1983 ausgestellt war. Zum ersten Mal bekamen die Deutschen hier öffentlich die geheimnisumwitterte V2-Rakete zu sehen.

Für die »Raketentechnik« war zu dieser Zeit im Deutschen Museum Ernst Klee zuständig. Sein Vorgesetzter war Wilhelm Jäckle, von dem ein schriftlicher Bericht über die erste Raumfahrt-Sonderausstellung stammt (Jäckle 1964). Ernst Klee war ein umtriebiger Mitarbeiter, der sich wenig um dienstliche Regularien kümmerte. Auf seine Art war er dennoch sehr erfolgreich, vor allem in der Einwerbung von Exponaten und dem Knüpfen von Kontakten.

Zusammen mit Otto Merk, dem damaligen Chefredakteur der Tageszeitung tz München, verfasste er das Buch »Damals in Peenemünde« (Klee/Merk 1963). Dieses Buch trug erheblich zu dem Mythos über die deutschen Raketenforscher bei, der nach dem Zweiten Weltkrieg durch unreflektierte und verklärende

3 V2-Rakete im Treppenhaus des Deutschen Museums, 1963.

4 Die Sonderschau »Raketentechnik und Raumfahrt« im Treppenhaus vor der Alten Luftfahrthalle, 1963.

Äußerungen und Publikationen entstand. Der Mythos negierte die militärische Rolle von Ingenieuren und Wissenschaftlern bei der Entwicklung der ersten großen Fernrakete, der V2. Man habe nur an Raumfahrt gedacht, man habe niemals eine Waffe bauen wollen, so die häufige Aussage von ehemaligen Peenemünder Mitarbeitern. Penibel achtete man darauf, statt dem von den Nationalsozialisten erfundenen Namen »V2« (Vergeltungswaffe 2) die von den Technikern verwendete Bezeichnung »A4-Aggregat« zu verwenden. Auch das Deutsche Museum hat zunächst diese Betrachtungsweise geteilt.

Im Bericht von Wilhelm Jäckle wird stolz ein Brief von Wernher von Braun (1912–1977) zur Eröffnung der ersten Raumfahrt-Sonderausstellung zitiert. Wernher von Braun schreibt:

> Ich möchte Sie wissen lassen, daß es für mich eine besondere Freude war zu erfahren, daß das Deutsche Museum durch die Ausstellung dieses Aggregats seine Besucher nunmehr auch auf die technische und wissenschaftliche Bedeutung der Raketenentwicklung hinweisen wird, deren Ziel nicht in der Herstellung von Vernichtungswaffen, sondern in der wissenschaftlichen Erforschung des uns umgebenden Weltraums liegt.

Wernher von Braun hat zweifelsfrei große Verdienste in der Entwicklung der Raketentechnik erworben. Er ignorierte aber, dass am Anfang dieser Entwicklung nicht die Raumfahrt, sondern eine Raketenwaffe stand. Daher ist Peenemünde mitnichten die oft sogenannte Wiege der Raumfahrt. Erst durch Arbeiten von verschiedenen Technikhistorikern, beginnend in den 1990er-Jahren, wurde dieses Bild nach und nach korrigiert.

Schon im Geschäftsbericht 1962/63 wird festgehalten, dass man endgültig eine Abteilung »Raketentechnik und Raumfahrt« aufbauen wolle. Doch man sei sich bewusst, dass noch keine umfangreiche Sammlung existiere. Gelegenheit für den Aufbau der Sammlung bot die 1965 in München stattfindende große »Internationale Verkehrsausstellung«. Einer der Schwerpunkte sollte die Luft- und Raumfahrt sein. Das Museum aktivierte schon frühzeitig die Mitglieder des entsprechenden Fachbeirats und bat sie, bei der Einwerbung von Exponaten behilflich zu sein. Ernst Klee war als Museumsmitarbeiter im sogenannten Vorbereitungs-Ausschuss und bereitete mit dem Kuratorium »Mensch und Weltraum« die entsprechende Ausstellung vor, die zum Grundstock der ersten Dauerausstellung wurde.

So kam 1965 ein Modellprüfstand für ein Plasmatriebwerk mit eigenmagnetischer Beschleunigung vom Institut für Plasmaphysik des DFVLR ins Haus. Der Prüfstand wurde auf der Verkehrsausstellung als Demonstration gezeigt und als solche auch im Deutschen Museum später wieder in Betrieb genommen. Diese Demonstration ist auch ein gutes Beispiel für die bis heute verfolgte Linie des Museums, sich mit einzelnen Exponaten immer wieder an den aktuellen Stand von Wissenschaft und Technik heranzutasten.

5 Die Sonderschau »Mensch und Weltraum« im 3. Obergeschoss, 1969. Sie war die erste Dauerausstellung für Raumfahrt im Deutschen Museum.

6 Die Apollo-8-Kapsel im Deutschen Museum im Sommer 1969.

7 Planungsbesprechung für die neue Luft- und Raumfahrtausstellung, Anfang 1982. Von links: Hans Holzer, Gerhard Filchner, Kyrill von Gersdorff, Jobst Broelmann, Walter Rathjen, Generaldirektor Theo Stillger.

8 Eröffnung der neuen Luft- und Raumfahrthalle am 7. Mai 1984. Von links (erste Reihe): Bundeskanzler Helmut Kohl, bayerischer Ministerpräsident Franz-Josef Strauß, Hans Moll.

In der Öffentlichkeit gab es durch das Apollo-Programm der Amerikaner Mitte der 1960er-Jahre entsprechende Aufmerksamkeit, die durch das Medium Fernsehen zusätzlich befördert wurde. Dabei trat in den Hintergrund, dass man in Deutschland mittlerweile auch eigene Leistungen vorweisen konnte. 1968 richtete die Firma Messerschmitt-Bölkow eine kleine Sonderausstellung über den von ihr gebauten Forschungssatelliten HEOS-A aus. Im gleichen Jahr wurde auch für kurze Zeit die Gemini-10-Kapsel gezeigt.

Alles in den Schatten stellte aber das Jahr 1969, zumindest was die Besucherwirkung anging. Schon im Januar 1969 wurde im 3. Obergeschoss unter dem Dach die zunächst als Sonderschau deklarierte Ausstellung »Mensch und Weltraum« eröffnet (Abb. 5). Aus ihr wurde eine Dauerausstellung, die hier bis ungefähr 1983 mehr oder weniger unverändert gezeigt wurde. Höhepunkt des Jahres 1969 war die zweiwöchige Präsentation der Apollo-8-Kapsel (Abb. 6), mit der drei Astronauten Weihnachten 1968 den Mond umrundet hatten. Aus Platzgründen wurde sie für zwei Wochen unter dem Torbogen des Museumsturms gezeigt. Der Geschäftsbericht von 1969 spricht von 50 000 Besuchern und notiert: »Der Ansturm war so gewaltig, dass wir uns gezwungen sahen, eine Stunde vor und fünf Stunden nach den offiziellen Museumsöffnungszeiten Zugang zu der Kapsel zu gewähren.«

München entwickelte sich in dieser Zeit zu einem Zentrum der Luft- und Raumfahrt, sowohl in der Industrie als auch an den Universitäten. Das Deutsche Museum konnte sich diesem Trend nicht verschließen, und man suchte Anfang der 1970er-Jahre nach einer nachhaltigen Lösung für den Bereich Luft- und Raumfahrt. Auch im Ausland entstanden zu dieser Zeit große Raumfahrtmuseen, wie z.B. das National Air and Space Museum in Washington. 1973 gab das Deutsche Museum schließlich die Pläne für den Bau einer neuen sogenannten »Drei-A-Halle« bekannt. Sie sollte die Fachgebiete »Aeronautik, Astronautik und Aquanautik« umfassen.

Mit dem Tod von Ernst Klee 1976 und der Einstellung des promovierten Ingenieurs Walter Rathjen 1977 als Kurator für Luft- und Raumfahrt begann eine neue Ära. Unterstützt wurde Rathjen ab 1978 von Ingenieur Hans Holzer, 1981 kam Jobst Broelmann für den Bereich Raumfahrt dazu, Gerhard Filchner folgte Ende 1981 (Abb. 7). Schnell wurde die »Aquanautik« aus den Plänen gestrichen; von Anfang an wollte man im Museum und in seinen Gremien vor allem das Thema Luftfahrt ausführlich darstellen. Es setzte eine umfangreiche Objekterwerbungsphase ein, tatkräftig unterstützt durch die verschiedenen Fachbeiräte und Gremien. Für die Raumfahrt besonders wichtig war ein Konvolut von Leihgaben des National Air and Space Museums, darunter ein Apollo- und ein Gemini-Raumanzug und ein J-2-Raketentriebwerk der berühmten Saturn-V-Rakete.

Am 7. Mai 1984 eröffneten Bundeskanzler Helmut Kohl und der bayerische Ministerpräsident Franz-Josef Strauß die neue Luft- und Raumfahrthalle (Abb. 8). Es war die letzte große Gebäude-Erweiterung auf der Museumsinsel. Die Raumfahrt im 2. Obergeschoss musste sich mit knapp 1000 m^2 begnügen, da der Denkmalschutz auf einer Freihaltung der alten Fassade des Museums bestand. Für die inhaltliche Planung der neuen Dauerausstellung Raumfahrt war Jobst Broelmann zuständig, der aber noch vor der Eröffnung 1983 in die Schifffahrt wechselte.

9 Matthias Knopp kurz vor Schließung der Ausstellung im Oktober 2015.

Das Eröffnungsjahr der neuen Luft- und Raumfahrthalle 1984 verzeichnete mit 1,5 Millionen Besucherinnen und Besuchern einen bis heute gültigen Besucherrekord auf der Museumsinsel. Mit der Neuplanung des ersten Zweigmuseums, der Flugwerft Schleißheim, wurden dem Deutschen Museum 1989 neue Planstellen zur Verfügung gestellt. So wurde im September 1989 der Diplom-Ingenieur Werner Heinzerling als Nachfolger für Walter Rathjen eingestellt, der Sammlungsleiter und stellvertretender Generaldirektor wurde. Im Oktober 1989 wurde die Raumfahrt neu besetzt, nachdem Jobst Broelmann 1983 die Schifffahrt übernommen hatte. Der Physiker Dr. Matthias Knopp wurde neuer Kurator für Raumfahrt. Im Januar 1990 folgte der Historiker Dr. Helmuth Trischler als Kurator für Luftfahrt.

Mit diesen beiden Neuzugängen setzte eine forcierte Abkehr vom Mythos der deutschen Raketenforscher ein, die sich in einer differenzierteren Sicht auf die Rolle der in Peenemünde beteiligten Ingenieure und Wissenschaftler widerspiegelte. Das Museum passte sich den neuen Erkenntnissen der technikhistorischen Forschung an, auch wenn das nicht immer im Sinne der Raumfahrtindustrie oder ehemaliger »Peenemünder« war. Die neue Sicht gipfelte 2001 in gewisser Weise in der Sonderausstellung »Bilder aus Dora«, die eindrucksvoll über die unmenschlichen Bedingungen bei der Produktion der V2-Rakete in den Stollen des Rüstungsunternehmens Mittelwerk im Harz Zeugnis gab. Eine solche Ausstellung wäre in den 1970er-Jahren im Deutschen Museum noch undenkbar gewesen.

Mit dem neuen Kurator begann für die Ausstellung Raumfahrt eine Phase der beständigen Aktualisierung und teilweisen Umgestaltung. Erste Anstrengungen zur Wiederinbetriebnahme der alten analogen Empfangsanlage für Wettersatelliten waren erfolgreich. Diese zentrale und aufwendige Demonstration der Ausstellung Raumfahrt wurde ständig aktualisiert und den jeweiligen technischen Bedingungen angepasst. Heute ist die Station voll digitalisiert und automatisiert und zeigt dem Besucher neben den klassischen Wetterbildern viele andere interessante Echtzeit-Satellitendaten.

1999 wurde eine Timeline »Das Wettrennen im Weltraum« erstellt, die das spannende Wettrennen der Supermächte UdSSR und USA gegenüberstellt. 2001 erfolgte ein kompletter Umbau des Raums hinter der Raketengalerie. Hier entstand die Ausstellung »Deutsche Forscher im Weltraum«. Sie war ganz den deutschen Beteiligungen an bemannten Weltraummissionen gewidmet. Damit einher ging die Anschaffung einer neuen großen Vitrine für Raumanzüge; die zugehörigen Halterungen für die Anzüge wurden entsprechend den neuesten wissenschaftlichen Erkenntnissen angebracht. Mit dem ASTRO-SPAS und dem eingebauten Infrarot-Teleskop CRISTA kam 2004 das schwerste und größte Exponat in die Ausstellung Raumfahrt. Das 1987 von der ESA ausgeliehene Spacelab musste aus Platzgründen im Erdgeschoss verbleiben.

2009 wurde die Ausstellung Raumfahrt als erste im Deutschen Museum komplett mit LED-Beleuchtungstechnik ausgerüstet. Große Teile der Ausstellungsfläche wurden zudem mit schwarzem Industrieteppichboden versehen, der die Lichtverhältnisse und die Akustik dramatisch verbesserte. In der Raumfahrt wurden auch erstmalig im Deutschen Museum neue Techniken wie 3D-Bildschirme und ein Kugelprojektor (2009) eingesetzt.

2013 begannen die Planungen für die Neugestaltung der gesamten Luft- und Raumfahrthalle.

Im Oktober 2015 wurde die Halle im Rahmen der beginnenden Generalsanierung für den Besucherverkehr geschlossen (Abb. 9).

Das Gebäude musste komplett entkernt werden. Der weiter zur Ausstellung vorgesehene Satellit ASTRO-SPAS konnte nicht abtransportiert werden und wurde an Ort und Stelle eingehaust. Die Ausstellungsplanungen übernahm das Architekturbüro neo.studio aus Berlin. Während der schon weit fortgeschrittenen Planungen beschloss die Museumsleitung Anfang 2016, ein Restaurant im 2. Obergeschoss zu bauen, das einen Teil der alten Ausstellungsfläche Raumfahrt beanspruchte. Als Ersatz wurde die Freiterrasse im 2. Obergeschoss komplett überdacht, so dass die Raumfahrt mit ca. 1050 m² Ausstellungsfläche zwar gleich blieb, gleichwohl einen ungünstigeren Grundriss bekam. Erhebliche Auswirkungen auf die Planung hatte zudem die Reduzierung der Deckenhöhe im 2. Obergeschoss durch verschiedene technische Einbauten, darunter eine Kühl-/Heizdecke.

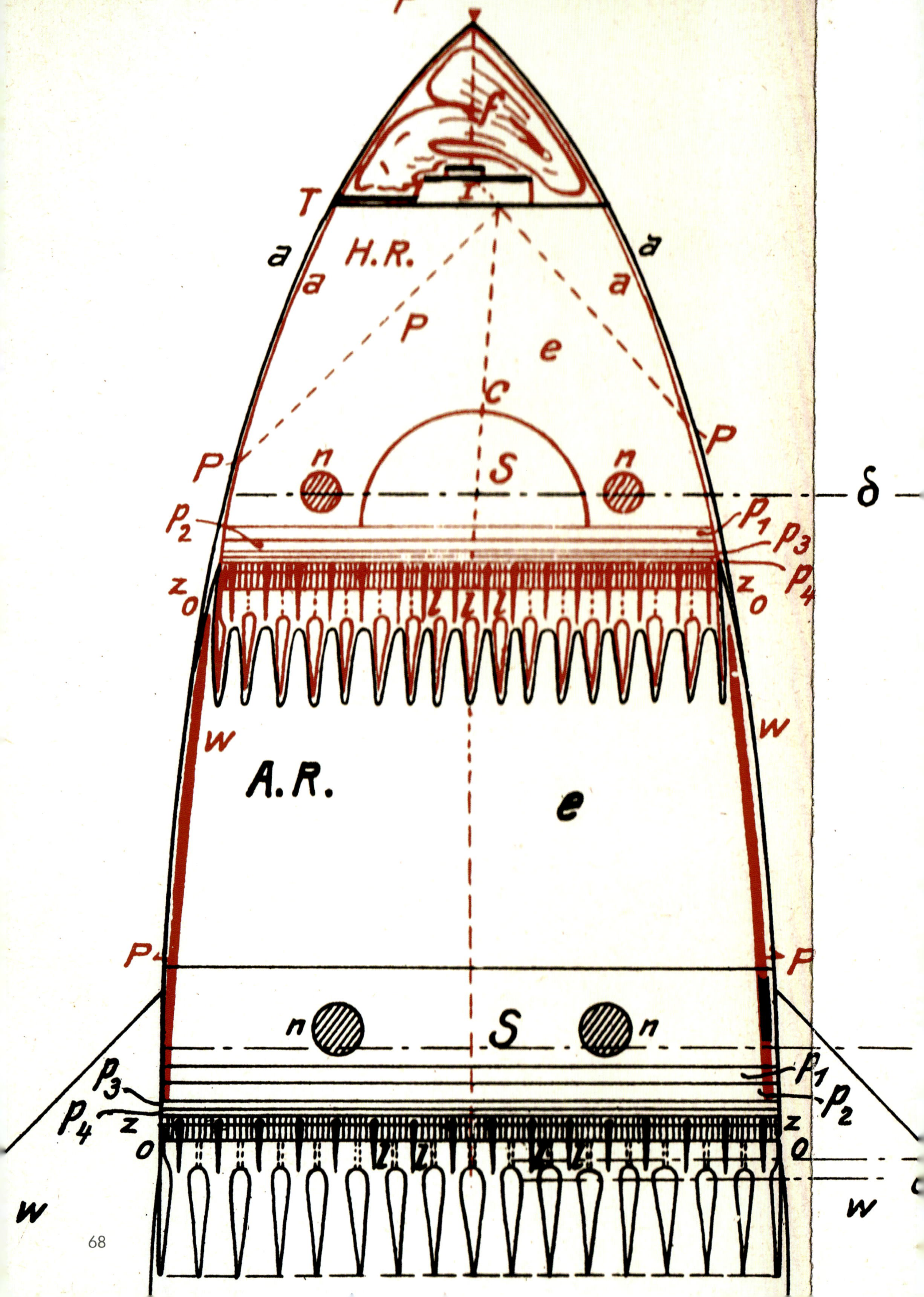
P
T
a
H.R.
a
a
a
P
e
c
P
P
n
S
n
δ
p_2
p_1
p_3
p_4
z_0
z_0
z
z
z
w
w
A.R.
e
P
P
n
S
n
p_3
p_1
p_4
p_2
z
o
z
o
w
w

Geschichte der Raumfahrt und Raketentechnik

Die Welt außerhalb unseres eigenen Erfahrungshorizonts auf der Erde hat Menschen schon immer fasziniert und zu Fantasien angeregt. Die Raketentechnik hat im 20. Jahrhundert den Übergang von der Fiktion zur Realität möglich gemacht.

In der Ausstellung werden Besucherinnen und Besucher von der hellen Luftfahrt kommend in das mystische Dunkel des Weltraums geführt. Die Inszenierung des ersten amerikanischen Weltraumspaziergangs signalisiert, dass der Mensch auch diesen lebensfeindlichen Raum erobert hat.

Zweistufige bemannte Flüssigkeitsrakete aus Hermann Oberths Buch »Die Rakete zu den Planetenräumen«, 1923.

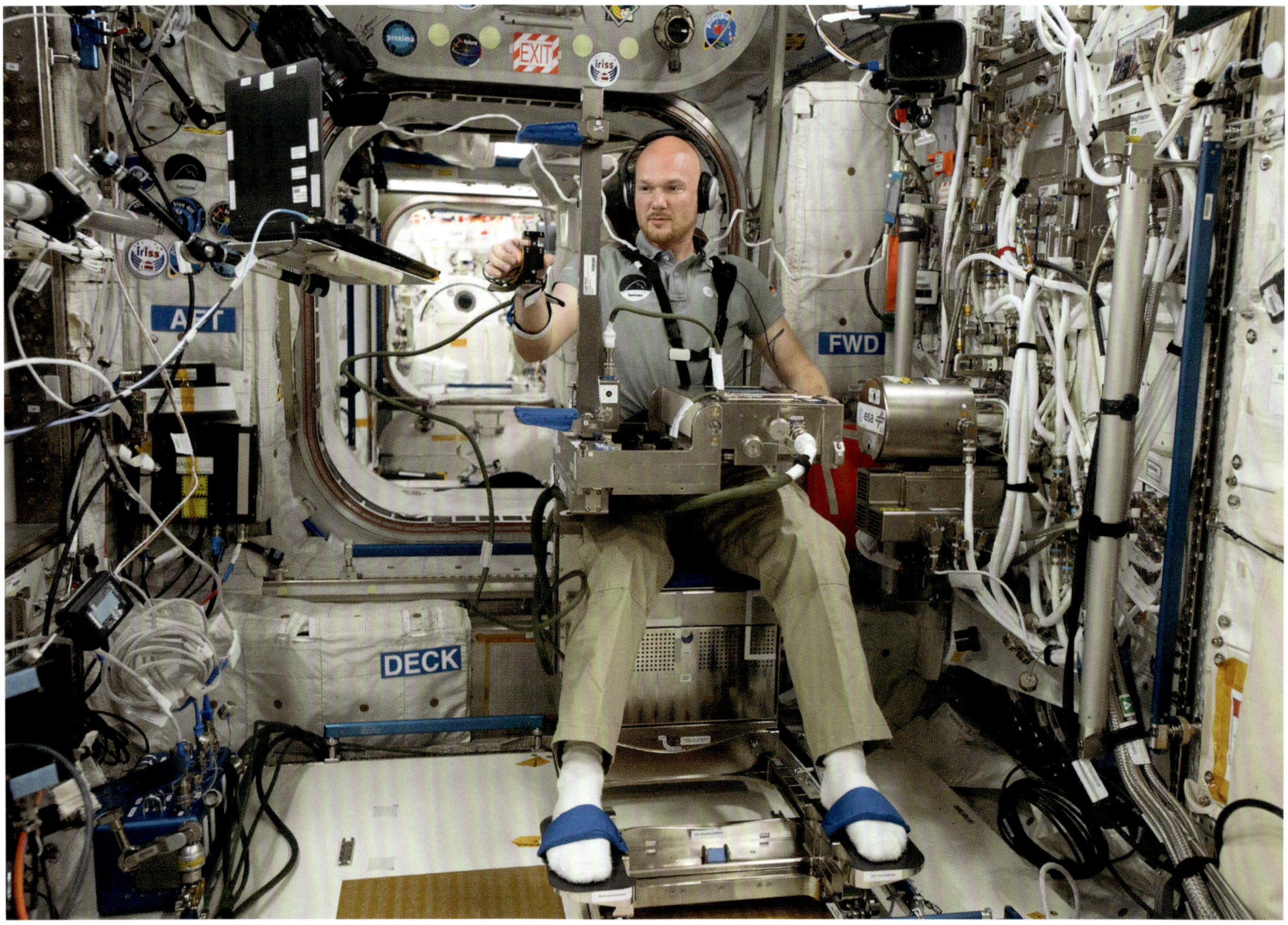

1 Wissenschaftsastronaut Alexander Gerst in der Internationalen Raumstation ISS, 11. Juni 2018 (von der NASA auf Flickr gepostet).

Raumfahrt – für die Erde ins All

Die Erde zu verlassen und in den Weltraum vorzudringen, ist ein alter Menschheitstraum. Der Blick in den Nachthimmel lässt die Menschen über das Woher und Wohin nachdenken und die unendlichen Weiten des Weltalls erahnen. Lange bevor es technisch gelang, die Schwerkraft zu überwinden, stellten sich Visionäre eine mögliche Raumfahrt vor. Der Weltraum war ein Sehnsuchtsort, und auch Künstler und Literaten ließen ihrer Fantasie in Utopien freien Lauf.

Die Weiterentwicklung der Raketentechnik im 20. Jahrhundert machte aus dem Traum Wirklichkeit. Antriebe mit flüssigen Treibstoffen ermöglichten den Bau von Raketen, die Menschen und Material in Erdumlaufbahnen und in den Kosmos transportieren können. Der Raketenpionier Hermann Oberth (1894–1989) war einer der Ersten, der wissenschaftlich akribisch nachwies, dass es technisch möglich ist, den Weltraum zu erreichen. Sein 1923 erschienenes Buch »Die Rakete zu den Planetenräumen« wirkte wie eine Initialzündung und regte im In- und Ausland zu ersten Forschungen und Versuchen über mögliche Flüssigkeitsraketen an.

Die Raumfahrt versucht, Antworten auf elementare Fragen zu finden:

- Wie war der Beginn von Raum und Zeit?
- Wie entwickelt sich unsere Erde in Zukunft?
- Gibt es Leben außerhalb der Erde?
- Kann der Mensch dauerhaft im Weltraum leben?

Damit erweitert die Raumfahrt grundlegend unser Wissen über die Welt, die uns umgibt. Erst durch die Fernerkundung aus dem Weltall können wir viele globale Prozesse auf der Erde, wie zum Beispiel den Klimawandel, richtig verstehen. Wir alle profitieren von der Raumfahrt, meist ohne es zu merken. Innovationen aus der Raumfahrttechnik, wie Taschenrechner oder gefriergetrocknete Nahrung, sind heute oft Alltagsprodukte. Die Astronauten auf der Internationalen Raumstation ISS gehören zu den wenigen Menschen, die im Weltraum arbeiten dürfen. Viele Menschen nehmen über die sozialen Netzwerke an ihren persönlichen Eindrücken teil (Abb. 1).

Analog zur Ausstellung werden in diesem Kapitel zunächst die frühen Vorstellungen des Menschen über den Aufbau der Welt erläutert. Daran anschließend gibt eine Themenseite eine Übersicht unseres heutigen Sonnensystems, wie wir es von den Aufnahmen von Raumsonden heute kennen. Es folgt kurz eine Erläuterung der physikalischen Grundlagen des Raketenprinzips, bevor ein historischer Teil über die erstmalige Verwendung von Schwarzpulverraketen anschließt. Ein Blick auf Visionäre aus dem letzten Jahrhundert und der heutigen Zeit sowie auf Pioniere wie Hermann Oberth oder Johannes Winkler beendet das Kapitel.

2 Altägyptische Darstellung des Himmelsgewölbes aus dem 10. Jahrhundert v. Chr. nach einem Papyrus. In der Vorstellung der Ägypter fuhr die Sonne in einem Boot auf dem Rücken der Himmelsgöttin Nut entlang, die sich, vom Gott der Luft gehoben, über dem Gott der Erde wölbt.

Frühe Weltbilder

In der Antike waren die Vorstellungen von dem, was außerhalb der Erde ist, eng mit religiösen Gedanken verbunden. Der Mensch betrachtete den Himmel, er verehrte die Sterne und die Sternbilder. Durch die genaue Beobachtung ihrer Bewegungen im jährlichen Rhythmus gelang es ihm, Regelmäßigkeiten zu erkennen, die Zeit für die Aussaat und Ernte festzulegen, Kalender aufzustellen und sich auf dem Land oder dem Meer zu orientieren. Die Erklärungen für das Geschehen entstammten meist dem jeweiligen Gottesglauben, während die bildlichen oder figürlichen Darstellung typischerweise aus dem Bereich des täglichen Lebens gewählt sind.

In der Verehrung der Sterne der Götter schufen die Babylonier seit etwa 1500 v. Chr. lange Beobachtungsreihen. Es entstand der Himmelskreis als Tierkreis. Man glaubte an Zusammenhänge zwischen dem Lauf der Gestirne und den Vorgängen auf der Erde, was sich noch heute in den Horoskopen der Tageszeitungen widerspiegelt. Von den Ägyptern stammt die Einteilung des Tages in 24 Stunden. In ihrer Vorstellung fuhr die Sonne in einem Boot auf dem Rücken der Himmelsgöttin Nut entlang, die sich, vom Gott der Luft gehoben, über dem Gott der Erde wölbt (Abb. 2).

Lange Zeit wurde die Erde als Zentrum eines Weltalls betrachtet, das die Allmacht Gottes verkörperte. Bis ins Mittelalter übernahm man die Vorstellung der griechischen Philosophen Aristoteles (4. Jahrhundert v. Chr.) und Ptolemäus (2. Jahrhundert n. Chr.), wonach sich die Sonne und die übrigen Planeten in einem System von Kreisbahnen um die Erde bewegen (geozentrisches Weltbild). Die Zeichnung aus dem 13. Jahrhundert (Abb. 3) zeigt, wie stark das Weltbild im Mittelalter noch von religiösen Vorstellungen geprägt war: Unter der Erdoberfläche befindet sich der böse Teufel, und über allen Sphären schwebt der allmächtige Gott. In der Bildmitte sind die Sphären der vier Elemente gefolgt von den sieben Planetenbahnen zu sehen. Daran schließen die Fixsterne und die verschiedenen Engelshierarchien an. Jedes natürliche und geistige »Ding« hatte in diesem Weltbild seinen Platz. Gott in seiner Allmacht hatte das alles so geschaffen.

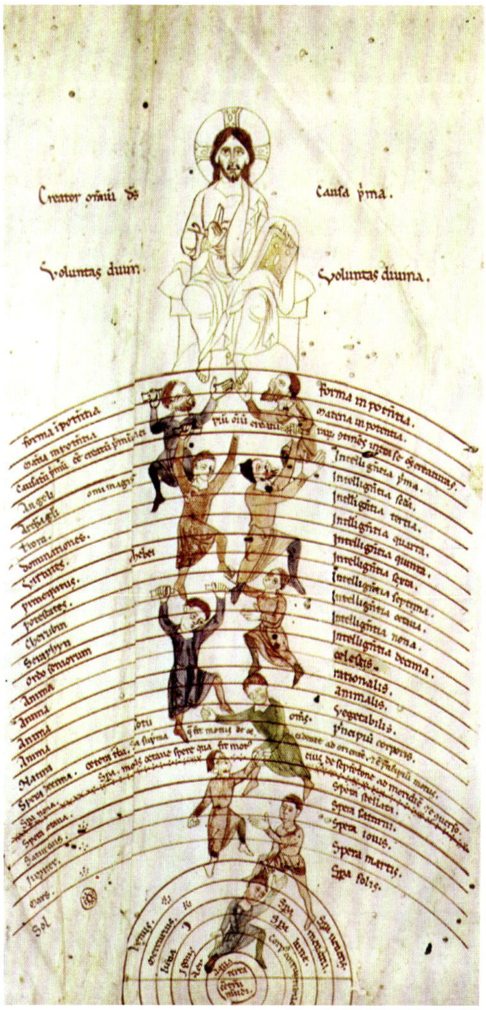

3 Zeichnung aus dem 13. Jahrhundert. Im mittelalterlichen Weltbild war jedem Element, jedem Planeten und jedem Wesen bis hinauf zu Gott eine bestimmte Sphäre zugewiesen.

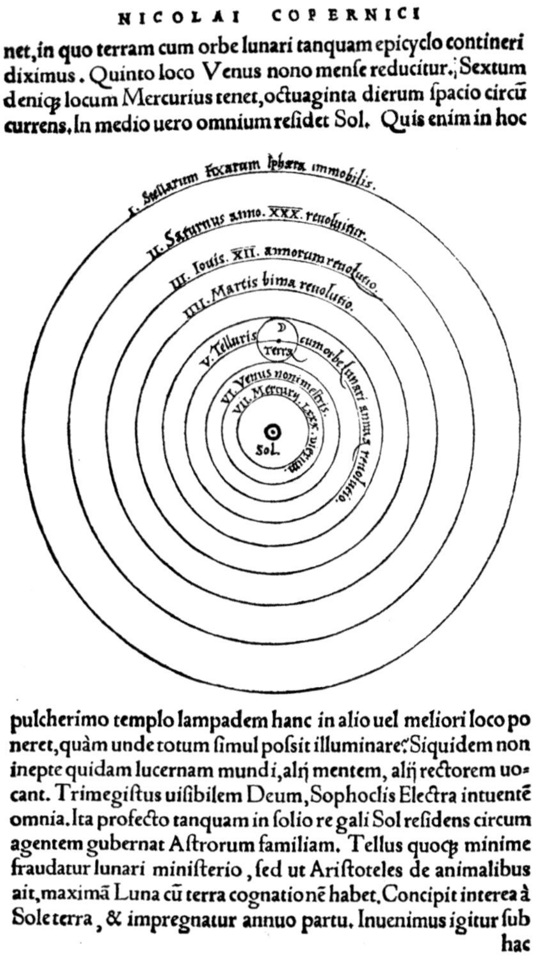

NICOLAI COPERNICI

net, in quo terram cum orbe lunari tanquam epicyclo contineri diximus. Quinto loco Venus nono menſe reducitur. Sextum denique locum Mercurius tenet, octuaginta dierum ſpacio circũ currens. In medio uero omnium reſidet Sol. Quis enim in hoc

pulcherimo templo lampadem hanc in alio uel meliori loco poneret, quàm unde totum ſimul poſsit illuminare? Siquidem non inepte quidam lucernam mundi, alij mentem, alij rectorem uocant. Trimegiſtus uiſibilem Deum, Sophoclis Electra intuentẽ omnia. Ita profecto tanquam in ſolio regali Sol reſidens circum agentem gubernat Aſtrorum familiam. Tellus quoque minime fraudatur lunari miniſterio, ſed ut Ariſtoteles de animalibus ait, maximã Luna cũ terra cognationẽ habet. Concipit interea à Sole terra, & impregnatur annuo partu. Inuenimus igitur ſub hac

4 Heliozentrisches Weltbild nach Kopernikus' »De revolutionibus orbium coelestium«, 1543.

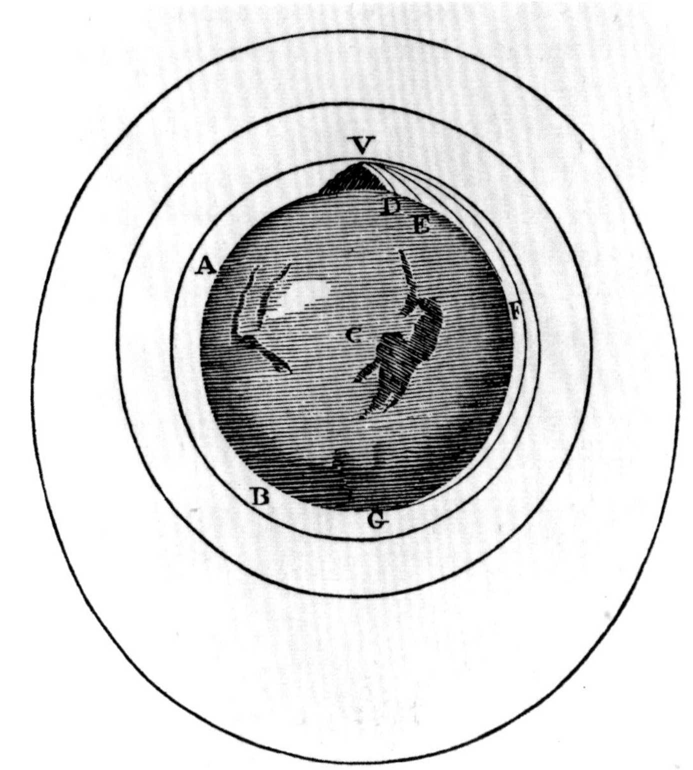

5 Newtons fiktiver Steinwurf um die Erde mit unterschiedlicher Wurfweite.

Die Versuche der Neuzeit, die Vorgänge am Himmel zu erklären, führten zu einem wissenschaftlich begründeten Weltbild und zu einem neuen Bewusstsein des Menschen. Nikolaus Kopernikus (1473–1543) wurde zu einem Mittler zwischen antiker und neuzeitlicher Astronomie. Kopernikus erkannte die Erde als einen von mehreren Planeten, die auf kreisförmigen Bahnen um die Sonne laufen (heliozentrisches Weltbild). Erst in seinem Todesjahr veröffentlichte er sein berühmtes Werk »De revolutionibus orbium coelestium« (»Von den Umdrehungen der Himmelssphären«), das einen unglaublichen Angriff auf das theologisch-philosophische Weltbild darstellte (Abb. 4).

Johannes Kepler (1571–1630) erkannte aufgrund der Beobachtungen des Astronomen Tycho Brahe (1546–1601) schließlich die Dynamik und Bahn der Planetenbewegungen um die Sonne. Sie wurden als die drei Kepler'schen Gesetze berühmt und beschreiben in erster Näherung auch heute noch sowohl die Bewegungen von Himmelskörpern als auch die von künstlichen Satelliten.

Zu der Zeit, als Kepler seine Gesetze der Planetenbewegungen veröffentlichte, baute der Italiener Galileo Galilei (1564–1641/42) ein Fernrohr zusammen und untersuchte damit den Sternenhimmel. So entdeckte er 1610 die größten Monde des Planeten Jupiter, die mit dem bloßen Auge nicht zu sehen sind. Sein 1632 erschienenes Hauptwerk »Dialogo sopra i due massimi sistemi« über die zwei konkurrierenden heliozentrischen und geozentrischen Weltsysteme führte zu dem berühmten Inquisitionsprozess, in dessen Verlauf die Kirche das neue kopernikanische Weltbild verurteilte und Galilei in die Verbannung schickte.

Es war Isaac Newton (1643–1727), der in der Massenanziehung die physikalische Ursache der Planetenbewegungen erkannte. Die Massenanziehung (Gravitationskraft) ist eine allgemeine fundamentale Eigenschaft der Materie. Newton begriff, dass bei den Planetenbahnen die Gravitationskraft und die Zentrifugalkraft einander entgegenwirken und so zu stabilen Umlaufbahnen führen. Später leitete er aus diesen Überlegungen die berühmten Newton'schen Axiome über das Bewegungsverhalten von Körpern ab.

In seinem Hauptwerk »Philosophiae naturalis principia mathematica« von 1687 zeigte Newton in einer Illustration, wie ein immer weiterer Wurf eines Körpers schließlich in eine geschlosse-

Mit der Entdeckung der elektromagnetischen Wellen durch Heinrich Rudolf Hertz und der Erkenntnis, dass Licht ebenfalls elektromagnetische Strahlung ist, bekam das durch die Newton'schen Gesetze geprägte neue Weltbild jedoch einen Knacks. Messungen zeigten, dass die Lichtgeschwindigkeit unabhängig von der Geschwindigkeit der Lichtquelle immer konstant ist.

Erst Albert Einstein (1879–1955) konnte diesen Widerspruch in seiner »Speziellen Relativitätstheorie« aufklären (Abb. 6). Er zeigte, dass die Newton'schen Gesetze nur für Geschwindigkeiten weit unter der Lichtgeschwindigkeit Gültigkeit haben. 1916 stellte Einstein in der sogenannten »Allgemeinen Relativitätstheorie« dann den Zusammenhang zwischen Masse, Gravitation und den Einfluss auf Zeit und Raum her. Viele physikalische Aussagen der Einstein'schen Theorie konnten erst im Zeitalter der Raumfahrt nachgewiesen werden.

6 Albert Einstein in seinem Arbeitszimmer in New Jersey, 1950.

ne Umlaufbahn übergeht (Abb. 5). (Die Luftreibung wird hierbei vernachlässigt.) Diese Überlegung kann man leicht auf eine startende Trägerrakete übertragen, die nach dem schnellen senkrechten Durchqueren der Erdatmosphäre auf eine horizontale Bahn gelenkt wird. Eine stabile Umlaufbahn ist dann erreicht, wenn die aufgrund der immer schneller werdenden Rakete steigende Zentrifugalkraft gerade so groß wie die Erdanziehung ist.

Die Arbeiten von Kopernikus, Kepler, Galilei und Newton öffneten die Tore zum Weltraum. Durch eine Vielzahl sich gegenseitig ergänzender und befruchtender Einzelleistungen auf den Gebieten der Astronomie, der Mathematik, der Physik und der Chemie wurden der Blick auf die Welt und die Einsicht in das Geschehen im Weltraum immer weiter vertieft. Edmond Halley (1656–1742), Wilhelm Herschel (1738–1822), Carl Friedrich Gauß (1777–1855), Ole Rømer (1644–1710), Friedrich Wilhelm Bessel (1784–1846), Joseph von Fraunhofer (1787–1826), Heinrich Rudolf Hertz (1857–1894) stehen stellvertretend für grundlegende Forschungen und Erkenntnisse im Zusammenhang mit der Entstehung des modernen Weltbilds.

Unser Sonnensystem

Im Gegensatz zu den frühen Weltbildern zeigen die Farbaufnahmen der verschiedenen Raumsonden, wie unsere nähere Weltraumumgebung wirklich aussieht. Die in den 1970er-Jahren gestarteten amerikanischen Voyager-Sonden haben hier echte Pionierarbeit geleistet, vor allem in Bezug auf Aufnahmen der äu-

Sonne

Seit jeher ist die Sonne als Erzeugerin des Lichts für den Menschen Sinnbild des Lebens und der Fruchtbarkeit. Die Sonne ist ein Fixstern, zu dessen System die Erde und die übrigen sieben Planeten gehören. Sie ist der einzige Stern, dessen Oberfläche von der Erde aus beobachtet werden kann.

Raumsonden, wie die Helios-Sonden (1975), näherten sich der Sonne bis auf ein Drittel ihres Abstandes von der Erde. Sie untersuchten Strahlungs- und Magnetfelder.

Temperatur im Inneren ca. 5500 °C
Temperatur an der Oberfläche ca. 15 Mio. °C
Durchmesser 1,39 Mio. km
Dauer der Eigendrehung 25,42 Tage
Typ Ultraviolett-Aufnahme
Herkunft Sonde SOHO
Datum 9.11.2005

Merkur

Im Altertum erhielt der Planet den Namen des Handelsgottes Merkur. Wegen seiner Sonnennähe ist er schwer zu beobachten. Die Raumsonde Messenger hat ihn 2011–2015 besucht. Nur ca. 45 % seiner Oberfläche sind bekannt. Seine mit Kratern übersäte Oberfläche ist extremen Temperaturschwankungen ausgesetzt. Nur manchmal als volle Scheibe sichtbar, zeigt Merkur Phasen wie der Erdmond. Merkur hat eine sehr langsame Eigendrehung, sie dauert mehr als 58 Erdentage.

Die stark elliptische Merkurbahn ändert sich langsam in Folge von Störungen. Albert Einstein konnte diesen Effekt 1915 mit seiner Allgemeinen Relativitätstheorie erklären.

Durchmesser am Äquator 4880 km
Mittlere Entfernung von der Sonne 58 Mio. km
Dauer der Eigendrehung 58,6 Tage
Umlaufzeit um die Sonne 87,9 Tage
Typ Mosaik aus Spektrometer-Aufnahmen (Falschfarben)
Herkunft Sonde Messenger
Datum 2012

Venus

Der hellste Himmelskörper nach Sonne und Mond wurde wegen seines Strahlens nach der Göttin des Frühlings und der Liebe Venus genannt. Die scheinbar wechselnde Gestalt, die Phasen der Venus, entdeckte Galileo Galilei im Jahr 1610. In Größe, Masse und Dichte ähnelt die Venus der Erde.

Die Oberfläche, unter dichten Wolken verborgen, konnte erst mithilfe der Raumsonden Venera, Pioneer und Magellan erforscht werden. Die dichte Atmosphäre, vorwiegend Kohlendioxid, führt auf der Oberfläche zu einem extremen Druck von 90 bar.

Durchmesser am Äquator 12 104 km
Mittlere Entfernung von der Sonne 108 Mio. km
Dauer der Eigendrehung 243 Tage
Umlaufzeit um die Sonne 224,7 Tage
Typ Mosaik von Radaraufnahmen
Herkunft Sonde Magellan
Datum 1991

ßeren Planeten Jupiter, Saturn, Uranus und Neptun. Ausgestattet mit Radionuklidbatterien sind diese beiden Sonden heute die am weitesten von der Erde entfernten von Menschen geschaffenen Objekte. Sie haben beide mittlerweile das Sonnensystem verlassen, übermitteln aber immer noch Daten zur Erde.

Die genauesten Informationen haben wir heute von unserem Nachbarplaneten Mars. Doch auch die wolkenumhüllte, heiße Venus konnte mit Radarstrahlen kartiert werden. Besondere Aufmerksamkeit bei den Planetenwissenschaftlern erwecken die Monde der großen Gasriesen Jupiter und Saturn. Mit der Sonde Cassini-Huygens gelang sogar eine Landung auf dem Saturnmond Titan.

Erde

Als einziger Planet des Sonnensystems beherbergt die Erde organisches Leben. Bis in das Mittelalter galt sie als Mittelpunkt der Welt. Im 16. Jahrhundert erkannte Nikolaus Kopernikus ihre wahre Lage im Sonnensystem.

Mit Gebirgen, Vulkanen und Meeren besitzt sie auffällige Oberflächenstrukturen. 70 % der Oberfläche sind von Ozeanen bedeckt. Stetem Wandel unterworfen, bewegen sich die Kontinente zwischen 1 cm und 10 cm pro Jahr. Mit Auftreten des Lebens nahm der Anteil des Sauerstoffs in der Atmosphäre von geringen Spuren bis auf 21 % zu.

Durchmesser am Äquator 12 756 km

Mittlere Entfernung von der Sonne 149,6 Mio. km

Dauer der Eigendrehung 23 h 56 min

Umlaufzeit um die Sonne 365,256 Tage

Monde 1

Typ Farbaufnahme

Herkunft Raumschiff Apollo-17

Datum 7.12.1972

Mars

Die rote Farbe des Planeten, an Feuer, Blut und Krieg erinnernd, gab dem Planeten im Altertum den Namen des Kriegsgottes Mars. Wegen seiner dünnen Atmosphäre ist die Oberfläche gut zu beobachten. Erste Zeichnungen von Christian Huygens (1629–1695) aus den Jahren 1659 und 1672 zeigten schon die eisbedeckten Polkappen, die aus Wassereis und gefrorenem Kohlendioxid bestehen.

Der Mars wird heute von ihn umkreisenden Raumsonden und Robotern, die auf der Oberfläche landen, untersucht. Viele der Täler und Oberflächenstrukturen wurden durch den früheren Einfluss großer, fließender Wassermassen verursacht. Bisher fand man aber keine Spuren organischen Lebens auf dem Mars.

Durchmesser am Äquator 6793 km

Mittlere Entfernung von der Sonne 228 Mio. km

Dauer der Eigendrehung 24 h 37 min

Umlaufzeit um die Sonne 686,93 Tage

Monde 2

Typ Farbaufnahme

Herkunft Sonde Rosetta

Datum 24.2.2007

Jupiter

Der größte Planet und zeitweise die auffälligste Erscheinung am Nachthimmel, ist ein Gasriese aus Wasserstoff. Die Erde würde 1400 Mal in ihn hineinpassen. Er erhielt den Namen des römischen Himmelsgottes Jupiter. Seine vier großen Monde wurden 1610 von Galileo Galilei entdeckt. Sie galten als ein Beleg für das kopernikanische Weltbild. Die farbenprächtigen turbulenten Wolkenbänder nahmen Astronomen des 17. Jahrhunderts als Streifen wahr.

Giovanni Domenico Cassini (1625–1712) erwähnte 1665 die kurze Rotationsdauer von etwa neun Stunden und den großen Roten Fleck, einen stabilen Wirbelsturm. Die Raumsonde Cassini wurde nach ihm benannt. Die Voyager-Sonden konnten zum ersten Mal den Jupiter aus der Nähe beobachten und lieferten den Nachweis von feinen, dunklen planetaren Ringen.

Durchmesser am Äquator 143 000 km

Mittlere Entfernung von der Sonne 778 Mio. km

Dauer der Eigendrehung 9 h 55 min

Umlaufzeit um die Sonne 11,86 Jahre

Monde 79

Typ Farbaufnahme

Herkunft Sonde Cassini

Datum 7.12.2000

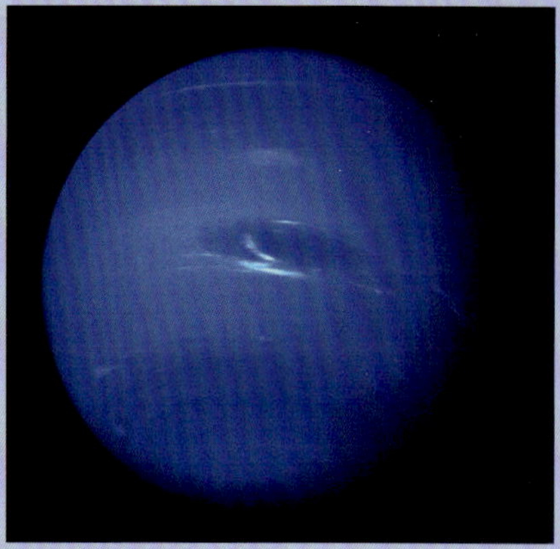

Saturn

Saturn ist ein Gasriese aus Wasserstoff, ähnlich wie der Jupiter. Er war in der Antike als der äußerste Wandelstern des Sonnensystems bekannt. Wegen seines langsamen Umlaufs um die Sonne wurde er nach dem Gott des Ackerbaus Saturn genannt. 1610 sah Galileo Galilei zwei Saturnbegleiter, aber erst 1656 erkannte Christian Huygens die äußere Form »von einem Ring umgeben, dünn und flach, nirgends berührend«.

Die Ringe des Saturn bestehen vorwiegend aus Wassereis und Staubpartikeln. Für Raumsonden ist das Durchfliegen der Ringe aufgrund der hohen Staubdichte sehr gefährlich.

Durchmesser am Äquator 120 500 km
Mittlere Entfernung von der Sonne 1,43 Mrd. km
Dauer der Eigendrehung 10 h 33 min
Umlaufzeit um die Sonne 29,46 Jahre
Monde 62 und Ringsystem
Typ Farbaufnahme
Herkunft Sonde Cassini
Datum 6.10.2004

Uranus

Wegen seiner großen Entfernung nur schwer wahrnehmbar, wurde Uranus erst 1781 von William Herschel entdeckt. Traditionsgemäß entstammt sein Name der Mythologie: Uranus galt als Vater des Saturn. Gegenüber allen anderen Planeten ist die Rotationsachse von Uranus um etwa 90° gedreht.

Wie seine verwandten Planeten Saturn und Jupiter, besteht er aus Wasserstoff und Helium und ist von einem dünnen und sehr dunklen Ringsystem umgeben. Dieses besteht, wie das des Saturn, aus groben Partikeln und Brocken mit bis zu 10 m Durchmesser sowie auch aus feinem Staub. Bisher sind 13 Ringe bekannt. Ein kleiner Anteil Methan in der Atmosphäre verleiht ihm sein blaugrünes Aussehen.

Durchmesser am Äquator 51 120 km
Mittlere Entfernung von der Sonne 2,87 Mrd. km
Dauer der Eigendrehung 17 h 14 min
Umlaufzeit um die Sonne 84 Jahre
Monde 27
Typ Farbaufnahme
Herkunft Hubble-Space-Teleskop
Datum 2003

Neptun

Nur im Fernrohr ist der Neptun als blaugrüne Scheibe sichtbar. Die Farbe kommt vom Methan in der Atmosphäre. Er ist der äußerste der großen Gasplaneten. Als erster Planet wurde er durch systematische Suche entdeckt. Bahnunregelmäßigkeiten des Uranus wiesen auf einen weiteren Planeten als Ursache hin.

Nachdem seine Position im All von zwei Astronomen berechnet worden war, wurde er 1846 von Johann Gottfried Galle (1812–1910) an der erwarteten Stelle gefunden.

Durchmesser am Äquator 49 528 km
Mittlere Entfernung von der Sonne 4,5 Mrd. km
Dauer der Eigendrehung 15 h 58 min
Umlaufzeit um die Sonne 164,8 Jahre
Monde 13
Typ Farbaufnahme
Herkunft Sonde Voyager 2
Datum 21.8.1989

Die Erde, aufgenommen von den Apollo-17-Astronauten am 7. 12. 1972 auf ihrem Weg zum Mond.

Historische Pulverraketen – Feuer und Rauch

Vor etwa 700 000 Jahren erkannte der Mensch die Macht des Feuers. Aber erst einige Jahrhunderte vor Christus machte er sich auch dessen zerstörerische Kraft zu eigen. Die Griechen verwendeten Brandgeschosse wie Feuertöpfe und brennende Pfeile. Die Anfänge der Raketentechnik und ihre Ursprungsländer in Asien und Europa sind nicht genau bekannt. Im asiatischen wie auch im europäischen Kulturkreis spielte das Schieß- oder Schwarzpulver eine bedeutende Rolle und war Bestandteil einfacher Raketenkonstruktionen. Die Feuerwerkerei entwickelte sich zu einer eigenen Kunst. Schwarzpulverraketen als Kriegswaffe blieben in ihrer Reichweite und Wirkung allerdings begrenzt.

Um 1250 finden sich im »Liber Ignium ad Camburendum Hostes« (Abb. 7), dem »Feuerbuch« des Griechen Marcus Graecus, erstmals Anleitungen zur Herstellung des sogenannten fliegenden Feuers:

> […] man nehme ein Teil Kolophonium und ebensoviel reinen Schwefel, sowie 6 Teile Salpeter. Nachdem diese Bestandteile pulverisiert sind, löse man sie in Leinöl oder, noch besser, in Lorbeeröl auf. Dann stecke man das Gemisch in Schilfrohr und hohles Astwerk und zünde es an. Es fliegt sofort zu jedem gewünschten Ort und verbrennt alles.

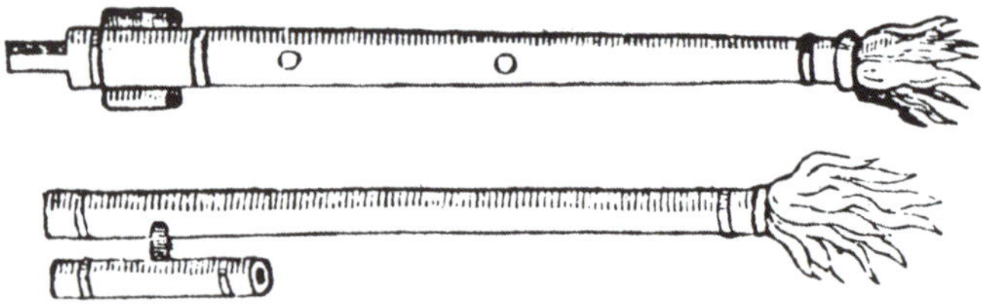

7 Raketen, wie sie Marcus Graecus in seinem »Feuerbuch« beschrieb.

Etwa zur selben Zeit beschreibt der Syrer Hassan Alrammah in dem zwischen 1285 und 1295 entstandenen Kriegsbuch »Abhandlungen über die Reitkunst und die Kriegskünste« einen birnenförmigen, torpedoähnlichen Körper mit zwei vorspringenden Raketen, ein »sich selbst bewegendes und verbrennendes Ei« (Abb. 8).

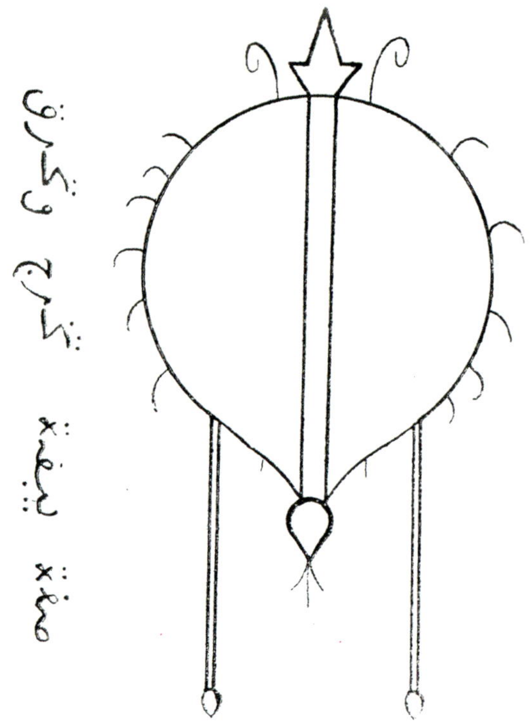

8 Brandrakete des Syrers Alrammah.

Mit Verwendung von Salpeter begann die Entwicklung des Schießpulvers und damit der Rakete und der Kanone (Abb. 9). Eine Reihe von Erfindern befasste sich mit Raketen und Raketenfahrzeugen. Eine der frühesten technischen Abhandlungen hierzu ist das »Bellicorum Instrumentorum Liber« (Abb. 10), verfasst von Giovanni di Fontana (ca. 1395–ca. 1455), einem Arzt und Ingenieur aus Venedig. Man hielt ihn für einen Magier, dessen Maschinen mit Teufelskraft funktionierten.

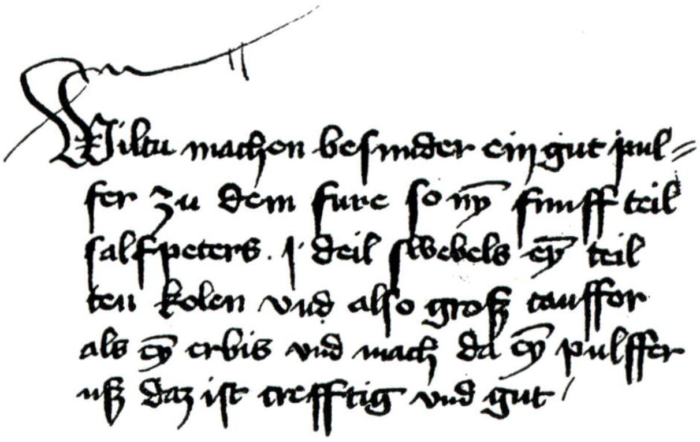
Wiltu machen besunder ein gut pul=
fer zu dem fure so nym funff teil
salpeters. 1 teil swebels vnd teil
ten kolen vnd also groß kampfor
als ein erbis vnd mach da ein pulffer
uß daz ist crefftig vnd gut /

9 Auszug aus dem Frankfurter Feuerwerksbuch vom Ende des 14. Jahrhunderts: »Willst Du ein besonders gutes Schießpulver machen, so nimm fünf Teile Salpeter, ein Teil Schwefel, ein Teil feine Kohle und Kampfer, soviel wie eine Erbse, und mach daraus ein Pulver, das ist kräftig und gut.«

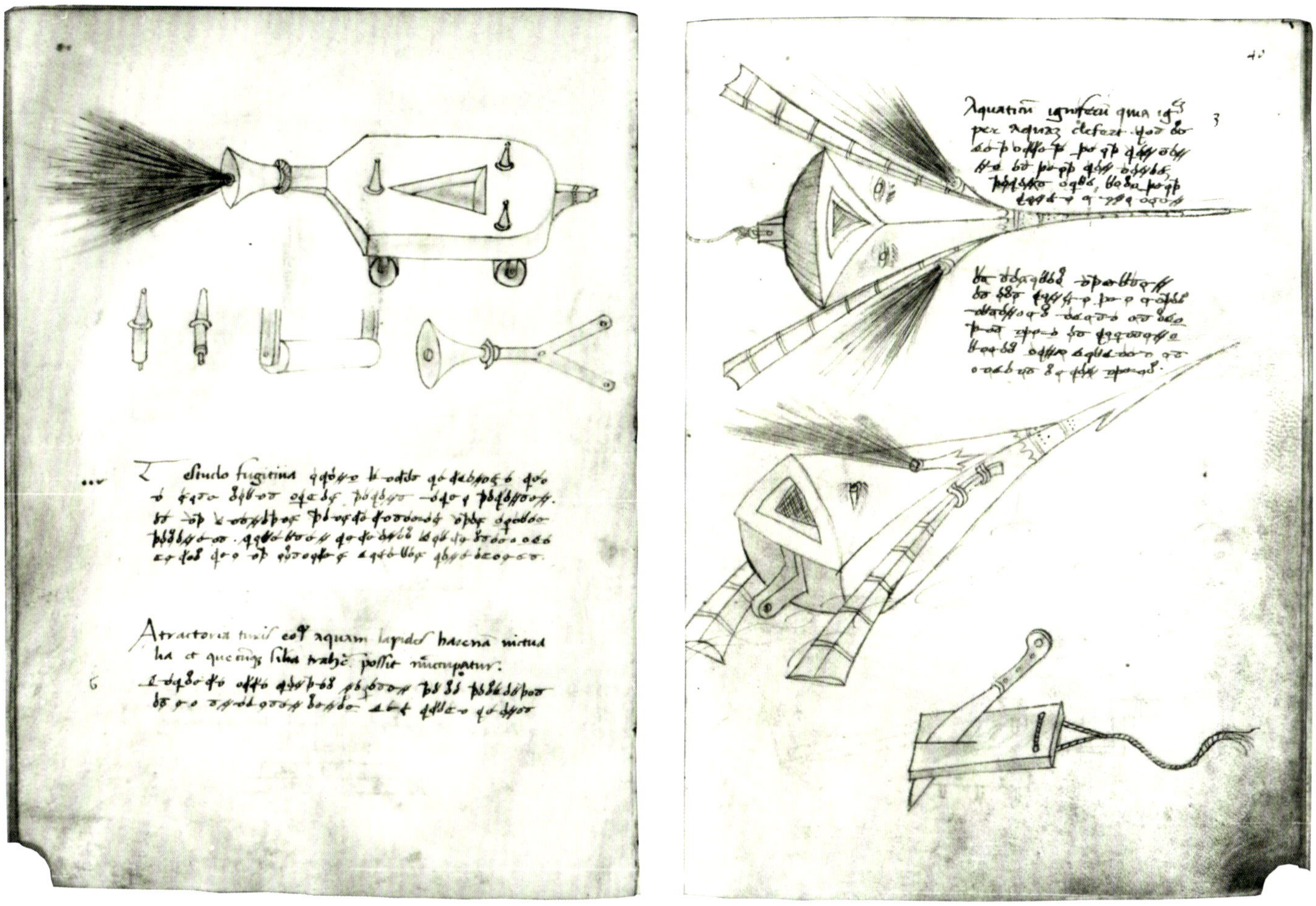

10 Raketenwagen und Raketentorpedo aus dem »Bellicorum Instrumentorum Liber«.

11 Darstellung eines Raketenstarts aus der Bilderhandschrift »Bellifortis« von Conrad Kyeser, 1405.

Die älteste deutsche Waffenhandschrift aus dem Jahre 1405, »Bellifortis« von Conrad Kyeser aus Eichstätt (1366–1405), enthält ebenfalls bereits die Baubeschreibung einer Rakete (Abb. 11). Der Illustrator hat die Beschreibung des Stabs, der zur Stabilisierung dienen soll, allerdings falsch interpretiert, wie man an der lose mit einer Schnur angebundenen Rute sieht. Auch die Richtung des Feuerstrahls ist falsch dargestellt.

In den Jahren 1529 bis 1569 verfasste der aus Dornbach bei Wien stammende Militärtechniker Conrad Haas (1509–1576) ein umfangreiches Manuskript, in dem er erstmals Anleitungen zum Bau von gebündelten und mehrfach gestuften Raketen beschreibt (Abb. 12, 13).

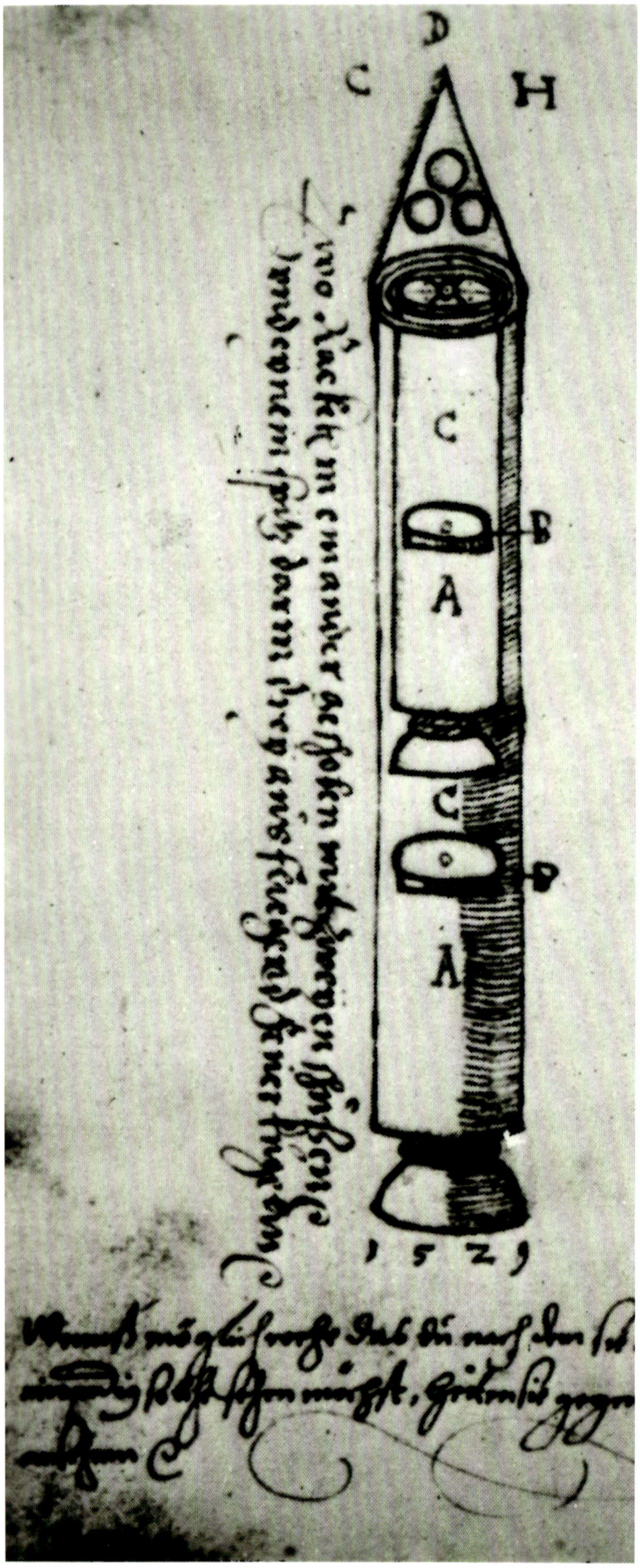

12 Zweistufenrakete von Conrad Haas.

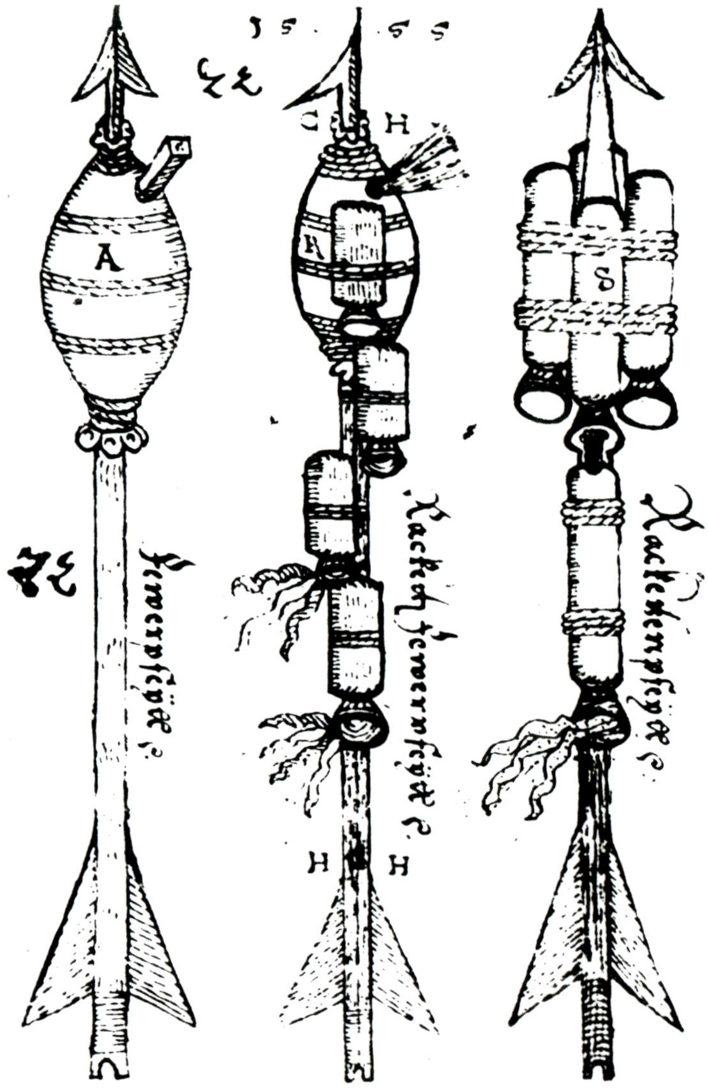

13 Mit Stabilisierungsflossen versehene Feuerpfeile (links), vierstufige Stabraketen (Mitte) und gebündelte Raketen (rechts) von Conrad Haas.

Physikalische Grundlagen – Wie funktioniert eine Rakete?

Eine Rakete verbrennt Treibstoff und Sauerstoff in der sogenannten Brennkammer. Mit hoher Geschwindigkeit entweichen hier die so erzeugten heißen Gase durch eine Düse. Die durch den Rückstoß ausgelöste Schubkraft treibt die Rakete vorwärts. Physikalische Grundlage dafür ist der Impulserhaltungssatz. Er ist einer der wichtigsten Erhaltungssätze der Physik und besagt, dass der Gesamtimpuls in einem abgeschlossenen System konstant ist.

Der berühmte Philosoph und Naturwissenschaftler Isaac Newton hat in seiner im Jahr 1687 erschienenen »Principia Mathematica« diese Grundsätze in drei Gesetzen formuliert. Im dritten Gesetz schreibt er:

> Kräfte treten immer paarweise auf. Übt ein Körper A auf einen anderen Körper B eine Kraft aus (actio), so wirkt eine gleich große, aber entgegen gerichtete Kraft von Körper B auf Körper A (reactio).

Man bezeichnet das Newton'sche dritte Gesetz daher auch als Wechselwirkungsprinzip. Der Impuls der nach vorn fliegenden Rakete ist genau entgegengesetzt dem Impuls der austretenden Raketengase.

Die Rakete funktioniert auch im luftleeren Raum, da sie den für die Verbrennung nötigen Sauerstoff selbst mitführt. Flugzeugstrahltriebwerke dagegen nehmen den Sauerstoff aus der Luft auf. Aus diesem Grund sind sie nicht im Weltraum einsetzbar. Der Rückstoß als fundamentale physikalische Kraft für das Funktionieren der Rakete wird dem Besucher in einem »Hands-on-Bereich« der Ausstellung vor Augen geführt.

Vordenker für die Raumfahrt

Schon vor 2000 Jahren gab es Menschen, die konkrete Vorstellungen über die Welt außerhalb unserer Erde verbreiteten. Seit Kopernikus wusste man zwar, dass sich die Erde um die Sonne dreht, und nicht umgekehrt. Wie aber genau die nähere Weltraumumgebung der Erde aussah, war unbekannt. Viele Ideen gehörten in das Reich der Fantasie. Das änderte sich grundlegend im 20. Jahrhundert. Zum ersten Mal konnte man nachweisen, dass mit den Mitteln der Raketentechnik der Weltraum für den Menschen näher rückte. Lange Zeit war Schwarzpulver das Antriebsmittel für Raketen. Mit der Verwendung von flüssigen Treibstoffen wurden Raketen steuerbar und leistungsfähiger.

Hermann Oberth zeigte mit seinem Buch »Die Rakete zu den Planetenräumen« die theoretische Machbarkeit einer Weltraumrakete mit flüssigem Sauerstoff und Alkohol. Seine Ideen waren keine Fantastereien mehr, sondern basierten auf neuesten Erkenntnissen von Wissenschaft und Technik. Aus den Fantasten wurden Visionäre. Mit seinem Buch löste Oberth in Deutschland einen regelrechten Raketenboom aus. Bis etwa Mitte der 1930er-Jahre experimentierten viele Privatpersonen, einzelne Wissenschaftler und Vereine mit dieser jungen Technik.

Weitere Pioniere waren Konstantin E. Ziolkowski in Russland, Robert H. Goddard in den USA und Robert Esnault-Pelterie in Frankreich. Gegen Ende der 1920er-Jahre begannen erste Experimente mit flüssigen Treibstoffen in Deutschland, den USA und der UdSSR. Es wurden Raketenvereine gegründet, aus denen sich später Wissenschaftler und Ingenieure rekrutierten. Zu ihnen gehörten auch die jungen Ingenieure Wernher von Braun und Sergej Koroljow, die nach dem Zweiten Weltkrieg leitende Köpfe der Raketenentwicklung in den USA und der UdSSR wurden.

Auch in heutiger Zeit gibt es Menschen, die Ideen haben, die uns erst einmal unrealistisch und unausführbar erscheinen. Sie zeigen Zukunftsszenarien auf, die rein wissenschaftlich vorstellbar sind und durchaus einmal Realität werden könnten. In der Ausstellung werden als Beispiele für Visionäre der Vergangenheit der Südtiroler Raketenpionier Max Valier und der Wissenschaftler Prof. Hermann Oberth vorgestellt. Jüngere Beispiele sind der Raumfahrtgrafiker Erik Theodor Lässig, der Raumfahrtmanager Prof. Dr. Jan Wörner und der amerikanische Unternehmer Elon Musk.

Die Luft- und Raumfahrt war zeitlebens der Schwerpunkt des wenig bekannten Fachillustrators Erik Theodor Lässig. Anfang der fünfziger Jahre arbeitete er als Grafiker für das in Stuttgart geplante Deutsche Raketen- und Raumfahrtmuseum. Seine berufliche Hauptaufgabe fand er als Fachillustrator für den Luft- und Raumfahrtunternehmer Ludwig Bölkow. Die künstlerische Darstellung von Projekten war sehr wichtig, um schon im Anfangsstadium zukünftigen Zuwendungsgebern, die weniger mit Naturwissenschaften und Technik vertraut waren, eine konkrete Vorstellung zu verschaffen. Bevor Pläne und Zeichnungen vorlagen gab der Grafiker Lässig den Projekten ein Gesicht. In vielen Veröffentlichungen bekannter Weltraum-Protagonisten finden sich Bilder von Lässig. Sein künstlerischer Nachlass befindet sich heute im Archiv des Deutschen Museums.

Visionäre und Raketenpioniere

Max Valier (1895–1930)

Valier begeisterte in München mit seinen Vorträgen viele Menschen für das Thema Weltraum. Valier war ein in Bozen (Südtirol) geborener Schriftsteller. Angeregt durch die Arbeiten von Hermann Oberth entstand 1924 sein Buch »Vorstoß in den Weltenraum«. In über 200 Vorträgen sprach Valier über Raketentechnik und eine zukünftige Raumschifffahrt. Er experimentierte auch mit neuen Flüssigkeitsantrieben, bevor er 1930 bei der Explosion einer Brennkammer ums Leben kam.

Vortragsplakat, um 1925.

Konstantin E. Ziolkowski (1857–1935)

Ziolkowski war der erste große Theoretiker der Raumfahrt. Mit seinen Ideen war er seiner Zeit weit voraus, wurde aber in Russland zu Lebzeiten wenig beachtet. Er fand die Raketengrundgleichung und empfahl flüssigen Sauerstoff und Wasserstoff als energiereichste Brennstoffe.

»Erforschung der Weltenräume mit Rückstoßapparaten«, Ausgabe 1914.

Johannes Winkler (1897–1947)

Seit 1929 experimentierte Winkler bei Hugo Junkers mit Starthilfsraketen für Wasserflugzeuge. Mit der Unterstützung des Fabrikanten Hugo Hückel baute er privat ein Flüssigkeitstriebwerk. Am 14. März 1931 startete er die erste Flüssigkeitsrakete Europas, die HW1. Ihre Treibstoffe waren flüssiges Methan und flüssiger Sauerstoff. Mit seinem Assistenten Rolf Engel baute Winkler die Höhenrakete HW2.

Diese Postkarte zeigt die Rakete HW2 auf der Ostseeinsel Greifswalder Oie.

Robert Hutchings Goddard (1882–1945)

Der Amerikaner Robert H. Goddard startete am 16. März 1926 die erste Flüssigkeitsrakete der Welt. 1919 erschien sein Buch »Eine Methode zum Erreichen extremer Höhen«. Goddard entwickelte zudem Pumpen für Flüssigtreibstoff und regenerativ gekühlte Brennkammern.

Goddard mit der Flüssigkeitsrakete von 1926 in seinem Labor.

Hermann Oberth (1894–1989)

Oberths Arbeit »Die Rakete zu den Planetenräumen« erregte Aufsehen in In- und Ausland. Der in Hermannstadt, Siebenbürgen, geborene Oberth verfasste frühe und grundlegende Arbeiten zur Raketen- und Raumflugtechnik, die ihn zu einem Begründer der modernen Raumfahrt machten. In seinem 1923 erschienenen Buch »Die Rakete zu den Planetenräumen« wies der »Vater der Raumfahrt« nach, dass es möglich ist, mit Flüssigkeitsraketen den Weltraum zu erreichen.

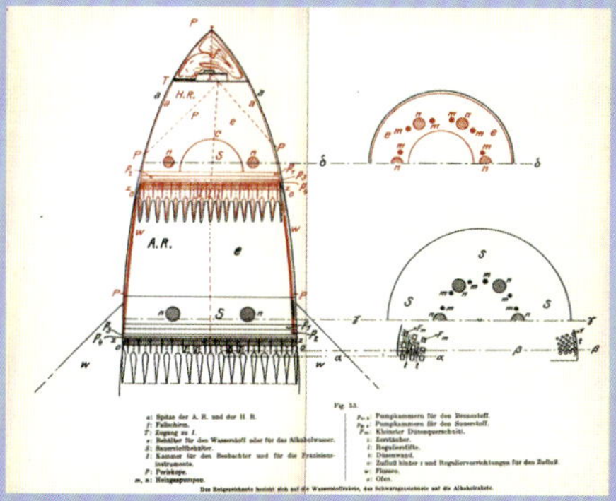

Flüssigkeitsrakete Modell B, 1923.

Erik Theodor Lässig (1928–2015)

Lässig war ein bedeutender deutscher Illustrator von Raumfahrt- und naturwissenschaftlichen Themen.

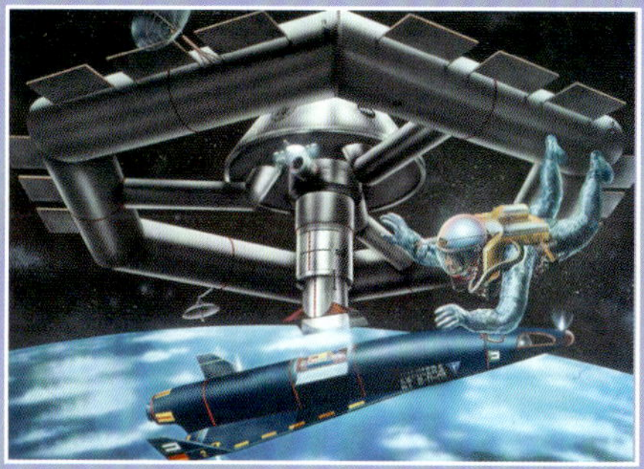

Raumstation mit Raumtransporter, um 1962.

Jan Wörner (*1954)

Wörner war von 2015 bis 2021 Generaldirektor der Europäischen Weltraum Agentur ESA.

Mond-Dorf, 2017.

Elon Musk (*1971)

Musk ist ein amerikanischer Unternehmer und will Menschen auf den Mars bringen.

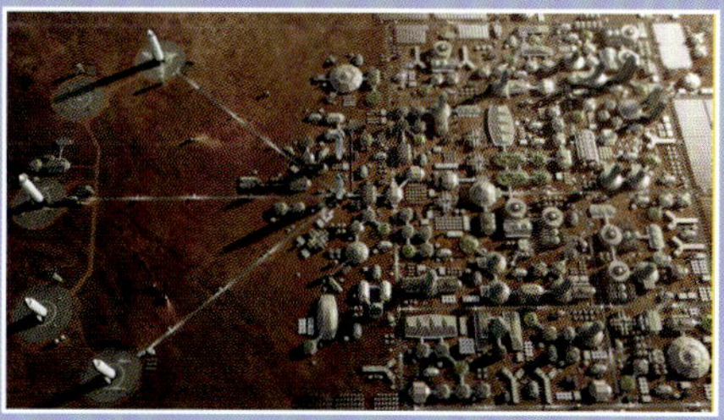

Stadt auf dem Mars, 2017.

Raketenvereine

Angeregt durch die Arbeiten von Hermann Oberth und die Versuche von Max Valier gab es eine große Raketenbegeisterung in Deutschland. 1927 gründeten Max Valier und Johannes Winkler in Breslau den »Verein für Raumschiffahrt«. 1929 verlagerten sich die Aktivitäten dieses Vereins nach Berlin. Dort entstand unter der Leitung von Rudolf Nebel der Raketenflugplatz Berlin (Abb. 14). Die Nationalsozialisten erklärten 1934 die Raketenforschung zur Geheimsache und unterbanden alle privaten Aktivitäten. Einer der jungen Leute vom Berliner Raketenflugplatz war der Student Wernher von Braun. Er sollte später für das Heer die Fernrakete V2 entwickeln, die weltweit erste große Flüssigkeitsrakete, die ab Herbst 1944 als Kriegswaffe eingesetzt wurde.

In Amerika wurde 1931 die American Rocket Society ins Leben gerufen, die mit den europäischen Gruppen Kontakt aufnahm. In der Sowjetunion bauten und erprobten staatlich unterstützte Forschungsgruppen seit 1929 die ersten Flüssigkeitsraketen und sogar elektrische Triebwerke.

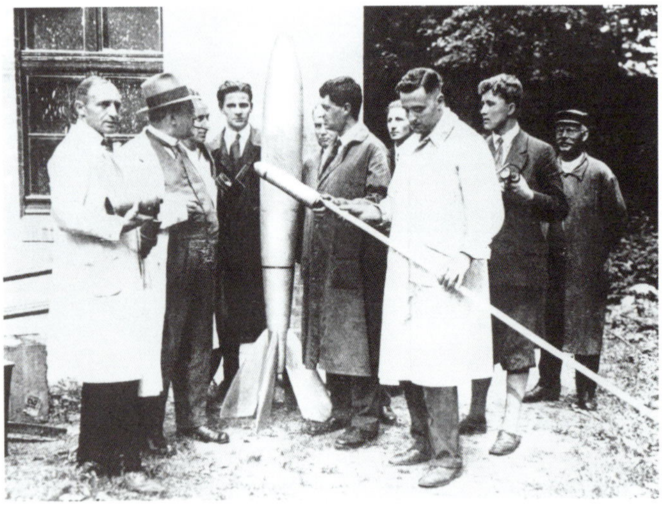

14 Führende Mitglieder des »Vereins für Raumschiffahrt« auf dem Raketenflugplatz Berlin-Reinickendorf: ganz links Rudolf Nebel, rechts im Vordergrund neben dem Modell einer Rakete Hermann Oberth, Klaus Riedel (mit einem sogenannten Einstaber in der Hand) und Wernher von Braun. Aufnahme vom 5. August 1930 von Rolf Engel.

Walentin Petrowitsch Gluschko und Sergej Pawlowitsch Koroljow waren Mitglieder dieser sogenannten GIRD-Gruppe (Группа изучения реактивного движения, deutsch »Gruppe zur Erforschung reaktiver Antriebe«) und später führende Persönlichkeiten in der sowjetischen Raumfahrt (Abb. 15).

15 Sowjetische Raketentechniker mit der GIRD-X-Rakete, 1933.

1 Rakete mit Stabilisierungsstab

Nachbau, Deutsches Museum, München, 1984

Vermutlich gab es die ersten Feuerwerke in China schon um das Jahr 1000. Ab dem 14. Jahrhundert breitete sich die Feuerwerkerei dann auch in Europa aus. Von Italien aus drang die Feuerwerkskunst vor allem nach Frankreich, aber auch nach Deutschland vor.

1560 veröffentlichte Johannes Schmidlap von Schorndorff eine reich bebilderte volkstümliche Anleitung zum Bau von Feuerwerksraketen unter dem Titel »Künstliche und rechtschaffen Feurwerck«. Die ausgestellten Nachbildungen entstanden nach seinen Vorlagen.

Masse 0,05 kg
Maße 1050 × 30 mm
Inv.-Nr. 80604T1

2 Stößel, Hülse und Grundplatte

Nachbau, Deutsches Museum, München, 1984

Auch der Stößel, der das Schwarzpulver in die Hülse presste, die zylindrische Form der Hülse und die kleine Grundplatte sind nach den Angaben von Johannes Schmidlap von Schorndorff aus dem Werk »Künstliche und rechtschaffene Feuerwerck« im Deutschen Museum nachgebaut worden.

Maße 285 × 50 mm
Inv.-Nr. 80605 T1-T3

3 Seenotrettungsrakete

Pyrotechnisches Laboratorium Spandau, um 1900

Aus den Erfahrungen mit der Rakete als Waffe entstand im 19. Jahrhundert die Seenotrettungsrakete. Rettungskräfte schossen vom Ufer mit einer Rakete eine Leine zum gestrandeten Schiff. Die Schiffsbesatzung zog mit der Leine ein stärkeres Seil nach. Über dieses Seil beförderten die Retter die Seeleute in einer kleinen Gondel, der Hosenboje, zum Ufer. Nach Schätzungen rettete dieses Verfahren im 19. Jahrhundert etwa 20 000 Menschenleben. Der Dresdener Ingenieur Alfred Maul verwendete die Rettungsrakete als Antrieb für seine Fotorakete.

Masse 15,6 kg
Länge 1,85 m
Durchmesser 0,1 m
Maße 1850 × 100 mm
Inv.-Nr. 60706

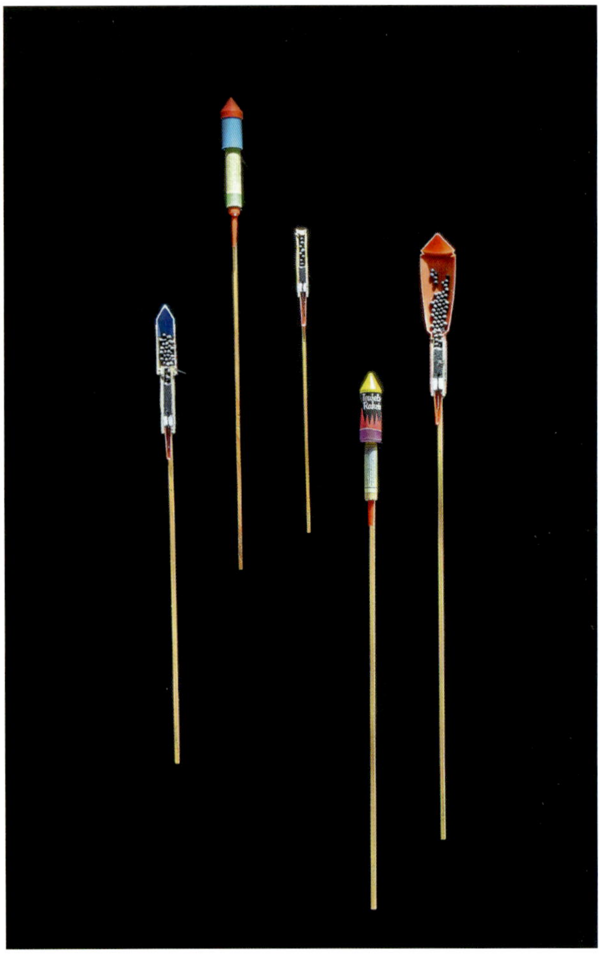

4a Moderne Feuerwerksraketen

COMET GmbH, Bremerhaven, 1983

Industriell gefertigte Feuerwerksraketen tragen meist einen hölzernen Leitstab zur Stabilisierung der Flugbahn, damit die Rakete sich in der Luft nicht überschlägt. Als Treibstoff kommt in der Regel Schwarzpulver zum Einsatz. Pyrotechniker verwenden bei Großfeuerwerken oft Feuerwerksbomben, die aus Mörsern abgeschossen werden. Computer steuern heute zeitgenau den Abschuss der Raketen, zum Teil verbunden mit synchronen Musikeffekten.

Länge bis 90 cm
Inv.-Nr. 80990 T1

4b Raketenhülsen

Nachbau, Deutsches Museum, München, 1984

Diese Raketenhülsen aus Pappe und Papier wurden nach den Angaben von Johannes Schmidlap von Schorndorff in seinem Buch »Künstliche und rechtschaffene Feuerwerck« im Deutschen Museum nachgebaut .

Höhe 15,5 cm (ohne Spitze)
Durchmesser 3 cm
Inv.-Nr. 80604 T2-5

5 Fotorakete von Alfred Maul

Alfred Maul, Dresden, 1906

Zu Beginn des 20. Jahrhunderts entwickelte der Ingenieur Alfred Maul seine Fotorakete. Sie sollte der militärischen Aufklärung dienen und feindliche Geländeabschnitte aus der Luft mit einer Plattenkamera fotografieren. Um sicherzustellen, dass sich die Blickrichtung der Kamera beim Flug nicht verändert, baute Maul einen Kreisel in die Rakete ein. Vor dem Start brachte ein Fallgewicht über eine Schnur den Kreisel auf eine hohe Drehzahl. Der Kreisel hielt die drehbar gelagerte Kamera beim Flug so in der vorher gewählten Blickrichtung. Hatte sie ihre maximale Höhe von 600 m erreicht, löste die Kamera aus. Danach entfaltete sich ein Fallschirm und brachte Kamera und Rakete sicher zu Boden. Durch die Einführung der Luftaufklärung aus dem Flugzeug blieb Mauls Erfindung allerdings ohne Bedeutung.

a

b

c

5a Spitze aus lackierter Hartpappe

5b Plattenkamera, drehbar gelagert
Masse 3,17 kg
Neigungswinkel 15°
Bildformat 18 x 18 cm Glasplatte
Brennweite 21 cm

5c Gehäuse mit Kreisel und Fallschirm
Masse 5,26 kg
Schwungmasse Kreisel 0,72 kg
Abzug Kreisel mit Fallgewicht
Durchmesser 35 cm

Inv.-Nr. 67401

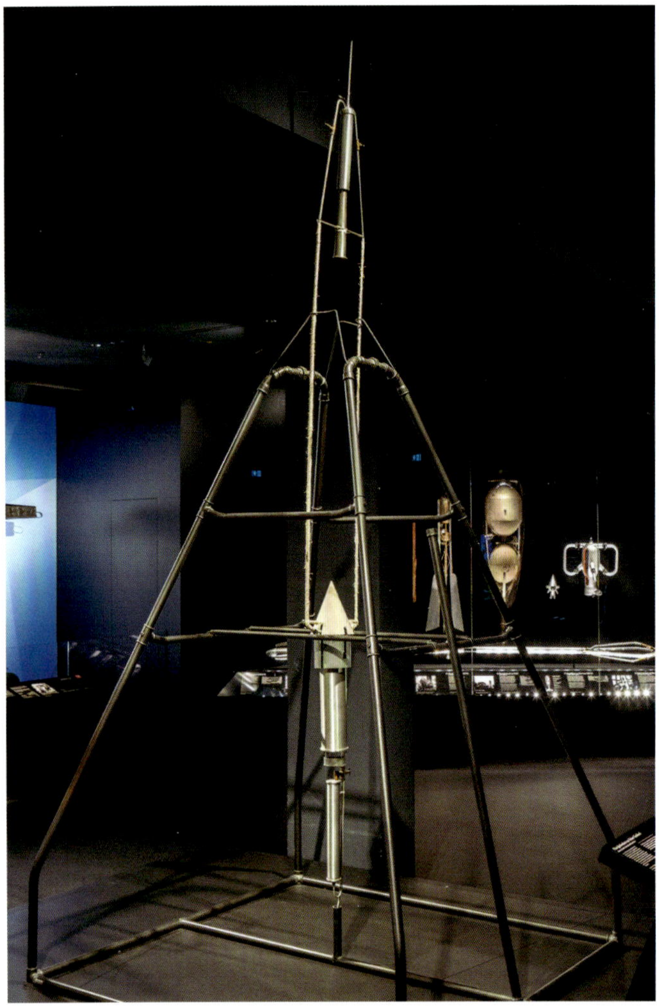

6 Startgestell mit Flüssigkeitsrakete von Robert Goddard

Nachbau, Deutsches Museum, München, 1984

Am 16. März 1926 gelang dem amerikanischen Physiker Robert H. Goddard erstmals der erfolgreiche Start einer Flüssigkeitsrakete in den USA. Der Startvorgang war ziemlich kompliziert: Mit einer Lötlampe entzündete Goddard einen mit gepresstem Schwarzpulver gefüllten Stab an der Spitze der Rakete. Es dauerte einige Sekunden, bis das Pulver die flüssigen Treibstoffe zündete. Das reichte aus, um hinter einem Holzstoß in Deckung zu gehen.

20 Sekunden dauerte es, bis Goddards Rakete in die Luft schoss, und weitere 2,5 Sekunden, bis sie eine Höhe von etwa 12 m erreichte. Am Ende schlug sie in einer Entfernung von 56 m wieder auf dem Boden auf. Anders als bei heutigen Raketen befand sich die Brennkammer zusammen mit der Düse im oberen Teil – und nicht an deren Ende. Bei Goddards Rakete waren hier die Treibstofftanks.

Leermasse 2,7 kg
Startmasse 4,74 kg
Höhe 3,40 m
Treibstoff Benzin
Oxidator flüssiger Sauerstoff
Brennzeit ca. 23 s
Inv.-Nr. 1984-58

Plakat der Gebrüder von Römer
zur Ankündigung eines Vortrages von Max Valier.

VALIER
VORSTOSS
IN DEN
WELTRAUM
V. RÖMER
MÜNCHEN
VORTRAG MIT LICHTBILDERN

7 Raketenschlitten RAK BOB 2 von Max Valier

München, 1929

Mit diesem Schlitten unternahm Max Valier 1929 bemannte Versuchsfahrten auf den zugefrorenen oberbayerischen Seen. Als Antrieb dienten Schwarzpulverraketen der Firma Eisfeld. Die Fahrten waren sehr gefährlich, explodierten doch bei einigen Fahrten die Antriebsraketen.

Am 3. Februar 1929 steuerte Valiers Frau Hedwig den RAK BOB 1 vor einem begeisterten Publikum über den Eibsee. Eine Pilotin machte die Sache für die Presse natürlich noch attraktiver. Wenige Tage später sauste der aerodynamisch verbesserte RAK BOB 2 unbemannt über den Starnberger See. Der Schlitten erreichte nun eine Geschwindigkeit von etwa 400 km/h. Vier Jahre nach Valiers Tod im Jahr 1930 kam der RAK BOB 2 auf Initiative der Reichskanzlei ins Deutsche Museum.

Masse 177 kg
Länge 6,0 m
Antrieb 15 Schwarzpulverraketen
Zündung elektrisch
Höchstgeschwindigkeit (unbemannt) 400 km/h
Hersteller (Raketen) J. F. Eisfeld, Silberhütte-Anhalt
Inv.-Nr. 66678

8 Raketenwagen Rak. 7. von Max Valier

Gesellschaft für Industriegasverwertung, Berlin-Britz, 1930

1930 begann Max Valier mit Unterstützung des Berliner Fabrikanten Paul Heylandt Brennkammern für flüssige Treibstoffe zu entwickeln. Valier ließ einen Wagen konstruieren, in den er seine Triebwerke einbaute. Beim Rak. 7. verwendete er erstmalig die Kombination aus flüssigem Sauerstoff und Brennspiritus. Die Flüssigkeiten beförderte er in die Brennkammer, indem er die Tanks unter Druck setzte. Dabei konnte er bei dem –180 °C kalten Sauerstoff den Druck durch das Verdampfen ausnutzen, beim Spiritustank setzte er Stickstoff als Druckgas ein. Valier verdünnte den Spiritus mit Wasser. Damit senkte er die Verbrennungstemperatur des noch nicht kühlbaren Triebwerks. Mit Regulierventilen konnte er die Fördermenge regeln. Im April 1930 führte Max Valier den Rak. 7. öffentlich in Berlin vor.

Masse 465 kg
Länge 4,80 m
Schubkraft 200–300 N
Treibstoff 60–70%iger Brennspiritus
Oxidator flüssiger Sauerstoff
Brennzeit 8–10 min
Brennkammerdruck 5–10 bar
Höchstgeschwindigkeit 85 km/h
Inv.-Nr. 66679

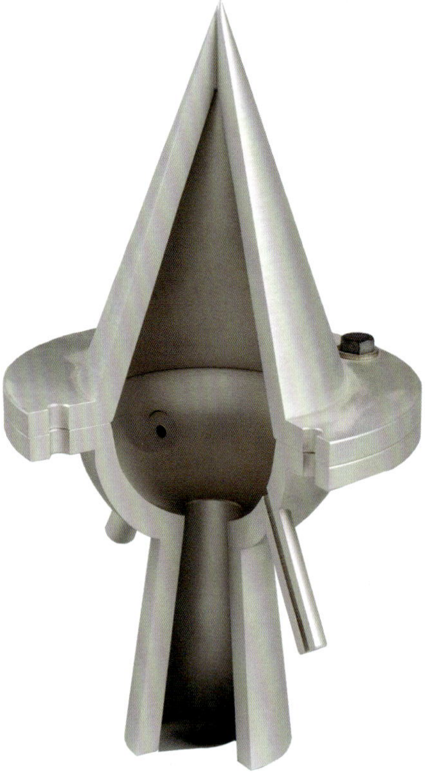

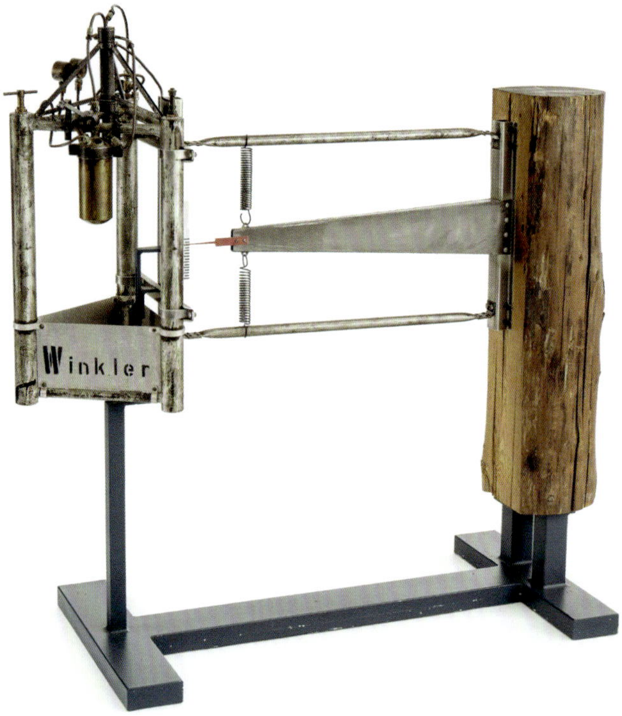

9 Kegeldüse von Hermann Oberth

Nachbau, Deutsches Museum, München, 1983

Die Kegeldüse ist eine vom Raketenpionier Hermann Oberth um 1929 entwickelte Raketenbrennkammer für flüssige Treibstoffe. Aufgrund der eigenwilligen Form nannte Oberth seinen kleinen Raketenmotor »Kegeldüse«. Sie gilt als seine wichtigste Erfindung und ebnete den Weg zu den modernen Flüssigkeitsraketenmotoren.

Die Technische Reichsanstalt in Berlin ermittelte am 23. Juli 1930 untenstehende Leistungsdaten.

Masse 0,74 kg
Länge 0,225 m
Außendurchmesser 0,125 m
Brennzeit 96,3 s
Schubkraft 59–69 N
Verbrauch 1 kg Benzin / 6,6 kg flüssiger Sauerstoff
Inv.-Nr. 1983-425

10 Prüfstand mit Flüssigkeitsrakete HW1

Nachbau mit Originalteilen, Messerschmitt-Bölkow-Blohm GmbH (MBB), München, 1968

Die HW1 war die erste von Johannes Winkler in Europa gestartete Rakete mit flüssigen Treibstoffen. Die Rakete bestand aus drei Rohren, die als Behälter für Treibstoff und Oxidator dienten. Mit dem Prüfstand konnte ihre Schubkraft gemessen werden. Am 14. März 1931 gelang Winkler in Dessau mit der HW1 ein Flug von 60 m Höhe und 190 m Weite. Winkler hatte die HW1 in einer kleinen Versuchswerkstatt in Dessau gebaut.

Leermasse 3,3 kg
Startmasse 5 kg
Länge 60 cm
Treibstoff flüssiges Methan
Oxidator flüssiger Sauerstoff
Brennzeit ca. 10 s
Inv.-Nr. 73100T2

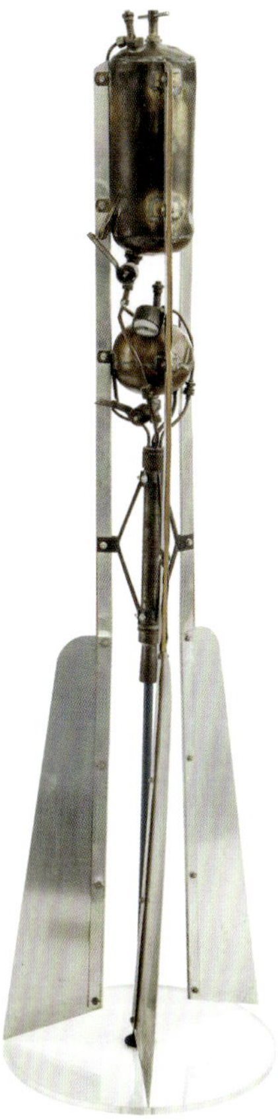

11 Versuchsgerät HW1b

Nachbau mit Originalteilen, Messerschmitt-Bölkow-Blohm GmbH (MBB), München, 1968

Die 1931 in Dessau gebaute Rakete HW1b besaß einen zylindrischen Sauerstofftank und einen kugelförmigen Methantank. Johannes Winkler und sein Assistent Rolf Engel verwendeten sie aber nur für aerodynamische Untersuchungen. Im Gegensatz zur Flüssigkeitsrakete HW1 testete Winkler daher dieses Gerät auch nur mit Pulvertreibsätzen. Winkler verfolgte diese Konstruktion allerdings nicht weiter, sondern konzentrierte sich ganz auf die Entwicklung der größeren HW2-Rakete.

Masse 12 kg
Länge 1,20 m
Treibstoff Pulvertreibsatz
Inv.-Nr. 73101

12 Flüssigkeitsrakete HW2

Nachbau mit Originalteilen, Messerschmitt-Bölkow-Blohm GmbH (MBB), München, 1968

Johannes Winkler entwickelte die leistungsfähigere HW2 nach seinen Experimenten mit den Raketen HW1 und HW1b. Die neue Rakete sollte mehrere 100 m Höhe erreichen und enthielt einen Höhenmesser sowie ein Fallschirmsystem. Der erste Start war im Herbst 1932 geplant, in einer Bucht an der Frischen Nehrung in Ostpreußen. Trotz defekter Ventile und beschädigt durch die salzhaltige Seeluft, riskierte Winkler unter dem Druck der vielen Zuschauer den Start. Dieser endete aber in einer Explosion.

Leermasse 9,5 kg
Länge 1,90 m
max. Durchmesser 0,4 m
Schubkraft 940 N
Treibstoff 32 kg flüssiges Methan
Oxidator 4 kg flüssiger Sauerstoff
Brennzeit 49 s
Brennkammerdruck 9 bar
Nutzlast (Höhenmesser) 0,5 kg
Inv.-Nr. 73100T1

13 »Minimum-Rakete« MIRAK III

Nachbau, Space Service International, Mittweida, 2009

Die MIRAK III war eine vom »Verein für Raumschiffahrt« 1931 gebaute Flüssigkeitsrakete aus Aluminium. Der Verein entwickelte unter der Leitung von Rudolf Nebel um 1930 die ersten flugfähigen Flüssigkeitsraketen in Deutschland. Startplatz war ein ehemaliges Munitionslagergelände im Norden Berlins (in Tegel im Bezirk Reinickendorf). So entstand der Berliner Raketenflugplatz. Die MIRAK III hatte eine wassergekühlte Brennkammer, die sich am oberen Ende befand. Stickstoffgas drückte das Benzin in die Brennkammer.

Masse (betankt) ca. 20 kg
Länge ca. 4 m
Durchmesser 0,10 m
Schubkraft ca. 300 N
Treibstoff Benzin
Oxidator flüssiger Sauerstoff
max. Flughöhe 1000 m
Inv.-Nr. 2009-341

Max Valier (links) lässt seinen Versuchswagen Rak.7. mit flüssigem Sauerstoff befüllen.

FLÜSSIGER SAUERSTOFF
FLÜSSIGER BRENNSTOFF
ersuchswagen Rak. 7.

Literatur und Weltraum

Großen Einfluss auf die Vorstellungen über den Weltraum hatten seit jeher auch Schriftsteller, die zunächst ihrer Fantasie und ihren Utopien freien Lauf ließen, sich später aber mehr und mehr auf die neuen Erkenntnisse von Forschern und Gelehrten stützten. Der Gedanke an Reisen des Menschen in den Weltraum ist Jahrtausende alt, wenn auch der Begriff »bemannte Raumfahrt« erst im 20. Jahrhundert auftaucht. Der Aufbruch des Menschen von der vertrauten Erde übte nicht zuletzt auf die Schriftsteller einen magischen Reiz aus und ermöglichte ihnen, einen utopischen Blick auf unsere Welt zu werfen. Der Mond war dabei natürlich das naheliegende Ziel.

Eine der ältesten überlieferten Geschichten stammt von dem griechischen Satiriker Lukian (ca. 120–180 v. Chr.), der in Samosata am oberen Euphrat geboren wurde. In seiner »Wahren Geschichte« (lat. »Vera Historia«) lässt Lukian Schiffsreisende durch Zufall in einen Wirbelwind geraten, der sie in sieben Tagen zum Mond bringt. Ein weiterer Raumfahrtroman von Lukian heißt »Ikaraomenippus«, ein Wortspiel aus der mythischen Figur Ikarus und Menippus, dem Helden der Geschichte. Menippus reist zum Mond und von dort weiter zum Olymp, dem Sitz des Göttervaters Zeus. Dieser ist ungehalten, nimmt Menippus seine Flügel weg und schickt ihn zur Erde zurück.

Erst viele Jahrhunderte später entsteht Raumfahrtliteratur, die sich nicht auf reine Fantasie und Utopie beschränkt, sondern ernsthaftes Bemühen um naturwissenschaftliche Zusammenhänge erkennen lässt. Es ist kein geringerer als der deutsche Naturphilosoph Johannes Kepler (1571–1630), der die Werke Lukians vom Griechischen ins Lateinische übersetzte und so erheblich zur Verbreitung der »Vera Historia« beitrug. Seine eigenen Vorstellungen über den Mond schildert Kepler in der Erzählung »Somnium sive Astronomia Lunaris« (dt. »Der Traum vom Mond«). Die Darstellungen der astronomischen und geologischen Gegebenheiten erfährt der Leser in Form von Berichten eines Raumreisenden. Dieser gelangt nicht mithilfe mythischer Kräfte oder mithilfe von Fabeltieren zum Mond, sondern durch die Kraft seiner eigenen Gedanken. Kepler lässt den Autor in Schlaf fallen und im Traum von den Mondverhältnissen berichten.

Für Kepler ist klar, dass zwischen Erde und Mond ein luftleerer Raum liegen muss, den man nicht so einfach durchfliegen kann. Er erzählt von dem Punkt zwischen Mond und Erde, an dem sich die »Einflüsse« beider Weltenkörper aufheben (Lagrange'sche Punkte). An anderer Stelle beschreibt Kepler die Gravitationsauswirkungen des Mondes. Die Gezeiten sind Auswirkungen der »Körper Sonne und Mond, die die Wasser der Meere mit einer Kraft anziehen, die der Magnetkraft ähnlich ist.« Damit erkennt er auch die Anziehungskraft der Sonne und kommt der Ursache der Kräfte, wie sie später Newton in seiner Gravitationstheorie formulierte, sehr nahe.

1 Mondgeschoss aus Jules Verne »Von der Erde zum Mond«, 1865.

Der bekannte französische Schriftsteller Jules Verne (1828–1905) schuf 1865 mit dem Roman »De la Terre à la Lune, trajet direct en 97 heures 20 minutes« (dt. »Von der Erde zum Mond«, Abb. 1) und dem Fortsetzungsband »Autour de la Lune« (dt. »Reise um den Mond«) frühe Klassiker des modernen Science-Fiction-Romans. Geschickt mischt Verne damalige naturwissenschaftliche und technische Erkenntnisse mit seiner Romanhandlung. Einzelne Passagen von Jules Verne Roman lassen sich mit heutigen Bildern aus der bemannten Raumfahrt vergleichen. Seine Mondkanone beispielsweise feuert Verne vom Moon Hill in Florida ab, nicht weit entfernt vom heutigen Raumfahrtzentrum in Cape Canaveral. Über die Beschleunigungen beim Abschuss hat Verne sich allerdings keine Gedanken gemacht, diese hätte wohl kein Lebewesen überlebt.

Einer der letzten großen deutschen Stummfilme, »Frau im Mond« des Regisseurs Fritz Lang (1890–1976), spannt die Brücke von der Fiktion zur Realität (Abb. 2). Als wissenschaftlichen Berater hatte man Hermann Oberth (1894–1989) engagiert, der außerdem für die Uraufführung des Films eine neuartige Flüssigkeitsrakete bauen sollte.

Oberth hatte 1923 in seinem Buch »Die Rakete zu den Planetenräumen« erstmals detailliert die physikalischen Zusammenhänge einer mehrstufigen Flüssigkeitsrakete beschrieben, die Nutzlasten in eine stabile Erdumlaufbahn bringen kann. Im letzten Kapitel dieser Arbeit widmet sich Oberth den Problemen eines bemannten Fluges und den Auswirkungen auf den menschlichen Körper. Als Problem erkennt er die Beschleunigungsphänomene und die Folgen für das Gleichgewichtsorgan.

Erstmals erscheint die Durchführung eines bemannten Raumfluges nicht mehr als reine Utopie. Oberths Arbeit ließ Lösungsansätze erkennen, die mit den damaligen Kenntnissen von Naturwissenschaft und Technik den Raumflug als machbar erscheinen lassen. 1928 wird sein neues Buch »Wege zur Raumschiffahrt« fertig. Fritz Lang war die Beratung in wissenschaftlichen Fragen der Raumfahrt wichtig. Daher engagierte er Oberth, der ihm durch seine Publikationen als besonders qualifiziert erschien. Der Start der Flüssigkeitsrakete zur Premiere des Films konnte aber nicht realisiert werden.

Es dauerte noch weit über drei Jahrzehnte, bis der erste Satellit 1957 in die Erdumlaufbahn gebracht wurde und noch vier weitere Jahre bis zum ersten bemannten Raumflug von Juri Gagarin im Jahr 1961.

2 Titelbild Illustr. Filmkurier, 1929.

Die Raketenwaffe V2

In der Heeresversuchsanstalt Peenemünde entwickelten deutsche Ingenieure im Zweiten Weltkrieg die Fernrakete Aggregat A4, später von den Nationalsozialisten »Vergeltungswaffe 2« oder kurz »V2« genannt. Sie war die erste funktionsfähige Großrakete mit Flüssigkeitstriebwerk. Beladen mit einer Tonne Sprengstoff, erreichte sie in nur 5 Minuten ein mehr als 250 Kilometer entferntes Ziel.
Für die Entwicklung der V2 baute das Heereswaffenamt 1936 bei Peenemünde an der Ostsee einen riesigen Forschungskomplex.
Es dauerte zehn Jahre, bis die neue Raketentechnik so weit ausgereift war, dass sie in Serie gehen konnte.

Aufgetankte V2-Rakete in Peenemünde, 1943.
Der mittlere zylindrische Teil der Rakete ist mit Raureif beschlagen, denn dahinter liegt der Tank mit dem −183 °C kalten flüssigen Sauerstoff.
Im späteren Kriegseinsatz waren die Raketen mit Tarnfarben angestrichen.

Das Heereswaffenamt übernimmt die Raketenforschung

Im Jahr 1923 brachte Hermann Oberth sein Büchlein »Die Rakete zu den Planetenräumen« heraus. Vergeblich hatte er versucht, die Arbeit als Dissertation anerkannt zu bekommen. Auch bei den Verlagen blitzte Oberth zunächst ab. Der Münchner Verlag R. Oldenbourg veröffentlichte schließlich das Buch, allerdings musste der Verfasser die Druckkosten übernehmen. Oberth wies durch präzise Berechnungen nach, dass bei einer Rakete durch die Verwendung flüssiger Treibstoffe eine enorme Leistungssteigerung möglich ist. Er sah entsprechend flüssigen Sauerstoff als Oxidator und Alkohol als Treibstoff vor und legte in seiner Arbeit dar, wie die technischen Schwierigkeiten für den Bau einer Rakete in den Weltraum zu überwinden sind.

Neben Oberth beschäftigten sich auch Konstantin E. Ziolkowski in Russland und Robert H. Goddard in den USA mit dem Problem der Rakete. Doch waren Laien mit den Publikationen Goddards und Ziolkowskis überfordert und die Öffentlichkeit nahm wenig Notiz.

Zur Verbreitung des Raumfahrtgedankens in Deutschland trug erheblich der in Bozen geborene und in München wohnende Schriftsteller und Astronom Max Valier bei. Valier las begeistert die Arbeiten Oberths und nahm sogar Kontakt zu ihm auf. Er hielt Hunderte von Vorträgen über die Möglichkeit einer zukünftigen Raumfahrt mithilfe von Raketen. Von der Grafikfirma der Gebrüder von Römer in München ließ er sich Glasbilder und Plakate anfertigen. Später brachte er eigene Bücher heraus. Er war Gründungsmitglied des in Breslau gegründeten »Vereins für Raumschiffahrt«. Valiers Gespür für die Öffentlichkeitswirkung seiner Vorträge in Kombination mit Oberths intellektuellen Leistungen ließen das Raumfahrtthema seriöser erscheinen.

Breiter in die Schlagzeilen kam Max Valier durch die Kooperation mit dem millionenschweren Fritz von Opel (1899–1971), einem Enkel des Firmengründers Adam Opel. Die mit Opel durchgeführten Aktionen, waren jedoch vor allem geprägt von dem Streben nach Publicity, denn mit Schwarzpulverraketen angetriebene Segelflugzeuge, Autos oder Schlitten brachten keine neuen wissenschaftlichen Erkenntnisse. So war diese Kooperation nicht von Dauer, da Valier sich auch ernsthaft mit den neuen Flüssigkeitsantrieben befassen wollte. Hierfür fand er in der Heylandt Gesellschaft für Apparatebau mbH in Berlin einen wichtigen Partner. Paul Heylandts Firma verflüssigte Gase nach dem Linde-Verfahren, einer von Carl von Linde (1842–1934) 1885 erfundenen Methode zur Verflüssigung und Trennung von Gasgemischen. Bei einem der Versuche mit einem neuen Flüssigkeitsantrieb explodierte 1929 eine Brennkammer und verletzte Valier tödlich.

1 Max Valier mit dem Raketenschlitten RAK BOB 1 auf dem zugefrorenen Eibsee, 3.2.1929.

Ab 1922 begann sich auch das Deutsche Heereswaffenamt als Zentralstelle für die Entwicklung von Waffen und Munition verstärkt für die neue Raketentechnik zu interessieren. Oberstleutnant Karl Emil Becker (1879–1940) war Leiter der Abteilung Ballistik und Munition und sah in der Rakete die Möglichkeit, schwere Kanonen großer Reichweite zu ersetzen. Becker erkannte die Bedeutung der Verwendung flüssiger Treibstoffe und nahm 1931 Kontakt zur Firma von Paul Heylandt auf, was sogar zu einem Auftrag für die Herstellung eines kleinen Flüssigkeitsraketenmotors führte.

Gleichzeitig beobachtete das Militär die Aktivitäten auf dem Berliner Raketenflugplatz, die von dem Ingenieur Rudolf Nebel (1894–1978) geleitet wurden. Dort ließ das Heereswaffenamt sich 1932 die Flüssigkeitsrakete MIRAK vorführen. Unter den Raketenenthusiasten war ein junger Student, der in Berlin Maschinenbau studierte: Wernher von Braun (Abb. 2), Sohn des ostpreußischen Gutsbesitzers Magnus Freiherr von Braun, der von 1932 bis 1933 Reichsernährungsminister der Regierung von Papen war. Becker versuchte, Personal vom Raketenflugplatz zu rekrutieren und löste damit heftige Diskussionen unter den Mitgliedern aus, ob man sich dem Heer »verkaufen« solle. Wernher von Braun war der einzige, der im Dezember 1932 einen Vertrag mit dem Heereswaffenamt annahm. Er konnte mit dem Stipendium sein Physikstudium fortsetzen und promovierte 1934 an der Universität Berlin zum Dr. phil. mit einem Thema über die Problematik von Flüssigkeitsraketen. Gleichzeitig arbeitete er in der Heeresversuchsanstalt Kummersdorf, ca. 40 km südlich von Berlin. Dies war rückblickend die Geburtsstunde der ersten großen Raketenwaffe der Welt, des A4-Aggregats, das später unter dem Namen V2-Rakete bekannt wurde.

In späteren Erinnerungen berichtete Wernher von Braun, man habe unter den Mitgliedern des Raketenflugplatzes in Tegel darüber diskutiert, wie man die »Goldene Kuh« Heereswaffenamt

2 Der spätere Direktor der Heeresversuchsanstalt Peenemünde, Wernher von Braun, 1937

3 Aufgetankte V2-Rakete im Prüfstand VII in Peenemünde am 12.11.1942.

am besten melken könne. Der junge Wernher von Braun setzte sich über alle Bedenken hinweg. Auch in späteren Jahren verhielt sich von Braun opportunistisch gegenüber den jeweiligen militärischen Machthabern. Bedenkenlos versuchte er, aus den oft unbegrenzten Mitteln, die das Militär zur Verfügung stellte, Vorteile zu ziehen. Trotz des immer stärker werdenden Nationalsozialismus machte er niemals einen Schritt zurück, sondern ließ sich auf jenen faustischen Pakt mit den Nazis ein, der ihn direkt zu den Kriegsverbrechen im Zusammenhang mit dem Bau der V2-Rakete im Rüstungsunternehmen Mittelwerk führte. Gleichzeitig mit der Forcierung der eigenen Forschung über Flüssigkeitsantriebe versuchte das Heereswaffenamt, die Aktivitäten der privaten Raketenforschung in Deutschland zu unterbinden, und begründete das vor allem mit der Notwendigkeit der Geheimhaltung der Raketenversuche.

Die Heeresversuchsanstalt Peenemünde

Brennversuche mit Flüssigkeitsraketenantrieben waren unglaublich laut und gefährlich. Schon 1935 verfasste Wernher von Braun ein Positionspapier zur Errichtung einer Raketenversuchsanstalt. Auch die Luftwaffe zeigte mittlerweile Interesse an der neuen Technik, und von Braun spielte Heer und Luftwaffe geschickt gegeneinander aus. Um sich die Priorität bei der Entwicklung der neuen Raketenwaffe zu sichern, bewilligte Karl Becker zunächst 6 Mio. Reichsmark für den Aufbau eines militärischen Großforschungszentrums bei Peenemünde an der Ostsee (Abb. 3). Gleichzeitig musste man sich über die Eckdaten einer ballistischen Fernrakete klarwerden. Anfang 1936 stand fest: Die Rakete sollte eine Reichweite von etwa 250 km haben und eine Sprenglast von 1 t tragen. Dafür brauchte man einen Antrieb mit einer Schubkraft entsprechend dem Gewicht einer Masse von 25 t. Außerdem sollte die Rakete für den Transport durch die in Europa üblichen Eisenbahntunnel passen. Auch mit der Luftwaffe wurde man sich einig, sie erstellte unabhängig vom Heer die sogenannte Erprobungsstelle West.

Die Dimensionen des neuen Komplexes Peenemünde waren gewaltig. Allein die Baukosten betrugen 500 Mio. Reichsmark, eine auch nach heutigen Maßstäben gewaltige Summe. Es entstanden modernste Laboratorien, der damals größte Windkanal der Welt, zahlreiche spezielle Produktionsstätten für die verschiedenen Raketenteile, Prüfstände und ein Werk zur Serienfertigung.

Massenproduktion

Erst im Oktober 1942 gelang von Peenemünde aus ein fehlerfreier Versuchsflug der V2-Rakete. Ursprünglich sollte die V2 von hochqualifizierten Facharbeitern im Serienwerk gebaut werden. Fakt war aber, dass die V2-Rakete ein sehr komplexes Gerät war. Die verschiedenen Teile wurden von zahlreichen Zulieferbetrieben produziert und dann im Serienwerk zusammengesetzt. Mit dem Beginn einer sich abzeichnenden Serienfertigung war das Heereswaffenamt mit seiner militärischen Struktur jedoch überfordert. Rüstungsminister Albert Speer richtete Ende 1942 den Sonderausschuss A4 ein, der auch für den Bau von Abschussbunkern für

4 Dieses gestellte Foto von Kriegsberichterstatter Walter Frentz zeigt Zwangsarbeiter in Mittelbau. Im Hintergrund sind die Heckteile verschiedener V2-Raketen zu sehen.

die V2-Rakete an der Atlantikküste verantwortlich war. Mit dem Sonderausschuss begann ein Prozess, der letztlich das Heereswaffenamt komplett aus der Verantwortung für die Produktion herauslösen sollte und diese in die Hände der SS führte. Schon im Juni 1943 versuchte man, das Problem fehlender Facharbeiter mit dem Einsatz von KZ-Häftlingen zu lösen. Die Heeresversuchsanstalt stellte einen Antrag auf Zuteilung von 1400 Häftlingen, die nach bestimmten Fertigkeiten ausgesucht werden sollten. Schon kurze Zeit später kamen Häftlinge aus den Konzentrationslagern Mauthausen und Buchenwald nach Peenemünde.

Den Alliierten blieben die Aktivitäten in Peenemünde nicht verborgen. In der Nacht vom 17. auf den 18. August 1943 entluden fast 600 Bomber der Royal Air Force Bomben über dem Nordzipfel der Halbinsel Usedom mit der Heeresversuchsanstalt Peenemünde. Der Angriff forderte viele Todesopfer, vor allem unter KZ-Häftlingen und ausländischen Arbeitern. Die Heeresführung wurde durch den Angriff darin bestätigt, kriegswichtige Produktionen unter Tage zu verlagern. Kurz nach dem Angriff wurde beschlossen, die Serienproduktion ganz von der Heeresversuchsanstalt zu lösen und das selbstständig agierende Produktionsunternehmen Mittelwerk GmbH zu gründen. Dieses war verantwortlich für die Errichtung von teilweise vorhandenen, unterirdischen Produktionsstätten im Kohnstein, einem Berg im südlichen Harzvorland. Verantwortlich für die gesamte Produktion war ab diesem Zeitpunkt der gefürchtete SS-Obergruppenführer und General der Waffen-SS Hans Kammler.

Die bereits im Kohnstein vorhandenen Räumlichkeiten wurden mit dem massiven Einsatz von KZ-Häftlingen in rasantem Tempo erweitert. Um die hohe Sterblichkeit der unter Tage arbeitenden KZ-Häftlinge zu reduzieren, wurde in unmittelbarer Nähe das Konzentrationslager Mittelbau-Dora errichtet. Die Bezeichnung Mittelbau für die Produktionsstätte lehnte sich an die Mittelwerk GmbH an. Neben der V2-Rakete wurden dort auch der Flugkörper V1 und Triebwerke für die Flugzeugindustrie produziert. Mittelbau war im Zweiten Weltkrieg die größte unterirdische Produktionsstätte weltweit (Abb. 4). Von Januar 1944 bis

März 1945 wurden dort etwa 5800 V2-Raketen fertiggestellt. Bis zum Kriegsende kamen in Mittelbau, im KZ Mittelbau-Dora und in den zugehörigen Außenstellen etwa 20 000 Häftlinge ums Leben.

Einsatz der V2-Raketen

Der Plan, V2-Raketen von festen Bunkern aus abzuschießen, wurde von den Alliierten zunichte gemacht. Sie bombardierten die entsprechenden Anlagen rechtzeitig. Die V2-Rakete kam erst nach der Landung der Alliierten ab September 1944 zum Einsatz. Alle V2-Raketen wurden von mobilen Einheiten aus abgeschossen. Auf Befehl Hitlers waren die Hauptangriffspunkte London und Antwerpen. Über Antwerpen und seinen Tiefwasserhafen lief der Hauptnachschub für die Alliierten. Insgesamt kamen etwa 3500 Raketen zum Einsatz, davon fielen auf Antwerpen ca. 1600, auf London ca. 1300. Viele in Mittelbau hergestellte Raketen erwiesen sich als nicht einsatzfähig oder waren auf dem Transportweg beschädigt worden. Auch die Korrosion empfindlicher Teile bei unsachgemäßer Lagerung führte häufig zu einem Ausfall.

Bei Kriegsende besetzten die Amerikaner Mittelbau und brachten Teile von ca. 100 V2-Raketen in die USA. Da der Kohnstein zur russischen Zone gehörte, übergaben die Amerikaner das Werk im Juli 1945 den Russen.

Antriebstechnik der V2

Seit den frühen Versuchen Anfang der 1930er-Jahre war klar, dass die Zukunft der Antriebstechnik für Raketen die Verwendung flüssiger Treibstoffe voraussetzt. Nur diese ermöglichen den notwendigen hohen Energieumsatz, um hohe Schubkräfte zu erzeugen. Mittel der Wahl war hierbei flüssiger Sauerstoff als Oxidator. Als Treibstoff verwendete man zunächst Alkohol. Diese Kombination gehört zu den energiereichsten Mischungen. Noch energiereicher wäre eine Mischung aus flüssigem Sauerstoff und Wasserstoff. Die Technik der Wasserstoff-Verflüssigung war aber vor dem Zweiten Weltkrieg noch nicht anwendbar.

Den flüssigen Sauerstoff konnte man relativ einfach durch Luftverflüssigung nach dem Linde-Verfahren herstellen. Da Stickstoff und Sauerstoff unterschiedliche Siedepunkte haben, lässt sich der Sauerstoff durch Fraktionieren abtrennen. Flüssiger Sauerstoff hat eine Temperatur von –183 °C und verursacht dadurch eine Reihe technischer Probleme. Trotz Aufbewahrung in thermisch isolierten Behältern verdampft ein Teil des flüssigen Sauerstoffs beständig. Raketen mit flüssigem Sauerstoff können also nur kurz vor dem Start betankt werden. Zudem birgt die tiefe Temperatur große Probleme für bewegliche Teile wie Ventile oder Gleitlager.

Weitere Herausforderungen stellte die Verbrennung mit flüssigem Sauerstoff, die enorm hohe Temperaturen von bis zu 3000 °C verursacht. Diesen Temperaturen war keine gängige Metalllegierung gewachsen. Man musste die Brennkammern also kühlen, um ein Durchschmelzen zu verhindern.

Gleichzeitig entstehen in der Brennkammer hohe Drücke. Damit ergibt sich das Problem, dass der flüssige Treibstoff gegen diesen Druck in die Brennkammer kommen muss. Bei der V2-Rakete betrug der Druck in der Brennkammer 14,5 bar. Es musste also eine Pumpe für den flüssigen Sauerstoff und Alkohol entwickelt werden, die einen entsprechend hohen Überdruck erzeugen konnte. Die Realisierung eines Raketenantriebs mit einer Schubkraft von 254 kN war das technisch anspruchsvollste Problem beim V2-Raketenprojekt.

14 Raketentriebwerk für das Aggregat 2

Nachbau, Zarges GmbH, Weilheim, 1972

Das Aggregat 2 war die erste von Wernher von Braun beim Heereswaffenamt entwickelte, flugfähige Flüssigkeitsrakete. Zwei dieser Raketen starteten erfolgreich am 19. und 20. Dezember 1934 von der Insel Borkum. Es waren Versuchsraketen und Vorläufer der späteren V2-Rakete (Aggregat 4), die von der NS-Propaganda als Wunderwaffe bezeichnet wurde. Der Nachbau zeigt die Funktionsweise einer A2-Brennkammer. Beim Original lagen die Zuleitungen allerdings näher an der Brennkammer.

Masse ca. 12 kg
Höhe 0,55 m
Durchmesser 0,30 m
Treibstoff 75%iger Alkohol (Spiritus)
Schubkraft 3,14 kN
Oxidator flüssiger Sauerstoff
Flughöhe ca. 2000 m
Inv.-Nr. 78851

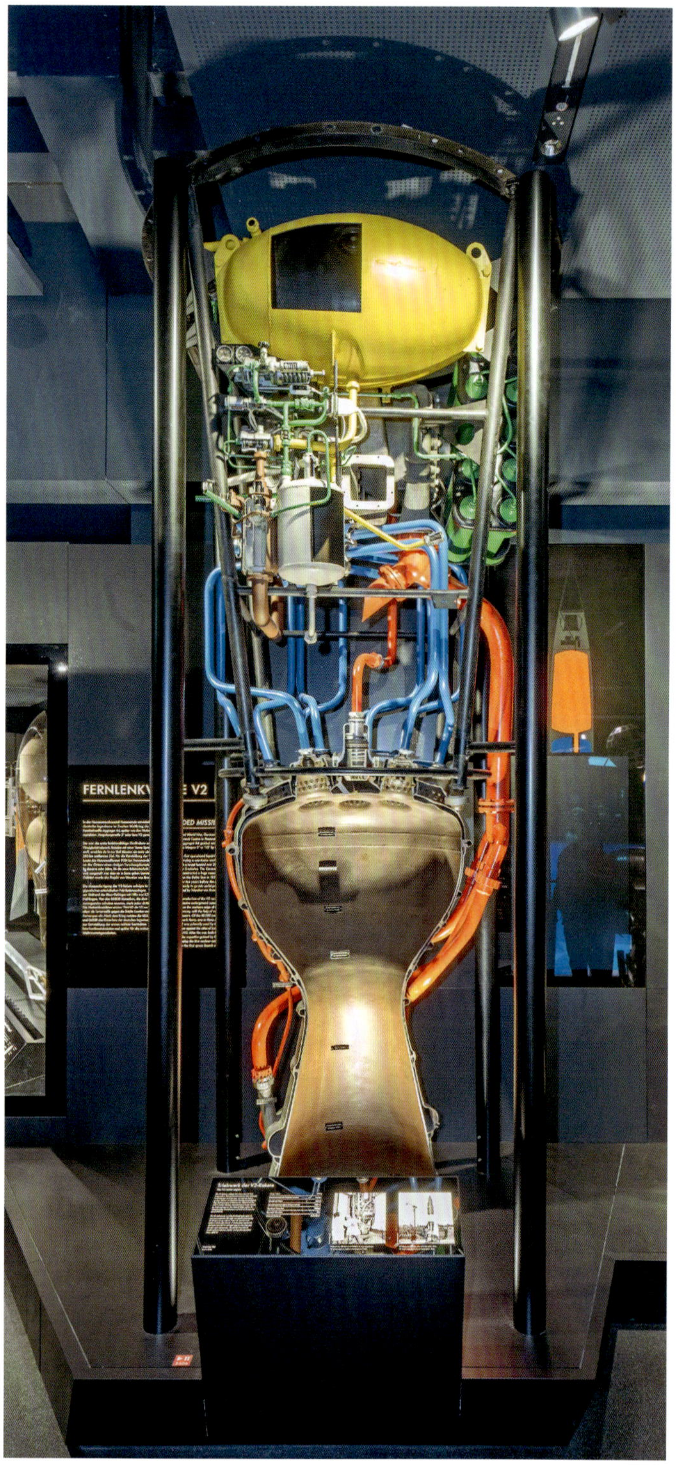

15 Triebwerk der V2-Rakete

Deutschland, 1944

Die V2-Rakete verfügte über den ersten in Serie hergestellten Flüssigkeitsraketenmotor. Das Triebwerk beschleunigte die beim Start 13 t schwere Rakete in einer Minute auf fünffache Schallgeschwindigkeit. Eine Turbinendoppelpumpe beförderte den Alkohol und den −183 °C kalten, flüssigen Sauerstoff unter hohem Druck in die Brennkammer. Der Alkohol kühlte die doppelwandige Brennkammer und hielt die Temperatur unter 1000 °C.

Um die Turbinendoppelpumpe in Gang zu setzen, war ein separater Dampferzeuger notwendig. Dafür verwendete man eine Mischung aus Natriumpermanganat und Wasserstoffperoxid. Beim Zusammentreffen dieser Stoffe entsteht hocherhitzter Wasserdampf, der für den Antrieb der Turbine verwendet wurde. Der Alkohol wurde am unteren Ende der doppelwandigen Brennkammer eingeleitet und umströmte den gesamten Brennraum, bevor er am oberen Ende eingespritzt wurde. Über 18 Einspritzköpfe gelangte der flüssige Sauerstoff in die Brennkammer. Um die Verbrennungstemperatur zu senken, wurde 75-prozentiger Alkohol verwendet. Gleichzeitig trat ein kleiner Teil des Alkohols über kleine Bohrungen in der Innenwand in den Brennraum ein und reduzierte durch Filmkühlung ebenfalls die Temperatur.

Masse 500 kg
Höhe 3,80 m
Schubkraft 245 kN
Ausströmgeschwindigkeit 2,2 km/s
Durchsatz 130 kg/s
Brennzeit 66 s
Brennkammerdruck 14,5 bar
Material Stahl
Inv.-Nr. 73196

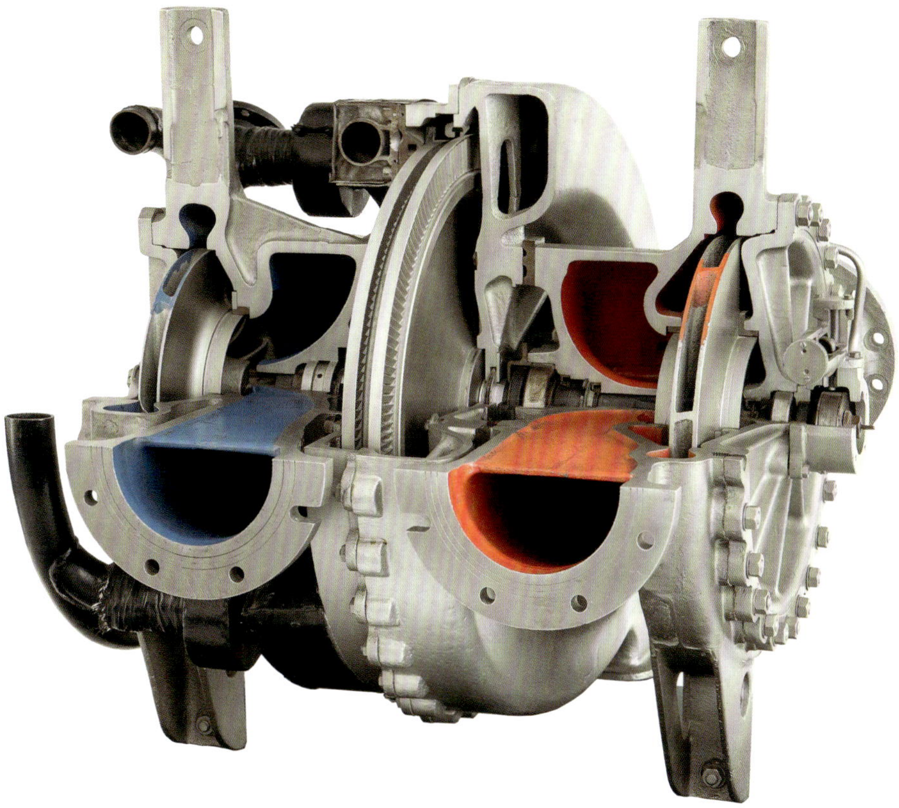

16 Doppelpumpe der V2-Rakete mit Dampfturbine

Deutschland, 1944

Die Doppelpumpe der V2-Rakete musste flüssigen Sauerstoff und Alkohol unter hohem Druck in die Brennkammer befördern. Eine mit Wasserdampf betriebene Turbine diente als Antrieb. Das Schaufelrad der Turbine und die Laufräder der Pumpen saßen auf einer Welle. Ein Dampferzeuger produzierte mit Wasserstoffperoxid und Natriumpermanganat den nötigen Wasserdampf. Im Lager der Sauerstoffpumpe diente flüssiger Sauerstoff als Gleitmittel. Beim Startvorgang wurden zunächst die Ventile für Sauerstoff und Alkohol geöffnet. Durch ihr Gewicht strömten dann geringe Mengen davon in die Brennkammer. Es erfolgte die Zündung des Gemischs. Aus dem sogenannten Feuerleitpanzer wurde dann die Abgasflamme beobachtet. Erst wenn man eine ordnungsgemäße Verbrennung festgestellt hatte, wurde die Dampfturbine aktiviert. Die Schubkraft erhöhte sich schlagartig und die Rakete hob ab.

Masse 150 kg
Turbinenleistung 400 kW
Dampftemperatur 400 °C
Drehzahl 4000 min^{-1}
Durchsatz Alkoholpumpe 58 kg/s
Durchsatz Sauerstoffpumpe 72 kg/s
Inv.-Nr. 78164

Steuerung und Navigation

Die Reichweite einer V2-Rakete betrug etwa 250 km. Der Raketenmotor brannte ca. 60 Sekunden, die gesamte Flugzeit dauerte etwa 5 Minuten. Dabei erreichte die V2-Rakete auf ihrer parabelförmigen Bahn eine Höhe von etwa 90 km.

Als Fernrakete geplant, sollte die V2 möglichst zielgenau treffen. Dafür mussten die Richtung und der Zeitpunkt der Abschaltung des Raketentriebwerks sehr genau berechnet und eingehalten werden, dabei spielten auch Wettereinflüsse eine Rolle.

Für die Stabilisierung von Flugrichtung und Fluglage der Rakete sorgten Kreisel, die aus der Luftfahrt bekannt waren. Die Kreisel lieferten die Steuersignale für Stabilisierungsflossen am Heck der Rakete. Für die ersten Sekunden des Flugs, während derer diese Flossen noch nicht wirkten, verwendete man sogenannte Strahlruder aus Grafit im Abgasstrahl der Rakete (Schubvektorsteuerung). Für das Abschalten des Triebwerks sorgte ein einfach gefesselter Kreisel, der die Beschleunigung in der Längsachse der Rakete, und damit die Endgeschwindigkeit, messen konnte.

Davon abweichende, funktechnische Leitstrahlverfahren wurden getestet, kamen aber nicht in den Kriegseinsatz.

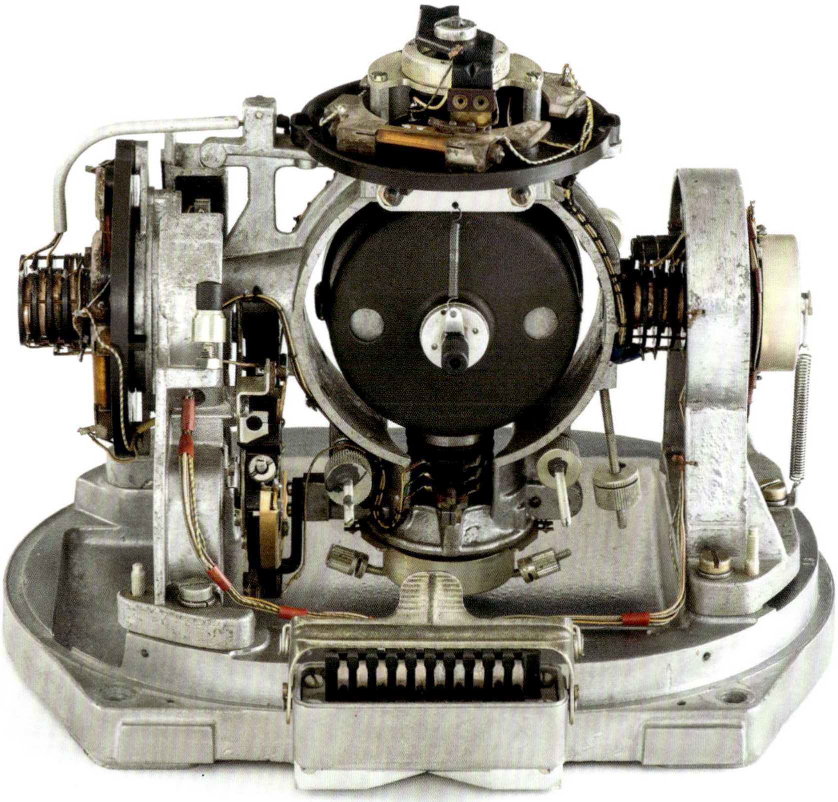

17 Steuerkreisel Vertikant der V2-Rakete

Luftfahrtgerätewerk Hakenfelde GmbH, Berlin, 1943

Der Vertikant war einer von zwei Steuerkreiseln, die für eine stabile Flugbahn der V2-Rakete sorgten. Wich die Rakete vom Kurs ab, bewegte sich die Kreiselachse und produzierte so elektrische Korrektursignale für die Leitflossen und Strahlruder. Die Kreisel befanden sich in der Spitze der Rakete unterhalb der Sprengladung. Nach exakter Ausrichtung der Rakete brachten kleine Elektromotoren kurz vor dem Start die Kreisel auf ihre Nenndrehzahl von 30 000 min^{-1}.

Masse 3,84 kg
Höhe 0,22 m
Breite 0,26 m
Drehzahl 30 000 min^{-1}
Inv.-Nr. 76684

18 Funkempfänger UKE-7

Lorenz AG, Berlin, 1943/44

Der Funkempfänger korrigierte die Seitenabweichung der V2-Rakete während der Aufstiegsphase. Dazu empfing er Signale von einem Leitstrahlsender am Boden, der exakt auf Zielkurs ausgerichtet war. Sobald die Rakete von der vorgesehenen Zielrichtung seitlich abwich, bekamen die Steuerruder an den Stabilisierungsflossen ein entsprechendes Korrektursignal. Der Empfänger war mit Stahlröhren ausgestattet, die statt eines Glaskolbens einen Kolben aus Stahl hatten und entsprechend unempfindlich gegen mechanische Belastungen waren. Wegen der Störempfindlichkeit wurden nur wenige V2-Raketen mit dem Leitstrahlverfahren ausgerüstet.

Masse 3,7 kg
Höhe 14 cm
Breite 28 cm
Empfangsfrequenz 50 MHz
Reichweite ca. 60 km
Zielgenauigkeit bei 250 km Schussweite ± 2,5 km
Leihgabe National Air and Space Museum, Washington, D.C., USA
Inv.-Nr. L1991-18

19 Grafit-Strahlruder zur Schubvektorsteuerung

Deutschland, 1944

Die kleinen Steuerruder an den Stabilisierungsflossen der V2-Rakete waren bei geringer Geschwindigkeit zunächst wirkungslos. Daher lenkten vier steuerbare Grafitruder am Triebwerk die Richtung der austretenden Verbrennungsgase. Dies nennt man Schubvektorsteuerung. Grafit ist besonders widerstandsfähig gegen hohe Temperaturen. Die Grafitruder bekamen ihre Korrektursignale ebenfalls von den Steuerkreiseln in der Spitze der Rakete.

Die Schubvektorsteuerung kommt heute bei Kampflugzeugen zum Einsatz. Moderne Trägerraketen steuern die Schubrichtung meist über das Schwenken des kompletten Raketentriebwerks.

Masse 7,7 kg
Höhe 41 cm
Breite 29,5 cm
Material Grafit
Inv.-Nr. 80003T1

Parallelentwicklungen

Neben dem gigantischen V2-Raketenprojekt wurden im Zweiten Weltkrieg auch kleinere Flüssigkeitsraketenantriebe für Waffensysteme in Flugzeugen entwickelt. So stellten die Walter-Werke in Kiel Triebwerke auf der Basis von Wasserstoffperoxid her, mit denen unter anderem der Raketenjäger Me 163 oder die Gleitbombe Hs 293 ausgerüstet wurden. In Konkurrenz dazu baute BMW das viel leichtere Triebwerk BMW 109-548 für die Luftkampfrakete X4. Von Ende 1944 bis April 1945 produzierte BMW mithilfe von Zwangsarbeitern ca. 1100 Flüssigkeitstriebwerke.

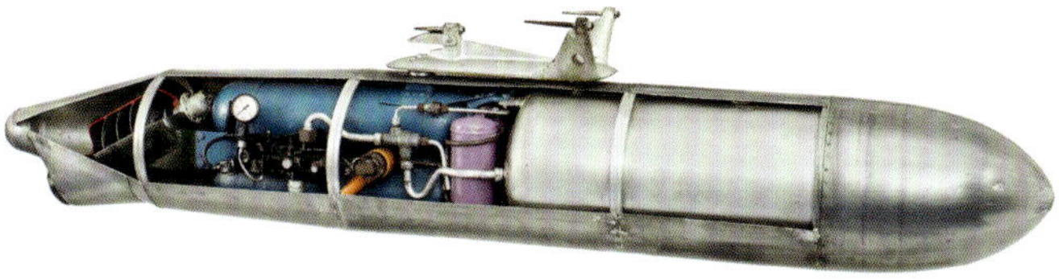

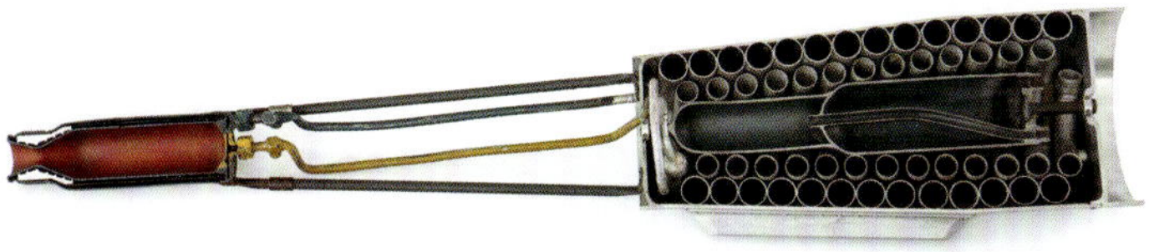

20 Walter-Triebwerk HWK 109-507

Hellmuth Walter KG, Kiel, 1943

Das Walter-Triebwerk diente als kurzzeitiger Antrieb für die Gleitbombe Henschel 293. Der Antrieb bewegte die Bombe vom Flugzeug weg in Flugrichtung und beschleunigte ihren Gleitflug zum Ziel. Die Düse war nach unten geneigt, um die Schubrichtung durch den Schwerpunkt des Flugkörpers gehen zu lassen. Für die Herstellung verwendete man keine hochwertigen Baustoffe, da die Bombe den Antrieb bei der Explosion zerstörte. Über 20 000 Exemplare der Gleitbombe wurden bei den Henschel-Werken in Auftrag gegeben.

Leermasse 68 kg
Startmasse 130 kg
Länge 2,25 m
Schubkraft 5800 N
Treibstoff Wasserstoffperoxid
Katalysator Kalium- oder Natriumpermanganat
Brennzeit 10 s
Inv.-Nr. 74671

21 Flüssigkeitstriebwerk BMW 109-548

Bayerische Motorenwerke GmbH, München, 1943

Dieses Triebwerk diente als Antrieb für die drahtgelenkte Luftkampfrakete X4, die vom Flugzeug aus gegen andere Flugzeuge eingesetzt werden sollte. Die selbstzündenden Treibstoffe wurden durch Pressluft in die Brennkammer befördert. Als Treibstoffbehälter dienten schraubenförmig gedrehte Leichtmetallrohre mit Pfropfen, die den Treibstoff in die Brennkammer drückten. In Konkurrenz zu den Walter-Triebwerken stellte BMW über 1500 Exemplare her.

Startmasse 20 kg
Länge 1,27 m
max. Durchmesser 0,22 m
Schubkraft max. 1370 N
Treibstoff 50 % Triäthylamin, 50 % Xylidin
Oxidator Salpetersäure
Brennzeit 22 s
Inv.-Nr. 77680

Antriebe für den Weltraum

Um große Lasten von der Erde in den Weltraum zu transportieren, sind Raketentriebwerke nötig, die während ihrer kurzen Betriebszeit gewaltige Leistungen erbringen. Diese Raketenantriebe unterscheiden sich grundlegend von den Verbrennungsantrieben des Land-, Luft- und Schiffsverkehrs. Denn nach dem Start von der Erdoberfläche ändern sich die Betriebsbedingungen schon bald dramatisch: Im All herrschen Vakuum, Schwerelosigkeit und eisige Temperaturen.

Test des J-2-Triebwerks aus der Saturn-V Rakete, 1975 (Kat.-Nr. 25).

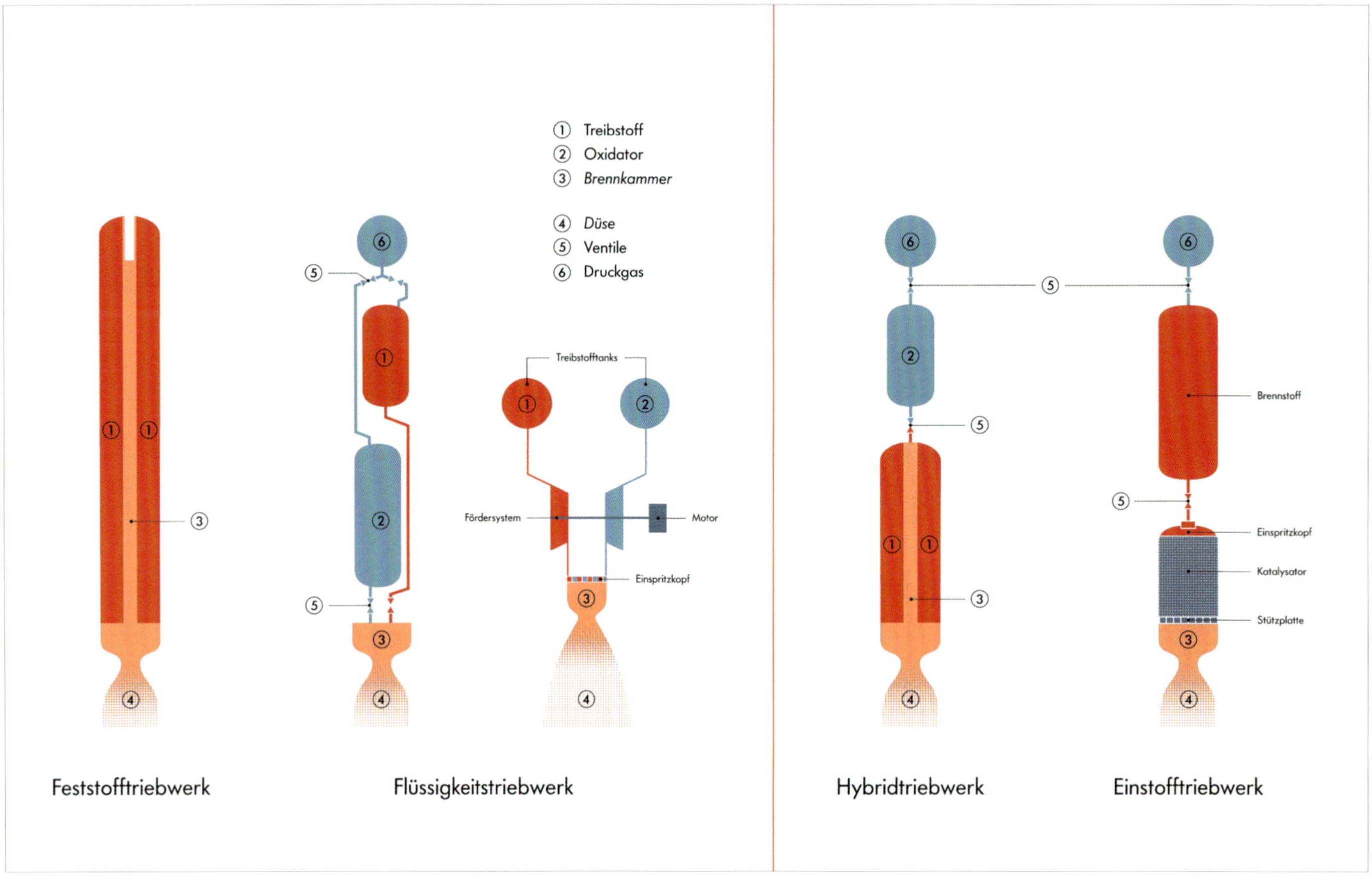

1 Antriebe für den Weltraum

Raketenantriebe kann man grob in chemische und elektrische Antriebe unterteilen (Abb. 1). Die chemischen Triebwerke werden in Flüssigkeits- und Feststoffantriebe unterschieden. Eine Kombination aus beiden sind die sogenannten Hybridantriebe, die sich wiederum in Einstoff- und Zweistoffantriebe unterteilen.

Feststoffraketen, sogenannte Booster, mit meist kurzen Brennzeiten von unter 2 Minuten unterstützen viele Weltraumträgerraketen in der Startphase.

Teil der Brennkammer des Vulcain 1 Triebwerks Kat.-Nr. 30, S. 127. Rechts die ringförmige Leitung für den flüssigen Wasserstoff, der die Wand kühlte und erst dann in die Brennkammer eingespritzt wurde.

Flüssigkeitsantriebe

Für Raumfahrtanwendungen spielen Flüssigkeitsantriebe die wichtigste Rolle. Sie bringen die größte Leistung und können ihre Schubkraft steuern. Außerdem können sie mehrfach gezündet werden. Leistungsangaben für Raketentriebwerke sind schwierig, da die umgesetzte chemische Energie ja nicht einfach in eine mechanische Leistung wie bei einer Turbine oder einem Verbrennungsmotor umgewandelt wird. In der Brennkammer eines Flüssigkeitsantriebs entstehen bei der Verbrennung hocherhitzte und unter hohem Druck stehende Abgase, die nach Verlassen der Düse zu einem Gasstrahl mit extrem hoher Geschwindigkeit beschleunigt werden. Bei hochenergetischen Antrieben mit flüssigem Sauerstoff und flüssigem Wasserstoff können dies Geschwindigkeiten um 4000 m/s sein, also ein Vielfaches der Schallgeschwindigkeit. Dabei entstehen die typischen Überschallknoten, die man auch bei Überschallflugzeugen beobachten kann. Dies sind stehende Stoßwellen, die durch abrupte Veränderungen der lokalen Dichte und des Drucks im Abgasstrahl entstehen. Die kinetische Energie des Abgasstrahls lässt sich angeben. Sie ist proportional zur Masse der pro Sekunde in der Brennkammer verbrannten Treibstoffe. So erzeugt der Raketenmotor Vulcain 1 der Trägerrakete Ariane 5 eine Leistung von etwa 2,4 GW oder 2,4 Mio. kW. Das entspricht etwa der Leistung von 4000 Formel-1-Rennwagen. Noch ein anderer Vergleich: Das Kernkraftwerk Isar 2 bei Landshut erzeugte eine thermische Leistung von ca. 4 GW.

Weltraumträgerraketen können diese gigantische Leistung allerdings nur für einige Minuten erbringen, dann ist meist der Treibstoff aufgebraucht. Das leistungsstärkste ausgestellte Aggregat im Deutschen Museum ist der Raketenmotor Vulcain 1 der Trägerrakete Ariane 5.

Kühlung

Temperatur und Druck in der Brennkammer sind enorm. Beim Vulcain-Raketenmotor beträgt der Druck über 100 bar und die Gase sind über 3000 °C heiß. Damit die Brennkammer nicht durchschmilzt, muss sie gekühlt werden. Dafür muss sie so konstruiert sein, dass ein Kühlmittel durch sie hindurchfließen kann. Das gilt teilweise auch für die glockenförmige Austrittsdüse. Oft bestehen Brennkammer und Düse daher aus kleinen Kanälen, die miteinander verschweißt sind. Eine doppelwandige Brennkammer wie bei der V2-Rakete wäre viel zu schwer. Als Kühlmittel verwendet man in der Regel den noch nicht verbrannten Treibstoff. Dieser wird meist am unteren Ende der Brennkammer oder Düse eingeleitet, umfließt Düse und Brennkammer und tritt erst über den Einspritzkopf in den Brennraum ein.

Treibstoffförderung

Um Treibstoff und Oxidator gegen den hohen Druck in der Brennkammer einzuleiten, braucht es sehr leistungsfähige Pumpen. Nur bei leistungsschwachen Triebwerken lassen sich Treibstoff und Oxidator durch eine Druckbeaufschlagung des Tanks zuführen. Diese Methode wurde beispielsweise bei der Apollo-Mondlandefähre und bei der Drittstufe der Europa-Rakete angewendet.

Beim Vulcain-Motor der Ariane 5 müssen die Pumpen gegen einen Brennkammerdruck von über 100 bar arbeiten. Die hierfür erforderlichen leistungsstarken Aggregate bestehen meist aus einer Einheit von Pumpe und Turbine (kurz Turbopumpe). Sie arbeiten nach dem Turbolader-Prinzip. In einem separaten Gaserzeuger wird in einer kleinen Brennkammer ein heißes Abgas erzeugt, das die Turbine antreibt. Auf der Turbinenwelle sitzt auch die Pumpe, welche die Treibstoffe in die Hauptbrennkammer befördert. Für den Gaserzeuger zweigt man in der Regel einen kleinen Teil der Treibstoffe ab. Daher wird der Gaserzeuger oft als Vorbrenner bezeichnet.

Wird das Turbinenabgas auch durch die Hauptbrennkammer geleitet, spricht man von einem Hauptstromtriebwerk, sonst von einem Nebenstromtriebwerk.

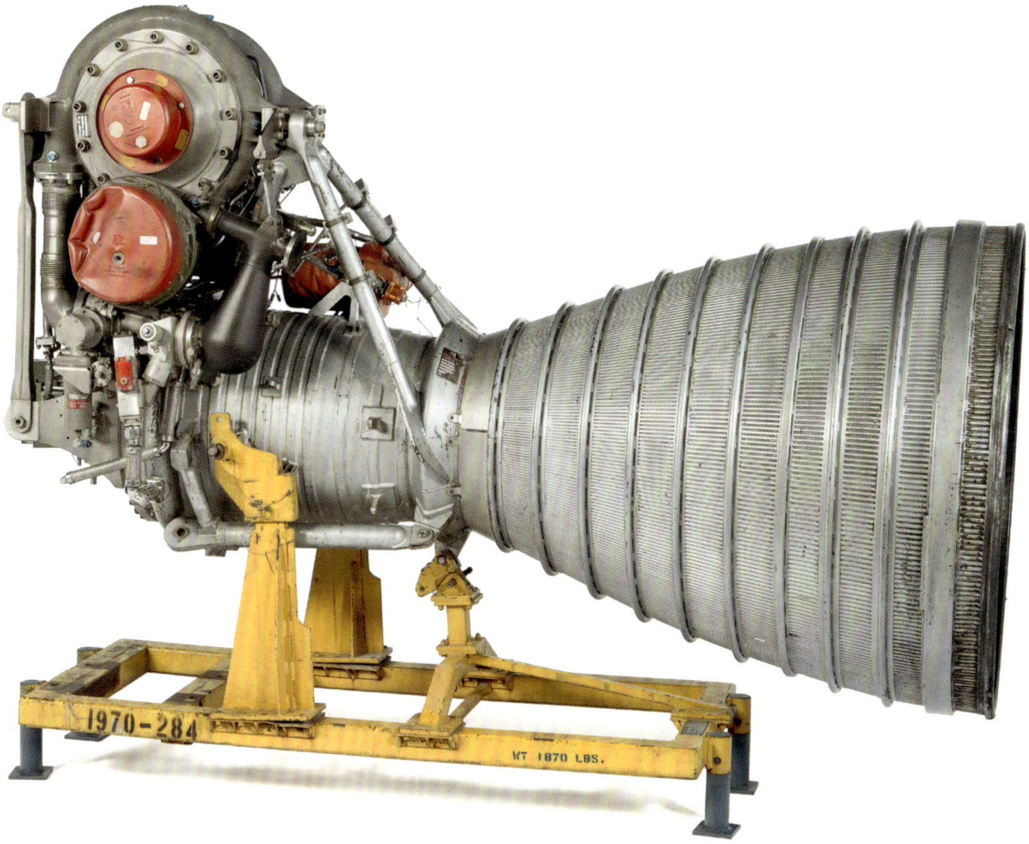

22 Raketentriebwerk Rocketdyne H-1

Rocketdyne, Los Angeles, USA, 1959

Dem H-1-Triebwerk der amerikanischen Firma Rocketdyne sieht man seine Verwandtschaft mit dem Triebwerk der deutschen V2-Rakete noch an. Das von North American Aviation gegründete Unternehmen bekam Ende des Zweiten Weltkriegs sogar einige erbeutete V2-Triebwerke für seine Untersuchungen. Später diente das H-1 als Hauptantrieb in Clustern von acht H-1-Triebwerken für die Trägerraketen Saturn 1 und Saturn 1B, die die NASA unter der Leitung von Wernher von Braun für ihr ehrgeiziges Mondprogramm Apollo entwickelte. Als Treibstoff wurde nicht mehr Alkohol verwendet, sondern RP-1, ein kerosinähnliches, flüssiges Kohlenwasserstoffgemisch.

Masse 847 kg
Länge 2,60 m
max. Durchmesser 1,19 m
Schubkraft 890 kN
Brennkammerdruck 44 bar
Brennkammertemperatur 3300 °C
Verbrauch 240 kg/s flüssiger Sauerstoff, 107 kg/s Kerosin (RP-1)
Leihgabe National Air and Space Museum, Washington, D.C., USA
Inv.-Nr. L1983-20

23 Raketentriebwerk P111

Bölkow GmbH, Ottobrunn, 1966

Mit dem P111 stieg die Firma Bölkow (später Messerschmitt-Bölkow-Blohm GmbH, MBB) in der Nachkriegszeit in die Entwicklung und den Bau von Flüssigkeitstriebwerken ein. Es war das erste mit Turbopumpen ausgerüstete Flüssigkeitstriebwerk aus Deutschland nach dem Zweiten Weltkrieg. Das P111 arbeitete nach dem Hochdruck-Hauptstromverfahren, bei dem unter sehr hohem Druck der gesamte Treibstoff in die Brennkammer gelangt. Eine Besonderheit war die Kühlung der Brennkammer mit flüssigem Sauerstoff. Die Patente von MBB für die Brennkammerbauweise kaufte später Rocketdyne. Sie flossen direkt in die Entwicklung der Hauptantriebe für das US-amerikanische Space Shuttle ein.

Masse 140 kg
Länge 1,01 m
Schubkraft 49 kN
Brennkammerdruck 85 bar
Treibstoff Kerosin
Oxidator flüssiger Sauerstoff
Verbrauch 16,3 kg/s
Inv.-Nr. 2001-746

24 Astris, dritte Stufe der Europa-Rakete

Messerschmitt-Bölkow-Blohm GmbH (MBB), München, ERNO Raumfahrttechnik GmbH, Bremen, 1970

Mit der Astris genannten, dritten Stufe der mehrstufigen Europa-Rakete begann nach dem Zweiten Weltkrieg der Bau von Raketentriebwerken in Deutschland. An dem Projekt Astris arbeiteten Ende der 1960er-Jahre über 700 Wissenschaftler, Ingenieure und Techniker hauptsächlich in den beiden Firmen MBB und ERNO. Die erste und zweite Stufe stellten Frankreich und Großbritannien her. Erstmalig wurden dabei neue Werkstoffe und Verfahren eingesetzt:

- Wellblechstrukturen aus 0,1 mm dünnem, leichtem Titanblech
- Herstellung von kugelförmigen Behältern aus Titanblech durch Explosiv-Verformung
- Ultraleichte Hochdruckbehälter aus glasfaserverstärktem Kunststoff
- Hochleistungstriebwerk mit hohem Schub

Die ersten Starts der Europa-Rakete erfolgten vom südaustralischen Woomera. Ab 1971 wurde vom Weltraumbahnhof in Kourou in Französisch-Guayana gestartet, das mit nur 5° nördlicher Breite viel näher am Äquator liegt. Am Äquator trägt die Rotation der Erde zur Treibstoffersparnis bei. 1973 beendeten die am Projekt beteiligten europäischen Länder aufgrund vieler Probleme nach elf erfolglosen Starts das Gesamtprojekt.

Masse 1029 kg
Durchmesser 2,08 m
Höhe 3,81 m
Schubkraft 22,56 kN
Treibstoff Aerozin
Oxidator Stickstofftetroxid
Brennzeit 375 s
Inv.-Nr. 79388

25 Raketentriebwerk J-2

Rocketdyne, Los Angeles, USA, 1964

Das Raketentriebwerk J-2 kam bei der Mondrakete Saturn V in der zweiten und dritten Stufe zum Einsatz, die mit fünf bzw. einem J-2-Triebwerk ausgestattet waren. Das J-2 war zu dieser Zeit das größte, mit flüssigem Sauerstoff und Wasserstoff betriebene Triebwerk der USA. Erst die US-amerikanischen Space Shuttles, die ab 1981 flogen, übertrafen dieses Triebwerk in der Leistung.

Das Besondere am J-2-Triebwerk ist dessen Fähigkeit, mehrfach zu zünden, was beim Einschuss des Apollo-Raumschiffs in eine Transferbahn zum Mond besonders wichtig war.

Masse 1580 kg
Länge 3,38 m
Durchmesser 2,04 m
Schubkraft 900 kN
Verbrauch 204 kg/s flüssiger Sauerstoff, 37 kg/s flüssiger Wasserstoff
Brennkammerdruck 54 bar
Brennkammertemperatur 3180° C
Leihgabe National Air and Space Museum, Washington, D.C., USA
Inv.-Nr. L1983-21

26 Raketentriebwerk Viking IV der Trägerrakete Ariane 4

SEP, Vernon, Frankreich, 1979

Das Viking-IV-Triebwerk war der Antrieb der zweiten Stufe der Trägerrakete Ariane 4. Mit über 100 erfolgreichen Starts diente diese von 1988 bis 2003 als europäische Standard-Trägerrakete. Am Bau waren neben SEP das deutsche Unternehmen MAN Technologie und das schwedische Unternehmen Volvo beteiligt. Die lange Expansionsdüse optimiert das Triebwerk für den Betrieb im Vakuum. Dies war erforderlich, da sich die Ariane 4 bei Zündung der Zweitstufe schon außerhalb der dichten Atmosphärenschichten befand. Die Wände der Düse bestanden aus einer Kobaltlegierung und waren innen mit einer temperaturbeständigen, keramischen Zirkonschicht ausgekleidet. Der von der Hitze besonders beanspruchte Düsenhals war mit silikatfaserverstärktem Epoxidharz versehen. Der eingesetzte Raketentreibstoff Hydrazin war zwar sehr giftig, ließ sich dafür aber gut lagern. Bei der Betankung mit Hydrazin galten daher höchste Sicherheitsmaßnahmen und das Bodenpersonal musste beim Start jederzeit Gasmasken griffbereit haben.

Masse 905 kg
Länge 3,41 m
max. Durchmesser 1,80 m
Treibstoff Hydrazin
Oxidator Stickstofftetroxid (N_2O_4)
Verbrauch 275 kg/s
Schubkraft 785 kN im Vakuum
Brennzeit 143 s
Inv.-Nr. 1988-550T1

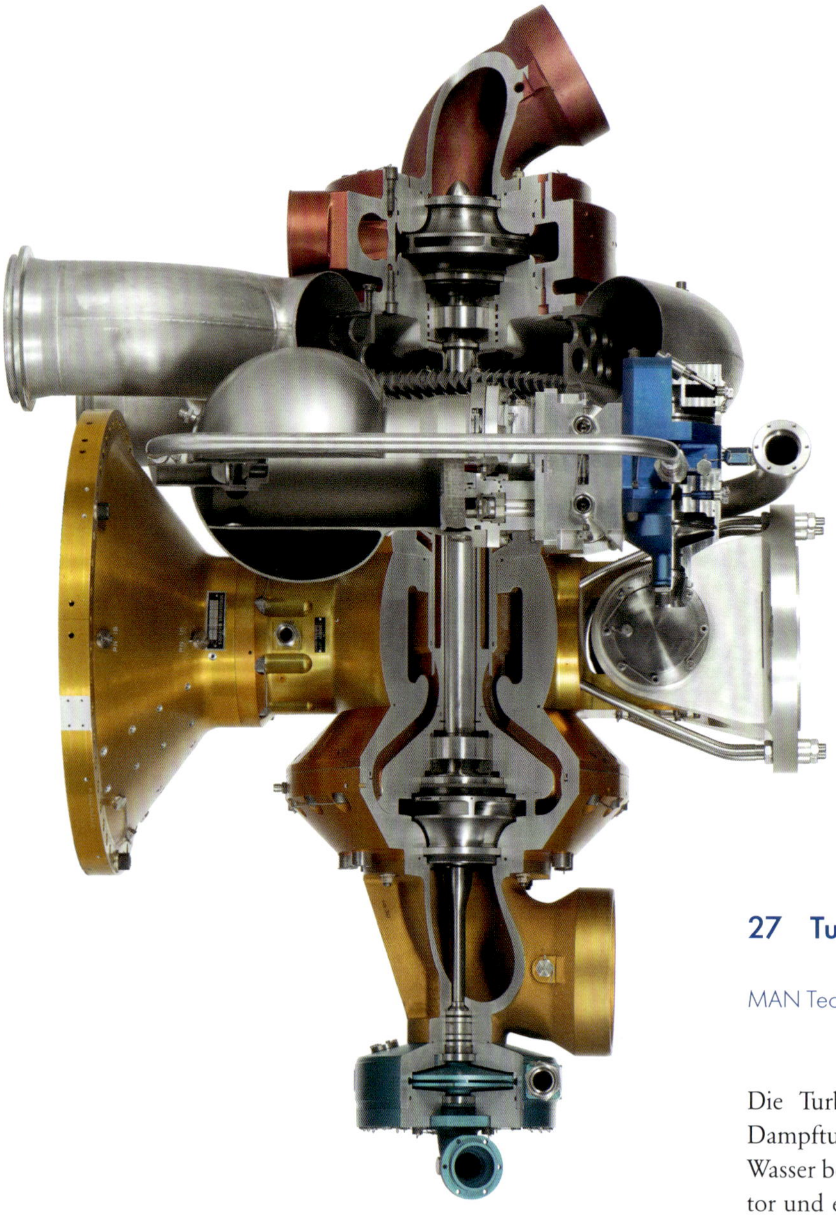

27 Turbopumpe des Raketentriebwerks Viking IV

MAN Technologie, München, 1979

Die Turbopumpe des Viking-IV-Triebwerks besteht aus einer Dampfturbine mit drei Kreiselpumpen, die Treibstoffe und Wasser befördern. Ein Teil der Treibstoffe fließt in den Gasgenerator und erzeugt zusammen mit Wasser hocherhitzen Dampf, der die Dampfturbine antreibt. Die Kreiselpumpen pressen die Treibstoffe unter großem Druck in die Brennkammer. Dabei müssen sie den bei der Verbrennung entstehenden hohen Brennkammerdruck überwinden.

Beim Flug der Ariane-4-Rakete V36 am 22. Februar 1990 führte ein vergessenes Reinigungstuch in einer Kühlleitung des Viking-Triebwerks zum Absturz.

Masse 530 kg
Höhe 1,1 m
Breite 0,9 m
Antrieb Zweistufige Curtis-Turbine
Leistung 2500 kW
Drehzahl 10 000 min^{-1}
Dampfdruck 33 bar
Temperatur 500 °C
Verbrauch 6,4 kg/s
Inv.-Nr. 1988-550T2

28 Brennkammer und Düse des Raketentriebwerks HM7

Messerschmitt-Bölkow-Blohm GmbH (MBB), Ottobrunn, 1982

Diese Brennkammer war Teil des Antriebssystems der dritten Stufe der europäischen Trägerrakete Ariane 4. Der HM7-Antrieb war das erste flugfähige europäische Triebwerk mit flüssigem Wasserstoff. Die innere Brennkammerwand besteht aus Kupfer mit längs verlaufenden Kühlkanälen, auf denen eine tragende Struktur aus Nickel galvanisch aufgetragen ist. Die Düse setzt sich aus 240 spiralförmig gebogenen und verschweißten Röhrchen zusammen. Durch sie floss ein Teil des superkalten, flüssigen Wasserstoffs und kühlte so die Düse. Das HM7-Triebwerk kam erstmals am 24. Dezember 1979 mit dem Flug einer Ariane-1-Rakete zum Einsatz. Um die Kühlkanäle besser zu erkennen, wurde in der Düse ein Schnitt angebracht.

Masse 64 kg
Länge 1,65 m
max. Durchmesser 0,94 m
Schubkraft 60 kN
Treibstoff flüssiger Wasserstoff
Oxidator flüssiger Sauerstoff
Brennkammerdruck 35 bar
Inv.-Nr. 1984-68

29 Ausschnitt aus der Düsenwand des Raketentriebwerks HM7

Messerschmitt-Bölkow-Blohm GmbH (MBB), Ottobrunn, 1982

Die Düsenwand besteht aus miteinander verschweißten, rechteckigen Inconel-Röhrchen. Inconel ist ein Markenname für korrosionsbeständige Nickellegierungen. Durch sie floss superkalter flüssiger Wasserstoff, der das Triebwerk HM7 kühlte.

Masse 0,19 kg
Höhe 10 cm
Breite 20 cm
Dicke 2 cm
Material Inconel
Inv.-Nr. 1984-150

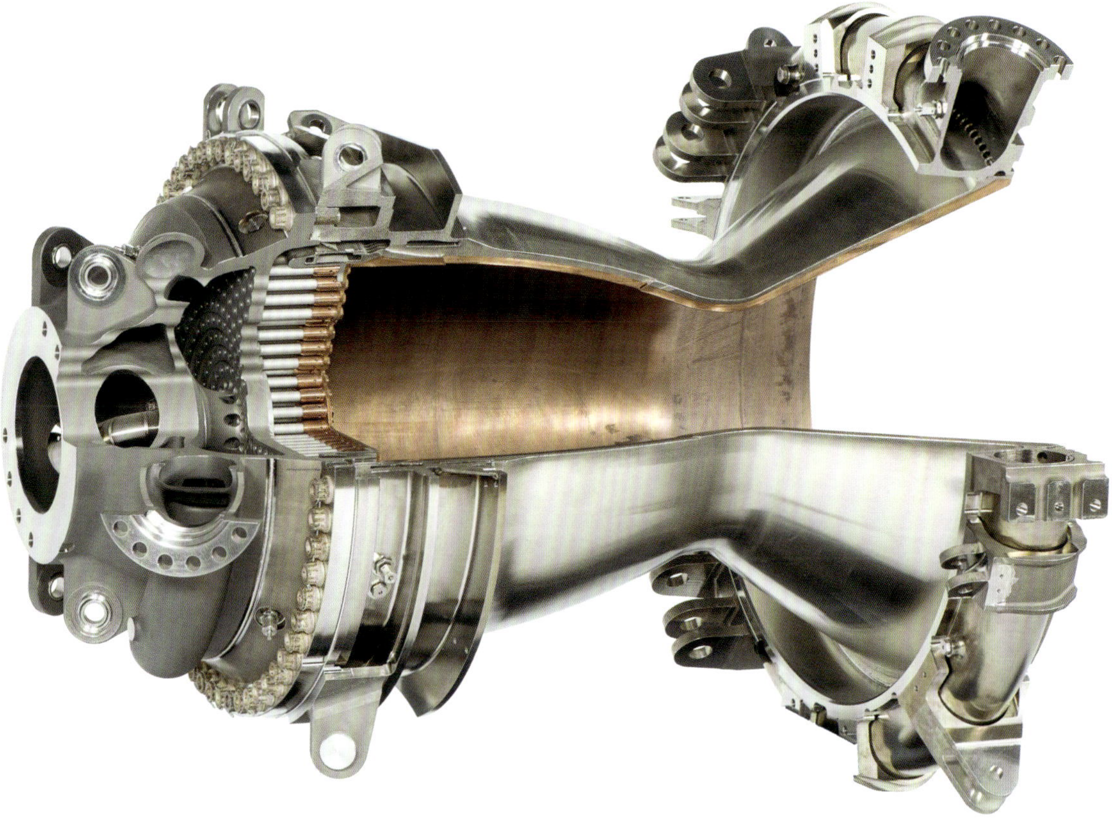

30 Brennkammer des Raketentriebwerks Vulcain 1

Astrium GmbH, Ottobrunn, 2002

Die Brennkammer war das Herzstück des Hauptantriebs der Trägerrakete Ariane 5. Der Antrieb lieferte nach dem Ausbrennen der Feststoffbooster fast 8 Minuten lang die alleinige Schubkraft für die Ariane 5. In einer Sekunde verbrannten 260 kg flüssiger Sauerstoff und Wasserstoff bei etwa 3000 °C zu Wasserdampf. Das hocherhitzte Gas verließ die Brennkammer mit hoher Geschwindigkeit und erzeugte so eine Leistung von ca. 2,4 Mio. kW. Das entspricht etwa 4000 Formel-1-Rennwagen. Die Brennkammer des Vulcain-1-Raketenmotors ist das leistungsstärkste Verbrennungsaggregat, das im Deutschen Museum ausgestellt ist.

Masse 350 kg
Länge 1,03 m
Schubkraft 1113 kN
Innenmaterial Kupfer-Silber-Zirkonlegierung
Außenmaterial Nickel
Brennkammerdruck 109 bar
Brennzeit 9 min
Treibstoff flüssiger Wasserstoff
Oxidator flüssiger Sauerstoff
Verbrauch 260 kg/s
Inv.-Nr. 2002-198

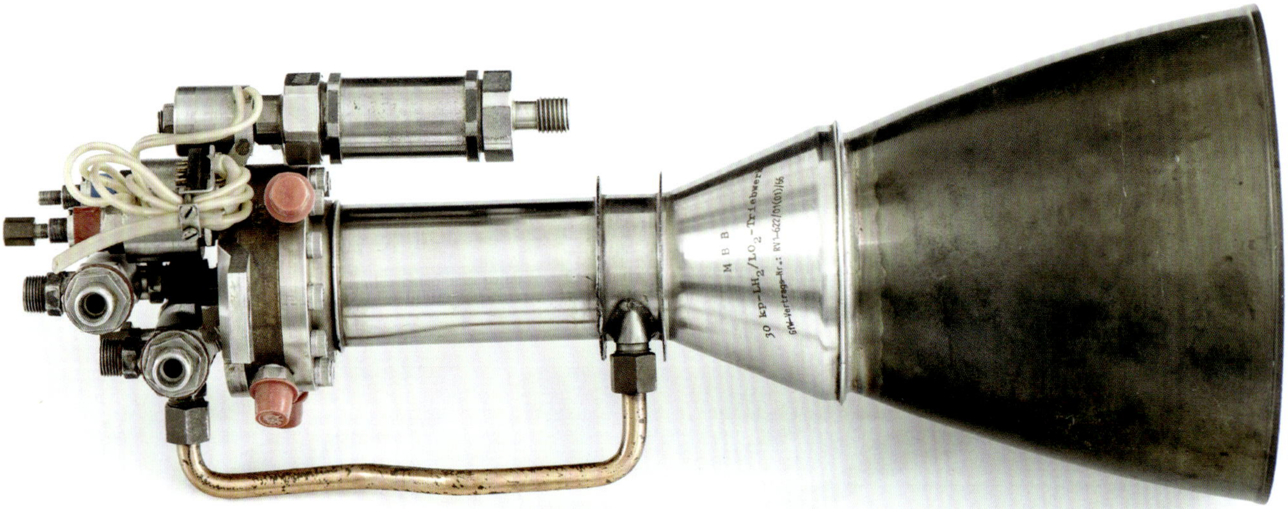

31 Wasserstoff-Raketentriebwerk

Messerschmitt-Bölkow-Blohm GmbH (MBB), Ottobrunn, 1966

Dieses Aggregat war das erste raumfahrttaugliche, deutsche Wasserstofftriebwerk. Die Firma MBB entwickelte es in den Jahren 1962 bis 1966 im Auftrag des deutschen Forschungsministeriums. Das Triebwerk war mehrfach zündbar und sollte zur Steuerung größerer Raketenstufen dienen. Der superkalte Wasserstoff kühlte den zylindrischen Teil der Brennkammer. MBB musste den flüssigen Wasserstoff selbst herstellen, da er zu jener Zeit noch nicht industriell verfügbar war. In den 1960er-Jahren entstand in Ottobrunn bei München mit Einführung der Wasserstofftechnologie ein weltweit bedeutendes Zentrum für kryogene Flüssigkeitsantriebe.

Masse 1,9 kg
Länge 39 cm
max. Durchmesser 15,6 cm
Schubkraft 300 N
Brennkammerdruck 5 bar
Brennzeit 20 min
Verbrauch 0,074 kg/s
Inv.-Nr. 1983-56

Ausschnitt aus Apogäumstriebwerk
Kat.-Nr. 32, S. 131.

Feststoffantriebe

Feststoffantriebe bestehen aus einem Treibsatz, einem Gehäuse und einer angeschlossenen Düse. Der Treibsatz ist meist aus gepresstem Material gefertigt, das den Treibstoff und den Oxidator in fester Form enthält. Beim bekanntesten Treibsatz kommt Schwarzpulver zum Einsatz, wie es sich in Feuerwerksraketen findet.

Die Abbrandfläche des Treibsatzes ist unterschiedlich geformt und bestimmt Brennzeit und Schubkraft des Antriebs. Ist eine Feststoffrakete einmal gezündet, ist sie nicht mehr abschaltbar. Weltraumträgerraketen verwenden oft Feststoffantriebe als Starthilfsraketen. Sogenannte Apogäumsmotoren sind spezielle Antriebe, die geostationäre Satelliten in ihre endgültige Umlaufbahn bringen.

32 Apogäumstriebwerk

SEP, Vernon, Frankreich, 1976

Die europäischen Firmen SEP, SNIA und MAN entwickelten diesen Antrieb für den ersten europäischen, geostationären Satelliten Symphonie. Mit Kohlefaser versetzter Kunststoff (CFK) verstärkt das Gehäuse. Ein Apogäumstriebwerk bringt einen Satelliten von seiner ursprünglich elliptischen Umlaufbahn in die geostationäre, kreisförmige Bahn. Das Triebwerk zündet dabei im erdfernsten Punkt, dem sogenannten Apogäum der Satelliten-Übergangsbahn. Die Treibsatzmenge ist exakt auf die Masse des Satelliten abgestimmt.

Masse 356 kg
Länge 1,05 m
Durchmesser 0,95 m
Schubkraft 22,5 kN
max. Brennkammerdruck 42 bar
Brennzeit 40 s
Inv.-Nr. 1976-933

33 Feststoffraketenantrieb DM 14

Dynamit Nobel, Troisdorf, 1983

Dieser Antrieb basiert auf den von Alfred Nobel (1833–1896) erfundenen doppelbasischen Treibstoffen Nitrozellulose und Nitroglycerin. Sie brauchen keinen Extraoxidator, sondern zersetzen sich selbst explosiv nach der Zündung. Die Brennkammer besteht aus einem glasfaserverstärkten Kunststoffrohr, in das der kartuschierte Doppelbasistreibsatz eingeschoben wird. Dieser Treibsatz zündet an der Spitze und brennt dann von innen nach außen ab. Militärische Flugkörper nutzen meist Feststoffraketenantriebe. Sie brauchen nur eine kurze Brennzeit, liefern dafür aber hohe Schubkräfte.

Der Treibsatz ist eine Nachbildung.

Masse 17 kg
Länge 1,31 m
Durchmesser 0,11 m
Schubkraft 9,1 kN
Brennzeit 2,2 s
Brennkammerdruck 80 bar
Treibstoff doppelbasischer Treibstoff Nitrozellulose

34 Düse aus Wolframlegierung

Metallwerk Plansee, Reutte, Österreich, ca. 1968

Dieser Düsenkörper entstand mit dem Fließdrückverfahren aus einer Wolframplatte. Wolfram ist ein sehr schweres Metall mit einem besonders hohen Schmelzpunkt (3400 °C). Wolframlegierungen sind äußerst korrosions- und hitzebeständig

Masse 6,35 kg
Höhe 16,8 cm
Durchmesser 15,9 cm
Material Wolfram
Inv.-Nr. 77726

35 Düsen aus legiertem Stahl

Deutsche Edelstahlwerke AG, Krefeld, ca. 1968

Diese Düsen sind Gussteile aus legiertem, vergütetem Stahl, hergestellt mit dem Wachsausschmelzverfahren. Dabei wird die ursprüngliche Form aus Wachs mit einer feuerfesten Einbettmasse versehen. Beim Gießen schmilzt die Wachsform und der flüssige Stahl füllt den Hohlraum aus.

Masse 4,56 kg
Material Stahl
Inv.-Nr. 77612T2

36 Marschtriebwerk der Panzerabwehrrakete COBRA

Bölkow GmbH, Ottobrunn, 1964

Dieser Antrieb gehört zur ersten gelenkten Panzerabwehrrakete der Bundeswehr. Die COBRA war ein Kind des Kalten Krieges. Sie kam für mittlere Entfernungen zum Einsatz. Der Soldat lenkte die Rakete mit einer Fernsteuerung ins Ziel. Bölkow produzierte bis 1978 etwa 150 000 Stück.

Masse 0,925 kg
Länge 28 cm
Schubkraft 90 N
Treibstoff doppelbasig, gegossen
Treibstoffmasse 0,865 kg
Geschwindigkeit 300 km/h
max. Reichweite 1600 m
Inv.-Nr. 79962

37 Gasgenerator zum Aufblasen eines Auto-Airbags

Daimler-Benz AG, Stuttgart, ca. 1980

Der Airbag-Gasgenerator stellt ein ziviles Nebenprodukt der Treibstofftechnologie für Feststoffraketen dar. Ein spezieller Festtreibstoff erzeugt innerhalb weniger Millisekunden unter hohem Druck ein ungiftiges Gas. Es besteht nahezu ausschließlich aus Stickstoff. Bei einem schweren Frontalaufprall des Autos zündet ein elektronischer Auslöser den Gasgenerator. Das Gas bläst den Luftsack in ca. 20 ms auf und verhindert gefährliche Kopfverletzungen des Fahrers. In Deutschland gibt es seit 1981 erste Airbags. In den USA sind sie seit 1997 für Neuwagen vorgeschrieben. Obwohl in Deutschland fast jeder Neuwagen einen Airbag hat, ist er gesetzlich nicht vorgeschrieben.

Masse 0,89 kg
Durchmesser 41 cm
Funktionszeit ca. 30 ms
Arbeitsgas 96 % Stickstoff, 2% Wasserstoff, 1 % Sauerstoff, 1 % Kohlendioxid
Treibstoff Natriumazid in Tablettenform
Inv.-Nr. 80523

Sonstige Antriebe

Die klassischen Triebwerke werden mit einem Oxidator, meist flüssigem Sauerstoff, betrieben. Hybridtriebwerke haben eine flüssige und eine feste Komponente. Sie werden vor allem bei der Steuerung von Satelliten eingesetzt. Einstoff-Antriebssysteme arbeiten in der Regel mit hochgiftigem Hydrazin (N_2H_4), das sich mithilfe eines Katalysators in gasförmigen Stickstoff und Wasserstoff zersetzt. Ein großer Vorteil dieser Triebwerke ist die Fähigkeit, beliebig oft zünden zu können. Dadurch können sehr kleine Schubimpulse realisiert werden.

Eine weitere Antriebsart sind elektrische Triebwerke. Diese verwenden ionisierbare Gase als Treibstoff: Elektromagnetische Felder beschleunigen die Ionen auf sehr hohe Geschwindigkeiten und erzeugen so einen Rückstoßeffekt. Dieser ist zwar sehr klein, dafür kann die Betriebszeit Monate betragen. Damit sich das Triebwerk nicht elektrisch auflädt, neutralisieren Elektronen den Abgasstrahl.

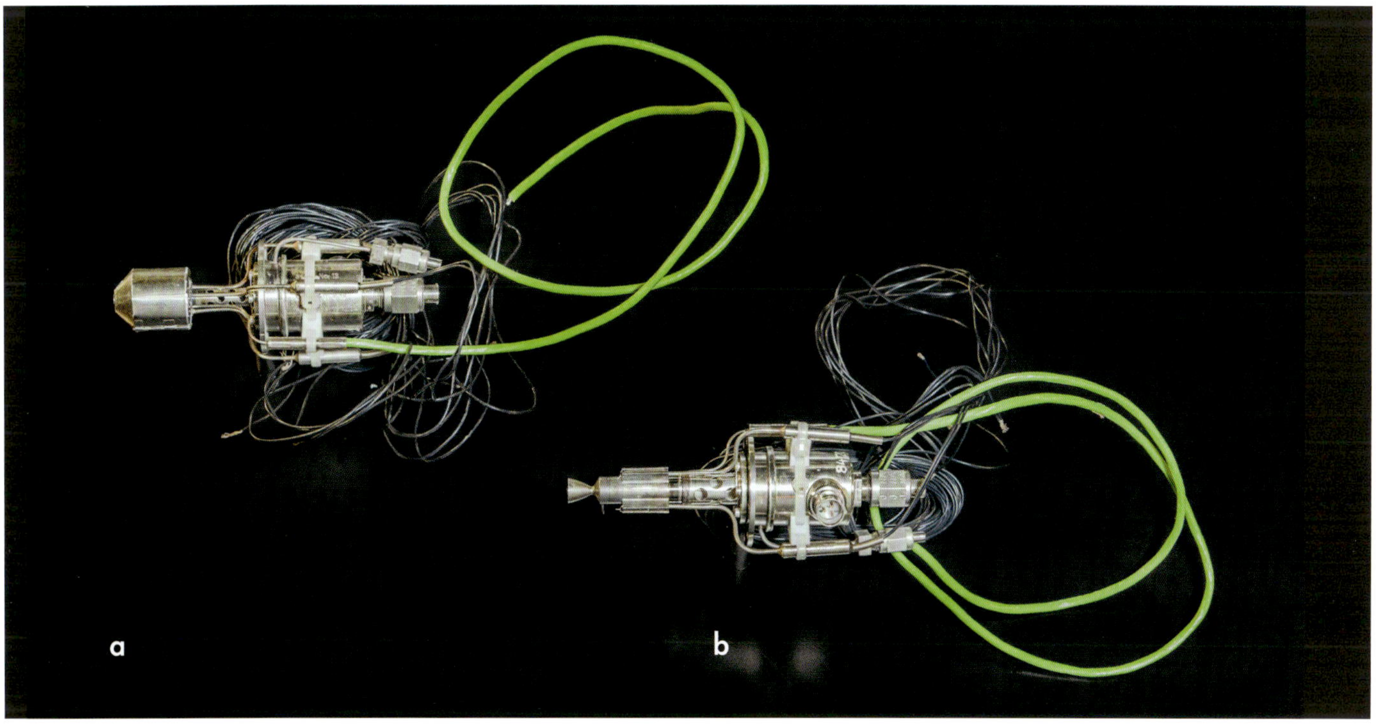

38 Einstoff-Triebwerke

ERNO-Raumfahrttechnik GmbH, Bremen, 1976

Diese nur wenige hundert Gramm schweren katalytischen Hydrazintriebwerke werden für die Steuerung zahlreicher Satelliten im Weltraum eingesetzt. Der zugehörige Hydrazintank steht unter hohem Druck. Da kein Zündmechanismus nötig ist, reicht für den Betrieb ein kleines, elektrisch steuerbares Ventil aus. Dadurch sind auch sehr kurze Schubimpulse möglich, um den Satelliten in eine genaue Lage zu bewegen. Hydrazin ist hochgiftig und kann über die Haut aufgenommen werden. Beim Betanken von Satelliten gelten daher hohe Sicherheitsanforderungen.

38 a Triebwerk 0,5 N
Masse 0,3 kg
Länge 11 cm
Schubkraft 0,2–0,75 N
kürzeste Impulsdauer 50 ms
gesamte Brennzeit 120 h
Verwendung Aeros, Intelsat III, TD1-A, OTS, Marots
Inv.-Nr. 1984-200T1

38 b Triebwerk 2 N
Masse 0,2 kg
Länge 12,3 cm
Schubkraft 0,6–2 N
kürzeste Impulsdauer 50 ms
gesamte Brennzeit 23 h
Verwendung Aeros, Intelsat III, TD1-A, OTS, Marots
Inv.-Nr. 1984-200T2

39 Hybridrakete Barbarella

Technische Universität München, 1974

Beim Experimentalflugkörper Barbarella kombinierte man einen flüssigen Oxidator mit einem festen Treibstoff. Diese Kombination heißt lithergol oder auch Hybridsystem. Unter hohem Druck stehender Stickstoff presste den Oxidator in den Brennraum mit dem festen Treibstoff. Dabei entzündete er sich selbst, eine Zündvorrichtung war nicht notwendig. Die Barbarella war eine Entwicklung der TU München und der Wissenschaftlichen Arbeitsgemeinschaft für Raketentechnik und Raumfahrttechnik (WARR). Am 12. März 1974 fand an der Ostsee ein erfolgreicher Flug der Barbarella statt.

Leermasse 6,5 kg
Startmasse 10,1 kg
Länge 1,0 m
Schubkraft 380 N
Oxidator Salpetersäure
Treibstoff Amine
Inv.-Nr. 1984-81

40 Ionentriebwerk RIT-10

Messerschmitt-Bölkow-Blohm GmbH (MBB), Ottobrunn, 1977

Das Ionentriebwerk RIT-10 (RIT = Radiofrequenz-Ionen-Triebwerk) war der erste elektrische Antrieb für Satelliten in Europa. Zum ersten Mal wurde es 1992 auf dem wiederverwendbaren Satelliten EURECA erfolgreich im Weltraum eingesetzt. Eine Hochspannung beschleunigte die mit Radiowellen erzeugten Quecksilber-Ionen. Diese verließen mit hoher Geschwindigkeit das Triebwerk und erzeugten so einen Rückstoß. Damit sich das Triebwerk nicht elektrisch auflud, neutralisierten Elektronen den Abgasstrahl. Später wurde das Quecksilber durch Xenon-Gas ersetzt.

Masse 1,2 kg
Schubkraft 10 mN
Beschleunigungsspannung 1500 V
Treibstoff Quecksilber
Ionengeschwindigkeit 38 400 m/s
Verbrauch 0,33 mg/s
elektrische Leistung 275 W
Inv.-Nr. 1983-516

Satelliten und Raumsonden

Satelliten sind künstliche Flugkörper, die unsere Erde umrunden. Sie unterstützen Meteorologen bei der Wettervorhersage, übermitteln Telefongespräche, Fernsehbilder und Daten und stellen Signale zur Navigation bereit. Raumsonden verlassen den Anziehungsbereich der Erde und erkunden andere Planeten und die Sonne. Die 1974 gestarteten Voyager-Sonden haben mittlerweile sogar unser Sonnensystem verlassen, senden aber noch immer ihre Daten zur Erde.

Der LDEF (Long Duration Exposure Facility)-Satellit
wird vom Space Shuttle Challenger ausgesetzt, 7.4.1984.
Kat.-Nr. 115, S. 225.

München, Dienstag, 8. Oktober 1957 — Nummer 241 M

Die Politik bemächtigt sich des Satelliten

Westliche Zeitungen entdecken die militärische Bedeutung des sowjetischen Erdtrabanten / Verhärtung der politischen Gegensätze als Folge des Moskauer Prestigegewinns befürchtet

(SZ) Das große Weltereignis, der Abschuß des ersten sowjetischen Erdsatelliten, hat in den westlichen Ländern einen nachhaltigen Eindruck hinterlassen. Die neuerwachten Fortschrittshoffnungen werden aber fast völlig zurückgedrängt von der Furcht vor einer Verschärfung der militärischen und politischen Situation angesichts dieses großen Erfolges der Sowjetunion. In den Pressekommentaren wird überdies die Erwartung ausgesprochen, daß die USA gemeinsam mit Großbritannien alles daransetzen, um den Vorsprung der Sowjets aufzuholen.

Von unserem Korrespondenten Curt Geyer

London, 7. Oktober

Das Erscheinen des russischen Erdsatelliten hat eine doppelte Wirkung in England gehabt. Auf der einen Seite hat es alle Anhänger der Idee künftiger Raumschiffahrten in Ekstase versetzt und die Phantasie der breiten Masse auf das stärkste angefeuert. Auf der anderen Seite hat es politisch-militärische Befürchtungen und das Gefühl eines gewaltigen Prestigeverlustes hervorgerufen. Ein Blick in die englischen Zeitungen zeigt, daß beide Wirkungen nahezu bis zur Hysterie gesteigert sind. Mit dem ersten Gefühl verbunden ist die Erwägung, die in dem Leitartikel der *Daily Mail* enthalten ist, daß nämlich die internationalen Streitigkeiten anfangen, kleinlich zu erscheinen und daß die Welt eins ist. Andererseits meint das Blatt, daß der Wettlauf um die Rakete nun erst recht aufgenommen werden müsse. Die *Times* drückt es so aus: Bewunderung und Dankbarkeit für den technisch-wissenschaftlichen Fortschritt, aber auch Furcht.

Es gibt nur wenige, die von dem Gefühl eines großen technischen Abenteuers nicht erfaßt sind. Zu den wenigen gehört der Oxforder Historiker Taylor, der in einer Fernsehdiskussion fragte: „Was wollen wir im Raum? Wir wissen, was er ist und daß er leer ist. Was wollen wir auf dem Mond, von dem wir wissen, daß er eine Wüste ist. Wozu die Absicht, den Raum unter Kontrolle zu nehmen, wozu die Beherrschungsabsicht?" Wozu der unabhängige Politiker Brown trocken bemerkte: „Darf ich dazu sagen, daß jemand anderer bereits die Kontrolle über den Raum ausübt", womit er selbstverständlich nicht eine irdische Großmacht meinte. Die vorhandene Erregung wird jedenfalls durch die Zeitungen gesteigert. Im *Daily Express* steht über der zweiten Seite in Telegrammstreifenschrift mehrfach wiederholt: „Das Raumzeitalter ist da, das Raumzeitalter ist da ..." Der *Daily Herald* veranstaltet ein Preisausschreiben um den besten Namen für den Satelliten.

Das Gefühl eines Prestigeverlustes verbunden mit Furcht tritt aber stärker in den Vordergrund. Es wird genährt durch die Überlegung, daß die vorhergehenden russischen Ankündigungen über den Besitz der interkontinentalen Rakete ernst genommen werden müssen und daß Rußland im Wettlauf um das Beförderungsmittel für die Wasserstoffbombe einen erheblichen Vorsprung errungen oder, wie die englische Presse sagt, das Rennen gewonnen hat. Der *Daily Herald* schreibt: „Die Staatsmänner und Militärs des Westens sind in Verwirrung

(Fortsetzung auf Seite 2, Spalte 3)

SPUTNIK, der sowjetische Satellit, der seit Freitagabend um die Erde kreist, ist das Tagesgespräch auf der ganzen Welt. Die Funksignale des roten Mondes werden gut gehört; über die optische Beobachtung liegen indes keine zuverlässigen Angaben vor. In vielen Ländern versuchen Amateur-Astronomen, mit Gläsern und Fernrohren bewaffnet, den Erdsatelliten zu entdecken. (Siehe „Streiflicht".) Photo: dpa

1 Süddeutsche Zeitung vom 8. Oktober 1957

Mit dem Sputnik fing es an

Mit dem Start des russischen Satelliten Sputnik 1 am 4. Oktober 1957 begann das Raumfahrtzeitalter. Dieser erste Satellit war eine sehr einfache, kleine Metallkugel mit einer Hülle aus einer 2 mm dicken Aluminiumlegierung, einem Sender und vier langen Antennen. Anhand seiner Funksignale aus der Erdumlaufbahn demonstrierte die Sowjetunion im Oktober 1957 der Welt ihre technische Überlegenheit in der Raumfahrttechnik. Der Sender konnte abwechselnd mit einer Frequenz von 20 MHz und 40 MHz senden und hatte eine Leistung von 1 W.

Die Frequenzen waren so ausgelegt, dass sie auch von Funkamateuren leicht empfangen werden konnten und wurden. Damit war der Beweis erbracht, dass Funkwellen aus dem Weltraum die Erdatmosphäre durchdringen können. Die Bahn des Sputnik 1 war elliptisch, mit einer maximalen Bahnhöhe von 939 km und einem Minimum bei 215 km. Die Bahnhöhe nahm nach dem Start relativ schnell ab und Sputnik 1 verglühte nach 92 Tagen am 4. Januar 1958 in der Erdatmosphäre. Es gibt viele Zeitungsfotos, die Menschen beim Beobachten mit dem Fernrohr zeigen (Abb. 1). Sie sahen in der Regel aber nicht den Sputnik 1, sondern die zugehörige russische Trägerrakete, die auch in den Erdorbit gelangt war.

Die Öffentlichkeit war überrascht über den russischen Erfolg, ein Schock war es aber für die amerikanischen Spezialisten. Sie konnten aus den Beobachtungen Rückschlüsse auf die Trägerrakete ziehen und mussten sich eingestehen, dass die UdSSR in der Lage war, mit diesen Raketen auch Atombomben über kontinentale Distanzen zu befördern.

Die USA ziehen aber schnell nach. Die von Wernher von Braun entwickelte militärische Mittelstreckenrakete Redstone wird mit zwei weiteren Raketenstufen versehen und bringt am 1. Februar 1958 den ersten amerikanischen Satelliten Explorer 1 ins All.

Weltraumforschung mit Satelliten in Deutschland und Europa

Mit der Aufhebung des Besatzungsstatuts der Alliierten 1955 konnte sich Deutschland wieder offiziell Raumfahrtvorhaben zuwenden. Aber die meisten Fachkräfte waren im Ausland und das Ansehen der Raketentechnologie hatte durch das V2-Raketenprojekt stark gelitten. Man stand vor einem Neuanfang. Die Amerikaner boten den westeuropäischen Staaten großzügige Hilfe beim Start eigener Satelliten mit US-Trägerraketen an. Dabei stellten sie aber auch Bedingungen und untersagten kommerzielle Aktivitäten. Den Europäern wurde schnell klar, dass sie eine eigene Trägerrakete entwickeln mussten, um hier unabhängig agieren zu können. Daher wurde 1962 die ELDO (European Launcher Development Organisation) gegründet (Abb. 2). Ihr Ziel war der Bau der Trägerrakete Europa.

Auf der Forschungsseite beanspruchte die DVL (Deutsche Versuchsanstalt für Luftfahrt) die umfassende Vertretung des Gebiets der Flugwissenschaften und suchte schon 1958 nach Möglichkeiten, ihr Arbeitsgebiet auf die Raumfahrt auszuweiten. Man beschloss ein Jahr später, mithilfe des Verteidigungsministeriums ein Institut für Raumfahrtforschung zu gründen.

Parallel zur ELDO bündelte die Forschungs-Community ihre Kräfte und gründete 1962 die ESRO (European Space Research Organisation, Abb. 2). Ihr Ziel war die Entwicklung wissenschaftlicher Satelliten, die zunächst mit amerikanischer Hilfe in den Weltraum gebracht werden sollten. Auch die DDR beteiligte sich an der Weltraumforschung. Unter Federführung der UdSSR konnte sich die DDR im Rahmen der Interkosmos-Kooperation zusammen mit anderen osteuropäischen Staaten an Weltraummissionen beteiligen. Koordiniert wurde die Weltraumforschung in der DDR vom Institut für Kosmosforschung in Berlin.

Die heutigen Nachfolgeorganisationen sind die ESA (Europäische Weltraumorganisation) auf europäischer Ebene und das DLR (Deutsches Zentrum für Luft- und Raumfahrt e.V.) in Deutschland. Das ehemalige Institut für Kosmosforschung ging 1992 in dem neu gegründeten Institut für Weltraumsensorik und Planetenerkundung des DLR auf.

Auf der industriellen Seite war es Ludwig Bölkow (1912–2003), der im Verbund mit der DVL und anderen wissenschaftlichen Institutionen die Initiative ergriff, ein deutsches Satellitenprogramm auf die Beine zu stellen. Es sollte sich von den Vorstellungen der USA abheben, trotzdem aber einen allgemeinen wissenschaftlichen Beitrag liefern. Man war der Meinung, mit der Entwicklung und dem Bau eines Forschungssatelliten einen wichtigen deutschen Beitrag zur Weltraumforschung liefern zu können. Die dabei erworbenen Erfahrungen und Technologien sollten der gesamten deutschen Wirtschaft zugute kommen. 1962 gab der Deutsche Bundestag erstmals Gelder für die Weltraumfahrt frei. Am Standort der Bölkow-Entwicklungen KG in Ottobrunn bei München entstand das Satellitenprojekt 625 A-1, das später den Namen »Azur« bekam.

Auch die zur Messerschmitt AG gehörenden Junkers Flugzeug- und Motorenwerke spezialisierten sich Anfang der 1960er-Jahre auf Raumfahrttechnik. Sie bekamen den Auftrag für den Bau des ersten europäischen Forschungssatelliten HEOS. 1969 entstand durch Fusion der Bölkow GmbH, der Messerschmitt AG und dem Blohm & Voss-Unternehmen Hamburger Flugzeugbau GmbH der Luftfahrt- und Rüstungskonzern Messerschmitt-Bölkow-Blohm, kurz MBB. Er prägte jahrelang die Raumfahrtindustrie in Deutschland. MBB war nicht nur auf dem Gebiet des Satellitenbaus tätig, sondern auch auf dem Gebiet der Flüssigkeitsraketenantriebe.

In der Öffentlichkeit präsentierte sich die junge Raumfahrtindustrie erstmals auf der Internationalen Verkehrsausstellung 1965 in München. Viele Teile dieser Ausstellung übernahm das Deutsche Museum für seine neue Raumfahrtsammlung.

2 Logos von ELDO und ESRO in Englisch und Französisch.

Am 8. November 1969 startete mit einer US-Trägerrakete der erste deutsche Forschungssatellit Azur in den Weltraum. Zwei Großkonzerne beherrschen 2022 die Raumfahrtindustrie in Deutschland: die Airbus Defence and Space und das in Bremen angesiedelte Unternehmen OHB.

Frühe deutsche und europäische Satellitenprojekte

Satellit/Sonde	Start	Typ	Aufgabe
HEOS-1	5.12.1968	Erster europäischer Forschungssatellit	Erforschung Sonnenwind, Erdmagnetfeld
Azur	8.11.1969	Erster deutscher Forschungssatellit	Erforschung Strahlungsgürtel
Dial	10.3.1970	Deutsch-Französiches Projekt	Erforschung Hochatmosphäre
Aeros A und B	16.12.1972 16.7.1974	Deutscher Forschungssatellit	Erforschung Hochatmosphäre
Helios A und B	10.12.1974 15.1.1976	Raumsonden, Deutsch-Amerikanisches Projekt	Erforschung der Sonnenumgebung
Symphonie A und B	19.12.1974 27.8.1975	Erster europäischer geostationärer Nachrichtensatellit	TV-Bildungsprogramme, Tests
Meteosat 1	23.11.1977	Erster europäischer geostationärer Wettersatellit	Kontinuierliche Wetterbilder von Europa und Afrika

Satellitenbahnen

Je nach Einsatzzweck nehmen Satelliten ganz verschiedene Umlaufbahnen ein. Die meisten von ihnen bewegen sich auf kreisförmigen Bahnen um die Erde, da viele Aufgaben einen konstanten Abstand von der Erdoberfläche erfordern. In kreisförmigen Bahnen kompensiert die Zentrifugalkraft gerade die Schwerkraft, die weit in den Weltraum hinaus wirkt. Deshalb fallen Satelliten nicht herunter, sie befinden sich im freien Fall um die Erde und bewegen sich auf einer Bahnebene im Raum.
Die Bahnen lassen sich grundsätzlich durch ihre Bahnhöhe und den Winkel der Flugbahn zum Erdäquator (Bahnneigung, Inklination) charakterisieren. Je größer der Abstand von der Erde, umso größer ist die Umlaufzeit. Die Umlaufzeit der in 400 km Höhe fliegenden Internationalen Raumstation (ISS) beträgt beispielsweise 90 Minuten (Abb. 3).
Die Bewegungen von Satelliten, aber auch Planeten, werden durch die sogenannten Kepler'schen Gesetze beschrieben. Da die Erde keine perfekte Kugel ist, sondern näherungsweise ein Rotationsellipsoid, wirken Störkräfte auf die Satellitenbahnen. Je niedriger die Bahnhöhe ist, umso stärker bremst die Erdatmosphäre die Satelliten ab. Obwohl die ISS in 400 km Höhe fliegt, muss ihre Bahn immer wieder mit Raketentriebwerken angehoben werden (Abb. 1).

In 36 000 km Höhe beträgt die Umlaufzeit gerade 24 Stunden. Positioniert man einen Satelliten in dieser Höhe mit einer Bahnneigung von Null, so steht der Satellit scheinbar bewegungslos über einem Punkt der Erde. Daher bezeichnet man diese speziellen Umlaufbahnen als geostationär. Alle TV- und Nachrichtensatelliten befinden sich auf dieser Bahn, aber auch spezielle Wettersatelliten, wie der europäische Meteosat. Sie garantieren eine zeitlich kontinuierliche Beobachtung der jeweiligen Hemisphäre. Die Störungen aufgrund der Abweichung der Erde von der Kugel bewirken aber, dass die Satelliten langsam in Richtung Osten driften. Daher müssen in Zeitabständen von wenigen Monaten kleine Raketentriebwerke die Bahn wieder korrigieren. Die Lebensdauer der geostationären Satelliten ist meist durch die Menge des an Bord befindlichen Raketentreibstoffs begrenzt.

Auf den erdnahen Bahnen zwischen ca. 400 bis 900 km mit Umlaufzeiten von ca. 90 bis 110 Minuten umkreisen Satelliten 13 bis 15 Mal am Tag die Erde. Ist die Bahnneigung nahe bei 90 Grad, führen die Bahnen über Nord- und Südpol. Dabei dreht sich die Erde quasi unter der Satellitenbahn weiter. Diese sogenannten polar umlaufenden Satelliten überfliegen an einem Tag die gesamte Erdoberfläche. Ein wichtiger Sonderfall ist dabei der sonnensynchrone Orbit. Durch eine geeignete Auswahl von Bahnneigung (Inklination) und Bahnhöhe erreicht man, dass die Bahnstörung gerade zu einer Drehung der Satellitenbahn von 1 Grad pro Tag führt bzw. einer vollen Umdrehung pro Jahr.

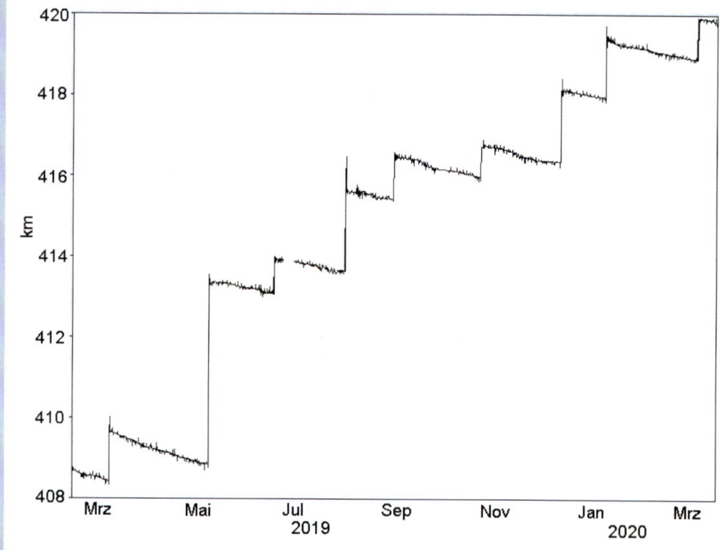

1 Sukzessive Erhöhung der Bahnhöhe der ISS mithilfe von Raketentriebwerken im Jahr 2019/2020.

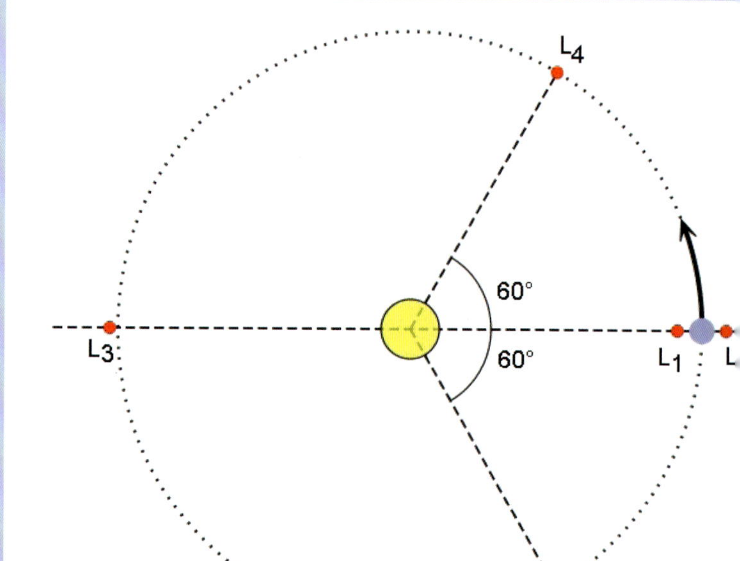

2 Lagrange-Punkte im System Erde–Mond oder Sonne–Erde.

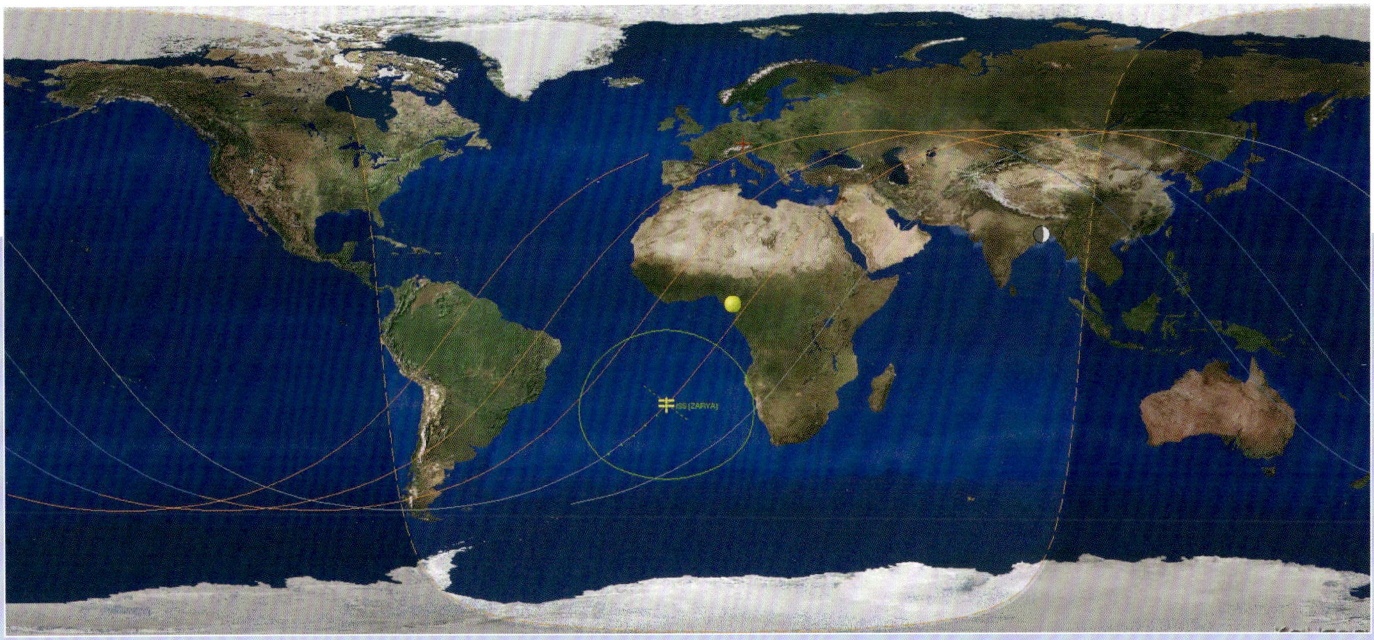

3 Bahnspur der Internationalen Raumstation ISS (März 2020).

Dadurch bleibt die Orientierung der Bahn gegenüber der Sonne gleich, und es wird erreicht, dass ein Ort auf der Erdoberfläche täglich zur gleichen Ortszeit überflogen wird. Damit ergeben sich für Satelliten mit optischen Sensoren auch immer gleiche Beleuchtungsverhältnisse.

Bei Mehrkörpersystemen, wie Erde–Sonne oder Erde–Mond, gibt es besondere Punkte im Raum, auf denen sich die Schwerkrafteinflüsse auf einen Satelliten oder eine Raumsonde aufheben. Bei einem großen und einem kleinen Himmelskörper kann man berechnen, dass es fünf solcher Punkte gibt, die Lagrange- oder Librations-Punkte genannt werden (Abb. 2). Anschaulich liegt einer dieser Punkte (L1) beim System Erde–Mond genau auf einer Linie zwischen den beiden Himmelskörpern, an denen die Schwerkraft von Erde und Mond gleich groß ist.

Beim System Sonne–Erde liegt der L1-Punkt in 1,5 Mio. km Entfernung von der Erde. Dort ist seit 1995 die Raumsonde SOHO positioniert, die immer noch regelmäßig Daten von der Sonne liefert. Das geplante Lunar-Gateway soll in eine Bahn um den Lagrange-Punkt L2 des Erde–Mond-Systems gebracht werden. Der Lagrange-Punkt L3 im Sonne–Erde-System tauchte sogar in Form der »Gegenerde« in der Literatur auf. Dahinter steckt die Vorstellung, dass es einen Planeten geben könne, der dieselbe Umlaufbahn um die Sonne wie die Erde hat, sich jedoch auf der gegenüberliegenden Seite der Erde befindet. Heute wissen wir natürlich, dass diese Vorstellung falsch ist.

An den Lagrange-Punkten L4 und L5 der Systeme Sonne–Planet können sich Kleinkörper und Asteroiden befinden. Zuerst hat man solche Körper am Jupiter entdeckt. Die Astronomen nennen sie Trojaner.

Übersicht über Satellitenbahnen (Orbits)

Bahn	Anwendung	Bahnhöhe (km)	Beispiele
LEO (Low Earth Orbit) Niedriger Erdorbit	Erdbeobachtung Wetter Astronomie	300–1500	MetOP NOAA ROSAT
MEO (Medium Earth Orbit) Mittlerer Erdorbit	Kommunikation Navigation	einige 1000	GLOBALSTAR Galileo GLONASS
GEO (Geostationary Orbit) Geostationäre Bahn	Kommunikation TV Wetter	35 786	EUTELSAT ASTRA Meteosat
Lagrange-Punkte	Astronomie Astrophysik	> 1 Mio.	SOHO
Interplanetare Bahn	Planeten- erkundung	> 100 Mio.	Voyager Mars-Express ROSETTA

Forschungssatelliten

Die Amerikaner hatten im Februar 1958 ihren ersten Satelliten Explorer 1 erfolgreich gestartet. Er lieferte erste Beweise für kosmische Teilchen, die durch das Magnetfeld der Erde im sogenannten Van-Allen-Strahlungsgürtel eingefangen werden. Es folgten riesige Satelliten wie das Hubble-Weltraumteleskop für die astronomische Forschung. In Deutschland waren die Forschungsprojekte Azur, Aeros und Helios Vorreiter einer Serie von Programmen, die heute wichtige Bestandteile der Weltraumforschung sind. Seit Anfang der 2000er-Jahre gibt es winzige Picosatelliten, die ungefähr so groß und schwer wie eine Packung Milch sind. Diese »Zwerge« unter den Forschungssatelliten sind gegenüber herkömmlichen Satelliten einfacher herzustellen und verursachen geringere Transportkosten.

41 Sputnik 1

Nachbau, Akademie der Wissenschaften der UdSSR, Moskau, 1990

Der Sputnik 1 war der erste künstliche Erdsatellit. Mit ihm begann am 4. Oktober 1957 das Zeitalter der Raumfahrt. Da man noch keine Erfahrungen hatte, wählte man die einfachste geometrische Form für den Satelliten: eine Kugel. Das Innere des kugelförmigen Sputniks war mit Stickstoffgas gefüllt, um die Temperatur gleichmäßig zwischen 20 und 30 °C zu halten. Der Sputnik hatte eine Masse von 83 kg, davon entfielen allerdings ca. 50 kg auf die Silber-Zink-Batterien, die für eine Betriebsdauer von zwei Wochen ausgelegt waren. Vier Antennenstäbe übertrugen die Messwerte aus dem Inneren zur Erde.

Masse 63,8 kg
Durchmesser 0,58 m
Sendeleistung 1 W
Bahndaten 230 × 950 km
Inv.-Nr. 1990-601

42 Explorer 1

Nachbau, Deutsches Museum, München, 1969

Der erste amerikanische Satellit Explorer 1 startete am 1. Februar 1958. Mit den eingebauten Messgeräten entdeckte der Physiker James van Allen (1914–2006) den später nach ihm benannten inneren Strahlungsgürtel der Erde in 1000 bis 4000 km Höhe. Der Satellit wurde entwickelt und gebaut vom Jet Propulsion Laboratory in Kalifornien. Die eingebauten Batterien reichten für eine viermonatige Datenübertragung. Die Elektronik bestand aus Germanium- und Silizium-Transistoren und war robust und einfach aufgebaut. Explorer 1 umkreiste aufgrund seiner großen Bahnhöhe bis zum 31. März 1970 die Erde, dann verglühte er in der Atmosphäre.

Masse 13,9 kg
Länge 2,03 m
Durchmesser 0,15 m
Sendeleistung 0,06 W
Frequenz 108 MHz
Bahndaten 350 × 2500 km
Inv.-Nr. 77967

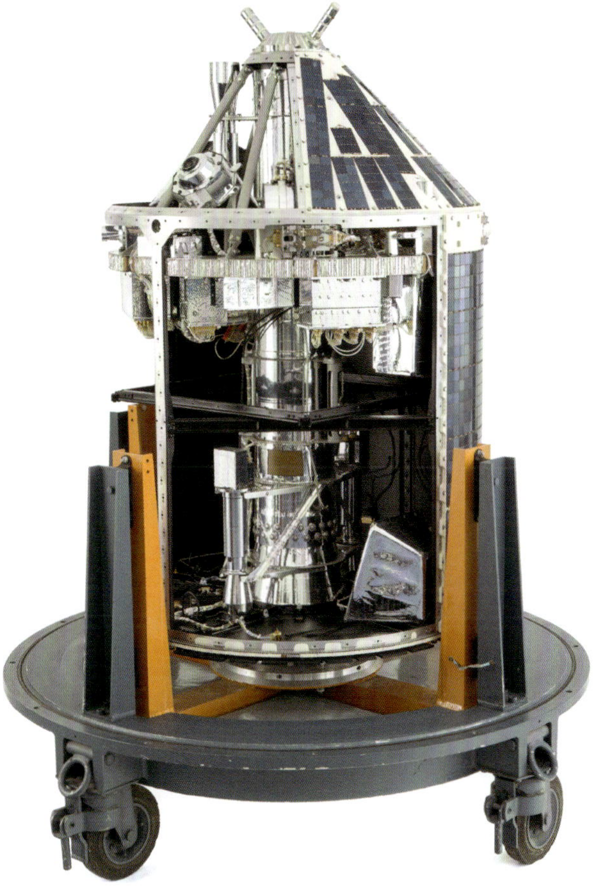

43 Forschungssatellit HEOS-1

Strukturmodell, Junkers Flugzeug- und Motoren GmbH, München, 1968

HEOS-1 war ein europäischer Forschungssatellit für Messungen in der äußeren Magnetosphäre der Erde (Höhe bis 200 000 km). Die europäische Weltraumorganisation ESRO (Vorläufer der ESA) beauftragte die Münchner Firma Junkers mit dem Bau von HEOS-1. Die wissenschaftlichen Aufgaben waren die Messung der Magnetfelder und der kosmischen Strahlung im interplanetaren Raum zur Zeit maximaler Sonnenfleckenaktivitäten. Dafür war eine hochelliptische Bahn erforderlich, deren erdfernster Punkt bei über 200 000 km lag. Vier Jahre später startete HEOS-2. Zu diesem Zeitpunkt hatte die Sonnenaktivität wieder abgenommen.

Masse 105 kg
Bahndaten 6804 × 223 428 km
Umlaufzeit 5 Tage
Lageregelung Spinstabilisierung 10 U/min
Start 5. Dezember 1968
Inv.-Nr. 77811

44 Forschungssatellit Azur

ERNO Raumfahrttechnik GmbH, Bremen, 1967–1969

Azur war der erste deutsche Forschungssatellit. Eine Trägerrakete der NASA brachte ihn am 8. November 1969 auf eine Erdumlaufbahn. 233 Tage lang erfüllte er seine technisch-wissenschaftlichen Aufgaben einwandfrei. Das Azur-Projekt war das erste eigenständige Raumfahrtprojekt der Bundesrepublik. Die Ziele des Projektes waren die wissenschaftliche Erforschung der kosmischen Strahlung und ihres Einflusses auf die Erdatmosphäre und der Erwerb von technologischem und organisatorischem Knowhow zur Durchführung anspruchsvoller Raumfahrtunternehmen. Das ausgestellte Gerät ist ein Prototyp, mit dem die Strukturfestigkeit untersucht wurde. Azur hatte noch keine aktive Lageregelung. Ein eingebauter Stabmagnet richtete den Satelliten immer parallel zum Erdmagnetfeld aus.

Masse 72,6 kg
elektr. Leistung (Solarzellen) 39 W
Bahndaten 383 × 3145 km
Umlaufzeit 123 min
Inv.-Nr. 78700

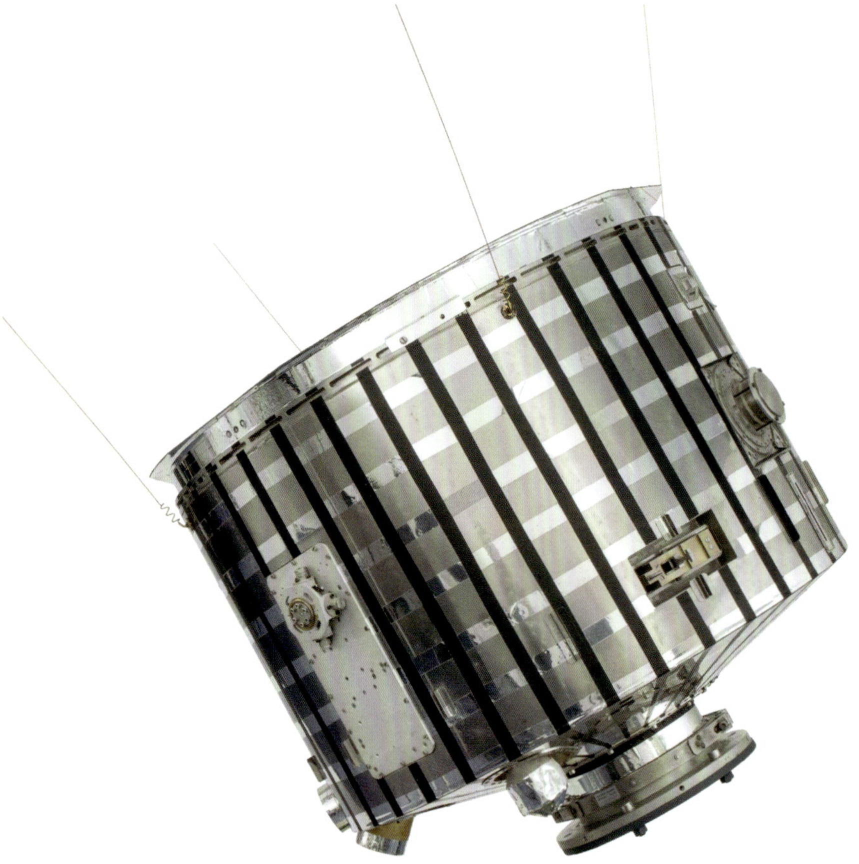

45 Forschungssatellit Aeros

Dornier-System GmbH, Friedrichshafen, 1972

Aeros war der dritte deutsche Forschungssatellit und diente der Erforschung der oberen Erdatmosphäre. An dem Projekt waren auch amerikanische Wissenschaftler aus Forschungszentren der NASA beteiligt. Wesentliches Ziel war, die Raumfahrttechnik in der Bundesrepublik in allen Aspekten voranzutreiben. Die Raumfahrtindustrie sollte in die Lage versetzt werden, an nationalen und internationalen Großprojekten erfolgreich mitzuwirken. Nach dreijähriger Entwicklungszeit wurde Aeros 1972 von einer Trägerrakete der NASA auf eine polare Umlaufbahn um die Erde gebracht. Alle Messgeräte funktionierten einwandfrei.

Zwei Aeros-Satelliten (A und B) kamen erfolgreich in den Weltraum. Aus dem Aeronomie-Forschungsprogramm gewann man viele neue Erkenntnisse, z. B. über die Funkausbreitung in der Ionosphäre oder die Ozonschicht.

Masse 127 kg
Höhe 73,8 cm
Durchmesser 91,4 cm
Lageregelung Spinstabilisierung
Bahndaten 218 × 865 km
Umlaufzeit 96,9 min
Inv.-Nrn. 1977-1330

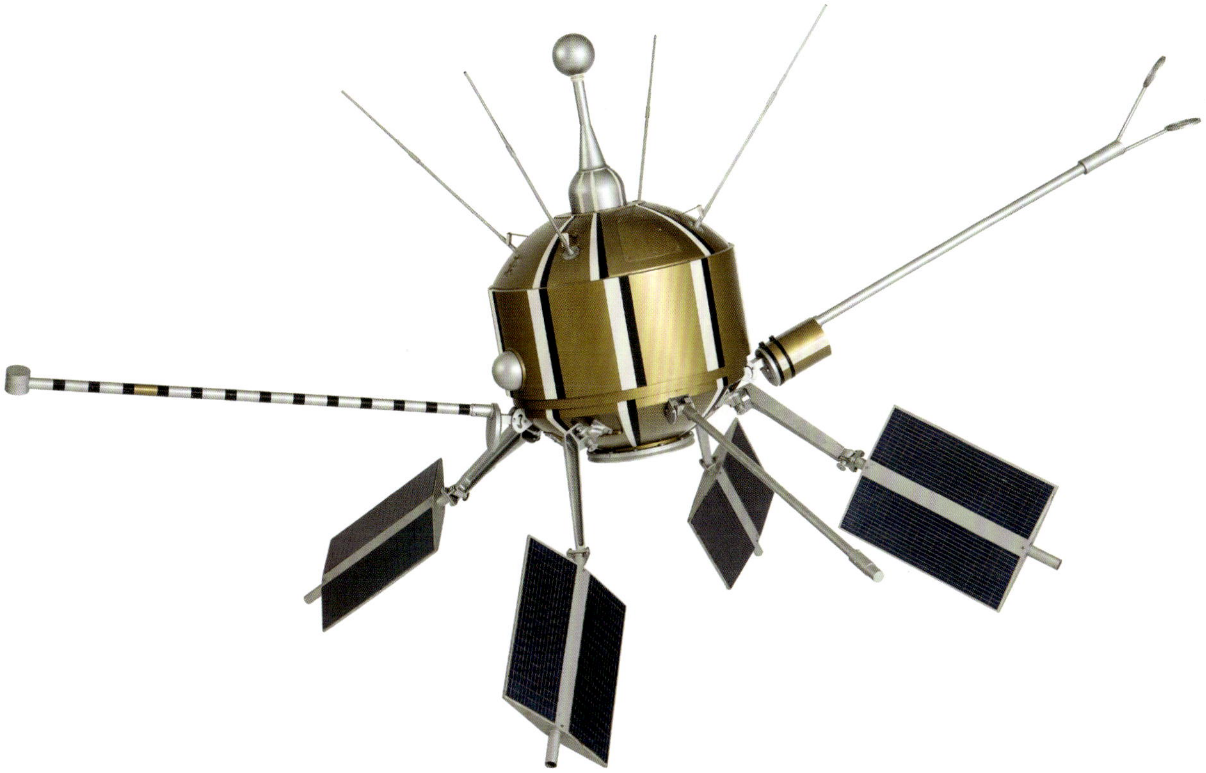

46 Forschungssatellit Ariel 1

Nachbau, USIS (United States Information Service), USA, um 1968

Ariel 1 war der erste in britisch-amerikanischer Zusammenarbeit entwickelte Forschungssatellit. Weil die USA Anfang der 1960er-Jahre als einziges Land der westlichen Welt über Trägerraketen verfügten, waren andere Staaten auf die Kooperation mit der NASA angewiesen. Großbritannien nahm als erstes Land ein Satellitenprojekt in Angriff, unter Mitwirkung britischer Universitäten. Die NASA lieferte die Satellitenstruktur und die Delta-Trägerrakete. Die Experimente dienten überwiegend der Erforschung der Ionosphäre.

Durch einen amerikanischen Atomwaffentest in 400 km Höhe wurde Ariel 1 aber schon im Juli 1962 zerstört.

Masse 61,7 kg
Durchmesser 58,5 cm
Bahndaten 390 × 1214 km
Umlaufzeit 101 min
Start 26. April 1962
Inv.-Nr. 78169

a

b

47 Picosatelliten UWE-1 und UWE-3

Testmodell, Julius-Maximilians-Universität Würzburg, 2005 (UWE-1), 2013 (UWE-3)

UWE-1 ist der erste deutsche Satellit mit einer Masse unter 1 kg und einer Kantenlänge von nur 10 cm. Satelliten dieser Größe bezeichnet man als Picosatelliten. Forscher am Lehrstuhl für Robotik und Telematik der Universität Würzburg entwickelten 2004 den Winzling UWE-1 für Telekommunikationsversuche im Weltraum.

UWE ist nach der sogenannten Cubesat-Norm gebaut. Sie stellt sicher, dass Picosatelliten problemlos in entsprechende Trägerraketen eingebaut werden können. Die Kosten für Entwicklung, Bau und Start des Satelliten sind für Universitäten erschwinglich. Daher spielen Cubesat-Satelliten auch eine große Rolle bei der studentischen Ausbildung. UWE-1 startete am 27. Oktober 2005.

Der Picosatellit UWE-3 ist die dritte Generation einer Serie von Kleinstsatelliten der Universität Würzburg. Studenten verbesserten das Lageregelungssystem. UWE-3 startete am 21. November 2013.

47 a UWE-1
Masse 0,385 kg
Maße 105 × 105 × 115 mm
Solarzellen GaAs
Stromverbrauch 0,3 W
Bahndaten 683 × 708 km
Start 2005
Inv.-Nr. L2012-4T1

47 b UWE-3
Masse 0,465 kg
Maße 115 × 110 × 110 mm
Lageregelung Miniatur-Schwungrad
Bahndaten 590 × 690 km
Start 2013
Inv.-Nr. L2012-4T2

Wärmerohrexperiment,
Kat.-Nr. 74, S. 186.

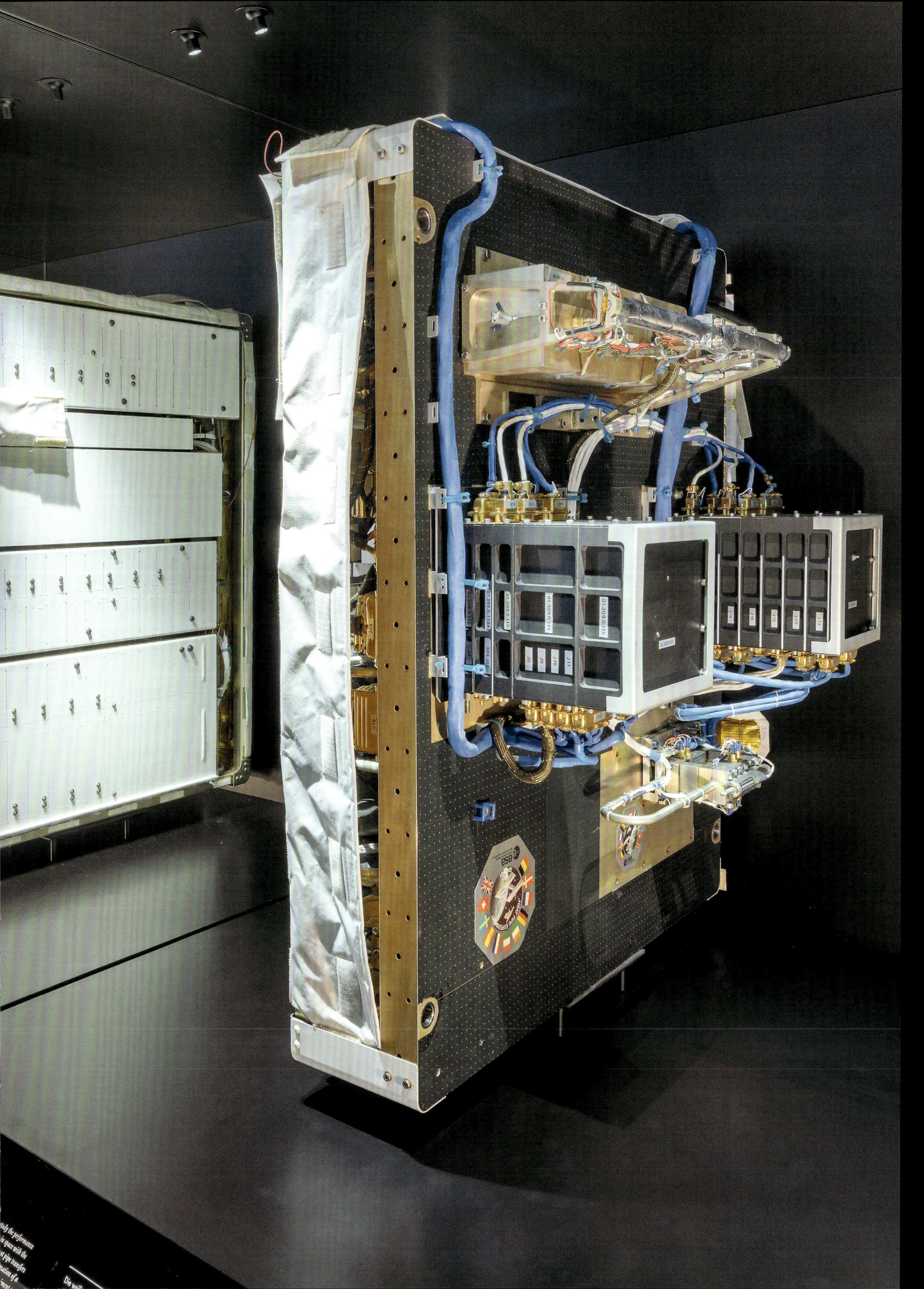

Digitale Empfangsstation für Wettersatelliten

Demonstration, Deutsches Museum, München, 2022

Technische Daten

Antenne Parabolantenne, 120 cm
Empfänger Ayecka SR-1, DVB-S2-Standard für HDT
max. Datenrate 40 Mbit/s
Empfangsfrequenz 11263 MHz
Rechner Standard PC, Windows 10
Kommunikationssatellit Eutelsat 10B

Die Empfangsstation empfängt digitale Bildsignale der europäischen Wettersatelliten Meteosat und MetOp sowie der amerikanischen NOAA- und GOES-Satelliten und des japanischen Satelliten Himawari.

Für den Betrieb und die Lizensierung ist die EUMETSAT (European Organisation for the Exploitation of Meteorological Satellites) verantwortlich. Sie stellt dem Museum eine kostenfreie Lizenz zur Verfügung. Die Satellitendaten werden von der EUMETSAT in Darmstadt aufbereitet, teilweise verschlüsselt und zur weiteren Verbreitung an den Kommunikationssatelliten Eutelsat 10A (Stand 2022) übertragen.

Über eine fest ausgerichtete Parabolantenne (120 cm) auf dem Museumsdach gelangen die Signale in einen DVB-S2-Empfänger, der über einen Standard-Netzwerkanschluss mit einem PC verbunden ist. Eine spezielle Software macht aus den Datenpaketen darstellbare Bilder. Für den 24-Stunden-Film aktualisiert der Rechner jede Viertelstunde ein Infrarot-Bild des geostationären Satelliten Meteosat.

Elf Meteosat-Satelliten befanden sich 2022 im Weltraum, davon sind drei in Betrieb. Der letzte Satellit dieser Baureihe hat die Bezeichnung MSG-4 (Meteosat-11). Die zukünftigen Meteosat-Satelliten werden eine andere Bauart haben und viel effektiver als ihre Vorgänger sein. MTG-I1 (Meteosat-12) ist schon im Orbit und soll Ende 2023 in Betrieb gehen.

Übersicht der empfangenen Wettersatelliten (Stand 2022)

Wettersatelliten	Satellitenorbit	Bahnhöhe (km)	Umlaufzeit	Lan
Meteosat-9/10/11	Geostationär	36 000	24 Std	Eur
MetOP-B/C	Polar	820	100 min	Eur
NOAA-19	Polar	850	100 min	US
GOES-16/18	Geostationär	36 000	24 Std	US
Fengyun-2C	Geostationär	36 000	24 Std	Chi
Himawari-9	Geostationär	36 000	24 Std	Jap

Der virtuelle Globus

Medienstation, Pufferfish, Großbritannien, 2017

1960 lieferte der Wettersatellit TIROS 1 die ersten unscharfen Schwarz-Weiß-Bilder von der Erdoberfläche. Deutlich erkannte man darauf die riesigen Wolkensysteme und ihre globale Ausdehnung. Auch der Laie konnte deutlich erkennen, dass Wetter und Klimageschehen miteinander in Wechselwirkung stehen und ein globales, nicht ein regionales Phänomen darstellen. Bis heute haben viele Erkenntnisse aus Satellitendaten unser Bild von der Erde verändert. Die Daten aus dem Weltraum helfen Wissenschaftlern, ihre Modelle zu verfeinern, die sie für die Beschreibung der dynamischen Vorgänge in der Atmosphäre verwenden. Der virtuelle Globus stellt einige dieser Phänomene mithilfe eines Kugelprojektors dar.

Er besteht im Kern aus einem hochauflösenden Video-Projektor Barco F90 mit einem 1-Chip-DLP-Laser-Phosphor-Projektor. Eine spezielle Optik projiziert das Bild auf die Innenseite der Kunststoffkugel. Ein handelsüblicher PC mit leistungsstarker Grafikkarte übernimmt Kontrolle und Steuerung. Die Bildvorlage muss in einer speziellen Form vorliegen, damit die Optik die Darstellung verzerrungsfrei auf der Kugel wiedergeben kann (ähnlich einer Mercator-Karten-Projektion).

Den museumspädagogischen Wert der Darstellung auf einer Kugeloberfläche hat auch die NASA erkannt und sie stellt auf einer eigenen Website »Science on the Sphere« entsprechende Datensätze zur Verfügung.

Für die Wiedergabe der aktuellen globalen Wolkensituation werden Aufnahmen der geostationären Wettersatelliten Meteosat, Himawari-9, FengYun-2, GOES-16, GOES-18 aus der Empfangsstation in der Ausstellung stündlich zu einer Weltkarte zusammengesetzt. Diese wird entsprechend für die Kugelprojektion verzerrt und an den Kugelprojektor gesendet. Für die Wiedergabe als Film werden die Infrarot-Satellitenaufnahmen der letzten 48 Stunden verwendet. Zusätzlich werden auf dem Kugelprojektor die unterschiedlichen Planeten unseres Sonnensystems dargestellt.

Technische Daten

Durchmesser 120 cm
Projektor BARCO F90
Auflösung 4K
Daten NASA, ESA, DLR, EUMETSAT
Typ Puffersphere 1200

Aufzug durch die Erdatmosphäre

Medienstation, Idee: Cité de l'espace, Toulouse, Frankreich, 2009
Produzent: Clap35, Paris, Frankreich, 2021

Die Erdatmosphäre trennt uns vom kalten luftleeren Weltraum. Sie hält gefährliche Strahlung von der Sonne und dem interstellarem Raum fern und Sie sorgt dafür, dass die meisten Meteoride und Weltraummüll durch Reibungshitze verglühen.

Sie versorgt uns mit dem lebensnotwendigen Sauerstoff zum Atmen und ist gleichzeitig für unser Klima und das Wettergeschehen verantwortlich. Den unteren Bereich der Atmosphäre bis etwa 25 km Höhe kennen wir sehr genau. Mit unbemannten Stratosphärenballons kann man bis in ca. 40 km Höhe Messungen machen. Besonders interessant für die Klimaforscher ist hierbei die Verteilung und Konzentration von Spurengasen, Aerosolen und deren dynamischen Eigenschaften. Als Grenze zum freien Weltraum hat die Fédération Aéronautique Internationale (FAI) die sogenannte Kármán-Linie bei einer Höhe von 100 km festgelegt. Sie trennt praktisch die Luft- von der Raumfahrt.

Der Besucher kann in einer kleinen simulierten gläsernen Fahrstuhlkabine eine Fahrt durch die Erdatmosphäre erleben bis in das Reich der Satelliten und Sonden. Dabei werden ihm verschiedene physikalische Parameter angezeigt. Wie in einem echten Fahrstuhl kann der Besucher verschiedene »Stockwerke« (Höhen) anwählen.

Blick aus dem virtuellen Fahrstuhl in etwa 2 km Höhe über der Erde. Die prozentuale Zusammensetzung der Luft bleibt bis in große Höhen konstant.

Auf und durch die Wolken schauen

Medienstation, Touch-Screen Anwendung zum Thema Fernerkundung
DLR Deutsches Fernerkundungsdatenzentrum, Weßling, 2022

Sentinel-1 Aufnahme von München, 2015. Das zusammengesetzte Farbbild veranschaulicht zeitliche Abläufe, wie sich beispielsweise die Bodenfeuchtigkeit oder die Struktur der Oberfläche verändert hat. Die Ursachen hierfür sind meist unterschiedliche Wetter- und Vegetationsbedingungen. Seen oder Städte, deren Oberflächenbeschaffenheit sich im Laufe des Jahres unwesentlich geändert hat, erscheinen in diesem Farbbild als schwarze bzw. weiße Gebiete.

Die Medienstation zeigt die große Bandbreite von Aufnahmen der Erdoberfläche, die mit Radartechnik von Satelliten aus gemacht wurden. Radarstrahlen werden vom Satelliten ausgesendet, können Wolken durchdringen und werden von der Erdoberfläche reflektiert.

Was einfach klingt, ist ein sehr komplizierter Messprozess. Da im Satelliten keine große Radarantenne zur Verfügung steht, wird durch die schnelle Vorwärtsbewegung während des Aussendens der Radarsignale ein großer Antennendurchmesser simuliert. Daher heißt dieses Verfahren SAR: Synthetic Aperture Radar.

Die Verwendung verschiedener Frequenzen und die Auswertung der Phasenlage der reflektierten Signale erlauben vielfältige Interpretationen und Messmöglichkeiten.

Die hier verwendeten Daten stammen vom deutschen Projekt TanDEM-X, bei dem zwei Satelliten in nur 200 m Abstand in 515 km Höhe die Erde umkreisen. Ziel ist, ein hochgenaues, dreidimensionales Abbild unserer Erde in einheitlicher Qualität und bislang unerreichter Genauigkeit (1 m) zu erzeugen. Weitere Daten stammen von dem europäischen Sentinel-1 Satelliten.

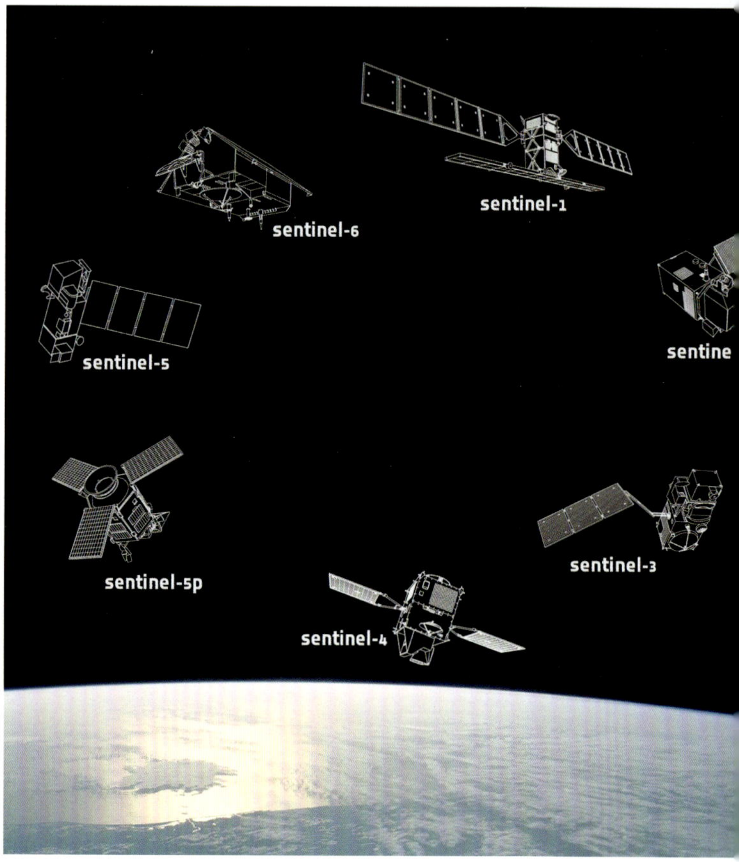

3 Die verschiedenen Sentinel-Satelliten des Copernicus-Programms.

Fernerkundung der Erde – Klimaforschung und Umweltüberwachung

Ende der 1960er-Jahre haben erstmals amerikanische Astronauten mit ihren eigenen Augen unsere Erde als kleinen blauen Planeten gesehen und fotografiert. Die Fotos machten die Verletzlichkeit der Erde deutlich und trugen maßgeblich zur Entwicklung unseres modernen Umweltbewusstseins bei. Heute liefern Satelliten in Echtzeit unzählige globale Informationen, um die großen Ökosysteme und das Klima zu verstehen. Sie sind die Basis der Umweltforschung weltweit. Für den Umgang mit wichtigen Ressourcen, wie Wasser und Lebensmittel, und auch für die Analyse von Katastrophen sind Satelliten als Augen im Weltraum unverzichtbar geworden.

Je nach Einsatzzweck werden unterschiedliche Techniken und auch unterschiedliche Satellitenbahnen gewählt: Um z. B. durch Wolken auf die Erdoberfläche schauen zu können, schickt man Radarsatelliten auf eine niedrige Erdumlaufbahn. Sie können sogar exakte, dynamische Vorgänge wie Meereswellen und Windrichtungen messen. Dagegen sind geostationäre Wettersatelliten 36 000 km von der Erde entfernt, um permanent die Erdoberfläche mit all ihren Wetterereignissen zu beobachten.

Das 1998 von der Europäischen Union und der ESA gegründete Erdbeobachtungsprogramm Copernicus hat mit den Sentinel-Satelliten eine leistungsfähige Infrastruktur für Erdbeobachtung geschaffen. Vorläufer dieses weltweit größten Erdbeobachtungsprogramms waren die europäischen Satelliten ERS-1, ERS-2 und Envisat.

Die Sentinel-Satelliten des Copernicus-Programms sind unterschiedlicher Bauart, decken den gesamten spektralen Bereich der Erdbeobachtung ab und senden aktuelle Informationen für umwelt- und sicherheitsrelevante Fragestellungen (Abb. 3). Copernicus ist der wichtigste europäische Beitrag zum globalen Überwachungssystem für Erdbeobachtung, liefert aber auch Daten an die Europäische Grenzschutzagentur Frontex, die Europäische Agentur für die Sicherheit des Seeverkehrs und das Satellitenzentrum der Europäischen Union.

Die Sentinel-Satelliten des Copernicus-Programms

Bezeichnung	Aufgabe	Start
Sentinel 1 (2 Satelliten)	Die bis zu 5 m hochauflösenden Radarinstrumente liefern unabhängig von der Wolkenbedeckung lückenlos Daten über die Erdoberfläche.	2014, 2016
Sentinel 2 (2 Satelliten)	Liefern Aufnahmen im sichtbaren Bereich mit bis zu 10 m Auflösung, ideal auch für die Beobachtung der Vegetation auf der Erde.	2015, 2017
Sentinel 3 (2 Satelliten)	Dienen zur Beobachtung der Weltmeere und liefern Erkenntnisse über Unterwasserströmungen und Wellenhöhen.	2016, 2018
Sentinel 4	Misst als geostationärer Wettersatellit mit speziellen Instrumenten Schadstoffkonzentrationen in der Erdatmosphäre.	2024
Sentinel 5P	Ist eine Vorläuferversion für Sentinel 5 mit ähnlichen Aufgaben.	2017
Sentinel 5	Misst als Wettersatellit MetOp-SG Atmosphärengase weltweit und liefert Daten für die komplexen Prozesse in der Erdatmosphäre.	2021
Sentinel 6 (2 Satelliten)	Ermöglichen die zentimetergenaue Bestimmung der Höhe der Meeresoberflächen und liefern wichtige Daten für die Ozeanographie.	2020

48 Wettersatellit TIROS-1

Nachbau, USIS (United States Information Service), USA, um 1968

TIROS-1 war der erste amerikanische Wettersatellit. Er funkte 1960 die ersten TV-Bilder von der Wolkendecke zur Erde. Bereits die ersten unscharfen Testbilder von den Wolkenbewegungen in der Atmosphäre machten den Wert der Satelliten für die Wetterbeobachtung deutlich. Dank der Funkbilder von TIROS-3-Satelliten konnte im September 1961 zum Beispiel die Entstehung des Wirbelsturms Carla vor der Küste der USA frühzeitig erkannt werden. Über 350 000 Menschen flohen rechtzeitig aus der gefährdeten Zone.

Für die Aufnahme verwendete TIROS-1 kleine Elektronenröhren, die eine ziemlich schlechte Auflösung hatten.

Masse 125 kg
Durchmesser 1,07 m
Bahndaten 705 × 752 km
Umlaufzeit 99,2 min
Sensoren TV-Kamera, Infrarotdetektor
Start 1. April 1960
Inv.-Nr. 78168

49 Wiederverwendbarer Satellit ASTRO-SPAS mit Teleskop CRISTA

ASTRO-SPAS: Deutsche Aerospace, München, 1988–92 / CRISTA: Universität Wuppertal, 1994

Der ASTRO-SPAS (Shuttle Pallet Satellite) flog viermal mit dem Space Shuttle in den Weltraum, zuletzt 1997. Die flexibel aufgebaute Struktur bestand aus einer extrem leichten und dabei hochfesten Gitterkonstruktion aus CFK (kohlenstofffaserverstärkter Kunststoff). Sie konnte abwechselnd als wissenschaftliche Nutzlast das Infrarotteleskop CRISTA oder das UV-Teleskop ORFEUS aufnehmen.

Das amerikanische Space Shuttle transportierte den wiederverwendbaren Satelliten in die Erdumlaufbahn. Der Roboterarm des Shuttle hob den ASTRO-SPAS aus der Ladebucht. Nach einer Freiflugzeit von bis zu 14 Tagen fing ihn das Shuttle wieder ein. Mit den eingebauten Instrumenten führte ASTRO-SPAS selbständig astrophysikalische Messungen und Beobachtungen der Erdatmosphäre durch. Das im ASTRO-SPAS eingebaute CRISTA (Cryogene Infrarotspektrometer und Teleskope für die Atmosphäre) war ein Messgerät für die Ozon- und Klimaforschung der Erdatmosphäre vom Weltraum aus. CRISTA war zweimal erfolgreich im Weltraum, 1994 und 1997. Es lieferte für jeweils eine Woche Daten über die Spurengasverteilung der mittleren und oberen Erdatmosphäre. Es wies dabei mehr als 15 verschiedene Spurengase wie Ozon, CO_2, FCKW, Stickoxide und Methan nach. Der große Kühlbehälter war mit –260 °C kaltem, flüssigem Helium gefüllt.

49 a ASTRO SPAS
Gesamtmasse 3600 kg (mit Teleskop)
Maße 4,70m × 4,60m × 1,60m
Energieversorgung 12 Batteriemodule (Lithium-Schwefeldioxid)
Gesamtkapazität 120 kWh
Abtastgebiet 3 km × 30 km
Lageregelung 12 Kaltgas-Düsen (Schubkraft je 100 mN)
Ausrichtgenauigkeit 0,0006 Grad (mit Sternsensor)
Inv.-Nr. 2004-716

49 b Teleskop CRISTA
Masse 1350 kg
Material 320 kg
Länge 3,19 m
Durchmesser 1,27 m
Kühlung 725 l flüssiges Helium (bis -260°C)
Messgeräte 3 Spiegelteleskope und 4 Spektrometer für Infrarot-Bereich
Inv.-Nr. 2004-718

50 Messinstrument MIPAS

Institut für Meteorologie und Klimaforschung, Forschungszentrum Karlsruhe, 1998

MIPAS (Michelson-Interferometer für Passive Atmosphärische Sondierung) war ein Messinstrument des europäischen Umweltsatelliten ENVISAT für die Klima- und Atmosphärenforschung. MIPAS nutzte die Eigenschaft von Gasen, spezifische Wärmestrahlung auszusenden. Diese Strahlung gleicht einem Fingerabdruck: Sie kann eindeutig einem bestimmten Gasmolekül zugeordnet werden.

Die zwei Blickrichtungen von MIPAS zeigten auf den Erdhorizont. Über einen Spiegelmechanismus konnte die Erdatmosphäre von oben nach unten abgetastet werden. Gleichzeitig wies MIPAS über 30 Spurengase, darunter Wasserdampf, Ozon, Stickoxide und verschiedene Fluorchlorkohlenwasserstoffe (FCKW) nach. Es lieferte von März 2002 bis April 2012 Messdaten.

Der 8 t schwere ENVISAT kostete 2,3 Mrd. Euro und war seinerzeit der größte je geflogene Erdbeobachtungssatellit. Er funktionierte doppelt so lange wie geplant und fiel erst 2012 aus.

Masse 320 kg
Höhe 1,75 m
Breite 1,80 m
elektrische Leistung 195 W
Spektralbereich 4,15 µm–14,6 µm
Atmosphärenbereich (Höhe) 5–150 km
Abtastgebiet 3 km × 30 km
Flughöhe 800 km
Leihgabe Karlsruher Institut für Technologie, Karlsruhe
Inv.-Nr. L2008-20

Fernseh- und Nachrichtensatelliten

Schon 1885 befassten sich der russische Raumfahrtpionier Konstantin E. Ziolkowski und später auch Hermann Oberth mit der Idee von Erdsatelliten zur Nachrichtenübermittlung. Als sensationell galt die 1958 vom militärischen Satelliten SCORE abgestrahlte Grußbotschaft des amerikanischen Präsidenten Eisenhower.

Mit dem ersten zivilen Nachrichtensatelliten Telstar 1 begann auch die Kommerzialisierung der Nachrichtenübermittlung im All. Die Europäer erkannten in den 1970er-Jahren ebenfalls die Bedeutung dieser aufkommenden Technik und entwickelten den geostationären Satelliten Symphonie.

51 Nachrichtensatellit Symphonie

Messerschmitt-Bölkow-Blohm GmbH, Ottobrunn, 1969 bis 1973

Die ersten beiden geostationären, europäischen Nachrichtensatelliten Symphonie 1 und 2 entstanden in den 1970er-Jahren aus einer deutsch-französischen Kooperation. Da es den Europäern allerdings an eigenen Trägerraketen mangelte, wurden sie mithilfe der USA ins All gebracht. Dafür untersagten die Amerikaner jede kommerzielle Nutzung der Satelliten. Das bestärkte Europa in seinem Wunsch, eine eigene Trägerrakete (Europa-Rakete) zu entwickeln.

Die Starts von Symphonie 1 und 2 waren ursprünglich mit der gescheiterten »Europa-Rakete« geplant. Wegen des Verbots einer kommerziellen Nutzung diente Symphonie daher überwiegend humanitären Einsätzen und dem Bildungsfernsehen. Der ausgestellte Satellit ist ein funktionsfähiger Prototyp. Die Solarzellen sind eingeklappt.

Startmasse 402 kg
Höhe (im Flug) 2,00 m
Basisdurchmesser 1,7 m
Spannweite (im Flug) 6,80 m
Umlaufbahn / Position geostationär / 11,5° West
max. Leistung der Solarzellen 300 W
Start 19. Dezember 1974, 27. August 1975
Inv.-Nr. 1983-459

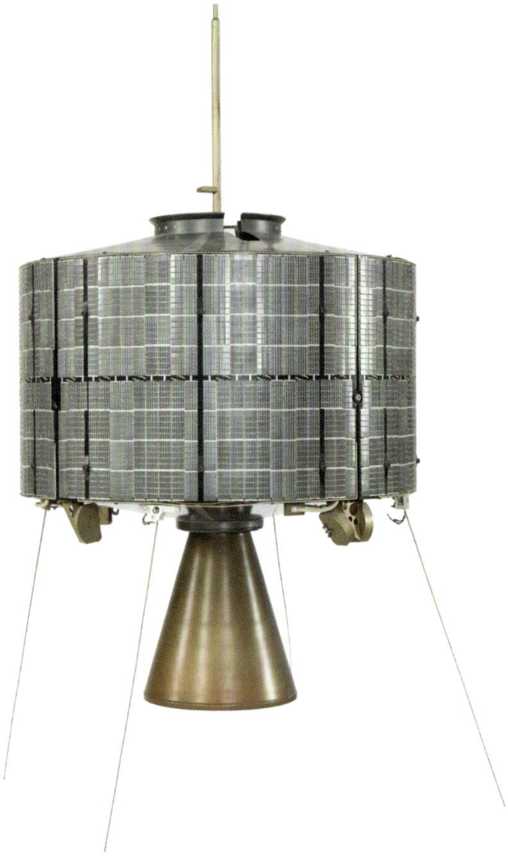

52 Nachrichtensatellit Syncom

Nachbau, Deutsches Museum, München, 1969

Die drei fast baugleichen, unter der Bezeichnung Syncom von Hughes Aircraft Company gebauten Nachrichtensatelliten schrieben Geschichte. Syncom 1 startete am 14. Februar 1963. Der Funkkontakt zum Satelliten brach jedoch wenige Stunden nach dem Start ab. Am 26. Juli 1963 folgte Syncom 2. Aber erst mit Syncom 3 gelang es erstmals, eine geostationäre Umlaufbahn zu erreichen. Er startete am 19. August 1964 und übertrug Fernsehbilder der Olympischen Sommerspiele 1964 aus Tokio über den Pazifischen Ozean nach Kalifornien. Die Syncom-Satelliten waren drallstabilisiert und hatten noch keine 3-Achsen-Lageregelung.

Startmasse 66 kg
Höhe (im Flug) 1,1 m
Basisdurchmesser 0,7 m
Spannweite (im Flug) 5 m
Umlaufbahn / Position geostationär auf 180°
max. Leistung der Solarzellen 45 W
Inv.-Nr. 77968

53 Nachrichtensatellit Telstar 1

Nachbau, USIS (United States Information Service), USA, um 1968

Telstar war der erste kommerzielle Nachrichtensatellit. Er stellte am 23. Juli 1962 die erste Fernsehverbindung zwischen den USA und Europa her. Auftraggeber war die amerikanische Telefon- und Telegraphie-Gesellschaft AT&T. Telstar 1 hatte im Gegensatz zu den späteren geostationären Nachrichtensatelliten noch eine erdnahe, elliptische Umlaufbahn. Daher war seine Nutzbarkeit für Nachrichtenübertragungen auf etwa 40 Minuten pro Umlauf begrenzt.

Die ersten TV-Bilder waren noch sehr schlecht, vermittelten aber das Gefühl eines Live-Events. Auch dieser Satellit wurde durch US-Atombombenversuche im Weltraum stark beeinträchtigt.

Masse 77 kg
Durchmesser 0,875 m
Bahndaten 948 × 5636 km
Umlaufzeit 157,6 min
Start 10. Juli 1962
Inv.-Nr. 78173

34-m-Parabolantenne des Deep Space Networks der NASA in Madrid, Spanien.

Raumsonden

Raumsonden sind Flugkörper, die den Anziehungsbereich der Erde verlassen. Dafür müssen sie eine Geschwindigkeit von über 11,2 km/s erreichen. Raumsonden fliegen zur Sonne, zu entfernten Planeten und deren Monden sowie zu unerforschten Asteroiden oder Kometen. Dabei können sie auf ihrer langen Reise entweder an einem Himmelskörper vorbeifliegen, einen Planeten untersuchen oder sogar auf ihm landen. Die meisten Sonden übermitteln Bilder und Messwerte für wissenschaftliche Zwecke. Andere sammeln Materialproben und bringen diese zur Erde. Bevor die Sonde Voyager 2 unser Sonnensystem verließ, fotografierte sie den äußersten Planeten Neptun. Für diese Strecke benötigte sie etwa zwölf Jahre.

Nur fünf Raumsonden haben bis 2021 unser Sonnensystem verlassen (vgl. Abb. 1).

Obwohl es extrem unwahrscheinlich ist, dass diese Sonden von erdfremden, intelligenten Lebewesen jemals entdeckt werden, war den Forschern aber klar, dass gerade diese Objekte in gewisser Weise Botschafter der Erde darstellen. Daher bekamen sie kulturelle Gegenstände mit, die Auskunft über die Erdmenschen geben sollen. Bei Pioneer war das eine Plakette, bei den Voyager-Sonden eine vergoldete Schallplatte aus Kupfer (Abb. 2). Auf ihr wurden über hundert Bilder in einer analogen Datenspur aufgezeichnet. Der Rest bestand aus Audiodaten, darunter gesprochene Grüße in über 55 Sprachen, typische Geräusche und Musik. Die Platte war in einer Schutzhülle aus Aluminium zusammen mit einer Abspielnadel direkt an der Außenseite der Sonde befestigt. Auf der Schutzhülle waren Anweisungen zum Abspielen der Platten eingraviert. Die Platten wurden von einem Forscherteam entworfen, das von dem US-Wissenschaftler Carl Sagan geleitet wurde.

Raumsonden müssen zwei spezielle Probleme bewältigen, die Kommunikation mit der Erde und die Energieversorgung.

Raumsonden, die das Sonnensystem verlassen (Stand 2023)

Sonde	Start	Entfernung von der Erde (Mrd. km)
Voyager 1	1977	23,77
Voyager 2	1977	19,81
Pioneer 10	1972	19,75
Pioneer 11	1973	16,57
New Horizons	2006	8,39

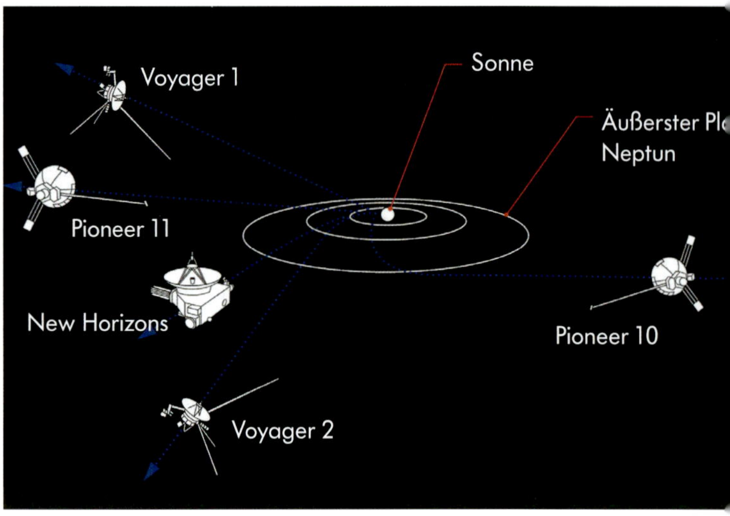

1 Die am weitesten von der Erde entfernten Raumsonden.

2 Vergoldete Kupfer-Schallplatte der Voyager-Sonden.

3 Die Antennenanlage Deep Space Network 35 km südwestlich von Canberra, Australien. Im Vordergrund die mit 70 m Durchmesser größte steuerbare Parabolantenne.

Kommunikation

Durch die riesigen Entfernungen entstehen Signallaufzeiten bis zu einigen Stunden. Zudem nimmt mit zunehmender Entfernung die auf der Erde ankommende Empfangsleistung immer mehr ab. Daher werden riesige Antennen und extrem empfindliche Empfänger benötigt.

Um unabhängig von der Erdrotation zu sein, hat die NASA ein weltumspannendes Empfangssystem etabliert, das Deep Space Network (DSN). Es besteht aus drei Standorten: Goldstone (USA), Madrid (Spanien) und Canberra (Australien). Dort befinden sich riesige, steuerbare Parabolantennen, die auf bestimmte Raumsonden ausgerichtet werden (Abb. 3). Verschwindet eine Raumsonde hinter dem Horizont, kann ein anderer Standort den Datenverkehr übernehmen. Vorläufer des DSN waren Systeme für die bemannte Raumfahrt in den 1970er-Jahren, vor allem für die Apollo-Mondlandemissionen.

Energieversorgung

Die Energieversorgung ist das andere große spezielle Problem bei Raumsonden.

Sonden, die zu den inneren Planten fliegen, können die Energieversorgung noch mithilfe von Solarzellen bewerkstelligen. Mit steigender Entfernung nimmt aber die Sonnenleistung stark ab. Bei diesen Raumsonden verwendet man Radionuklidbatterien (Abb. 4). Sie enthalten eine Kombination von radioaktiven Isotopen, die über ihre Zerfallswärme eine Temperaturdifferenz in geeigneten Materialien erzeugen. Diese wird direkt in elektrische Energie umgewandelt. Der deutsche Physiker Thomas Johann Seebeck (1770–1831) entdeckte schon 1821 diesen Effekt. Radionuklidbatterien sind klein, kompakt und kommen ohne bewegliche Teile aus. Sie sind autonom, wartungsfrei und können über Jahre bis Jahrzehnte hinweg elektrische Energie liefern.

4 Raumsonde New Horizons mit Radionuklidbatterie (links im Bild).

Trickreiche Navigation

Oft reicht die Energie einer Trägerrakete nicht aus, um Raumsonden die notwendige Geschwindigkeit zu geben, ein bestimmtes Ziel zu erreichen. Von Kometen, die nahe am Jupiter vorbeiflogen, wusste man, dass eine Bahnänderung stattfand. Man kann leicht verstehen, dass die Bahn einer Raumsonde durch die große Schwerkraft eines Planeten abgelenkt wird. Erst der US-amerikanische Mathematiker Michael Andrew Minovitch (*1935) zeigte 1961 mithilfe eines Großrechners, dass beim Vorbeiflug an Planeten durch ein sogenanntes Swing-by-Manöver die Raumsonde auch an Geschwindigkeit hinzugewinnen kann. Fliegt die Sonde in gleicher Flugrichtung am Planeten vorbei, zieht ihn dieser bildlich gesprochen eine kurze Zeit mit. Es findet eine Übertragung von Bewegungsenergie des Planeten auf die Raumsonde statt. Da der Planet im Vergleich zur Raumsonde eine riesige Masse hat, kann man den Effekt bei diesem nicht messen, wohl aber bei der Raumsonde.

Dieser Effekt wird bei interplanetaren Missionen regelmäßig angewendet. Berühmt wurden die Swing-by-Manöver der Voyager-Sonden, die ja an mehreren Planeten vorbeiflogen. Der dabei immer wieder erfolgte Geschwindigkeitszuwachs ermöglichte den Sonden letztlich, die sogenannte Fluchtgeschwindigkeit von ca. 16,6 km/s zu erreichen und das Sonnensystem zu verlassen. Dieser Wert wird auch als dritte kosmische Geschwindigkeit bezeichnet. Auch der gegenteilige Swing-by-Effekt ist möglich. Dabei wird eine Raumsonde vom Planeten abgebremst. Dieser Effekt wird z. B. bei der Sonnensonde »Parker Solar Probe« angewendet oder bei der Merkur-Sonde »Bepo Colombo«. Letztere soll 2025 in eine Umlaufbahn um den Merkur eintreten.

Auswahl historischer Planeten-Missionen

Sonde	Land	Mission	Start
Mariner 2	USA	Vorbeiflug Venus	27.8.1962
Mariner 4	USA	Vorbeiflug Mars	28.11.1964
Venera 7	UdSSR	Landung Venus	17.8.1970
Mariner 9	USA	Marsorbit	30.5.1971
Mars 2	UdSSR	Marsorbit	19.5.1971
Mars 3	UdSSR	Landung Mars	28.5.1971
Venera 8	UdSSR	Landung Venus	27.3.1972
Viking 1	USA	Landung Mars	20.8.1975
Viking 2	USA	Landung Mars	9.9.1975

5 Viking 2 Aufnahme der Marsoberfläche, 1976

Landung auf Planeten

Besonders herausfordernd sind Landungen auf fremden Himmelskörpern. Die beiden amerikanischen Viking-Marssonden waren die ersten Lander, die 1976 erfolgreich auf einer Planetenoberfläche landeten (Abb. 5). Viking 1 sendete noch bis 1982 Daten von der Marsoberfläche. Der Mars ist der am häufigsten besuchte Planet. Viele Missionen, so auch die historischen Viking-Missionen, bestanden aus einem Orbiter, der den Mars umkreist, und einem Landeteil. Die Orbiter fungieren dabei als Relaisstation für die Datenübertragung von der Mars-Oberfläche. Sie untersuchen aber auch die Oberfläche mit vielen unterschiedlichen Messinstrumenten. Eine der erfolgreichsten Mars-Orbiter-Missionen ist die 2003 gestartete, europäische Mars-Express-Sonde. Sie hat die hochauflösende Kamera HRSC an Bord. Mit ihr wurde ein Großteil der Mars-Oberfläche aufgenommen, teilweise in 3D und mit bis zu 10 m Auflösung.

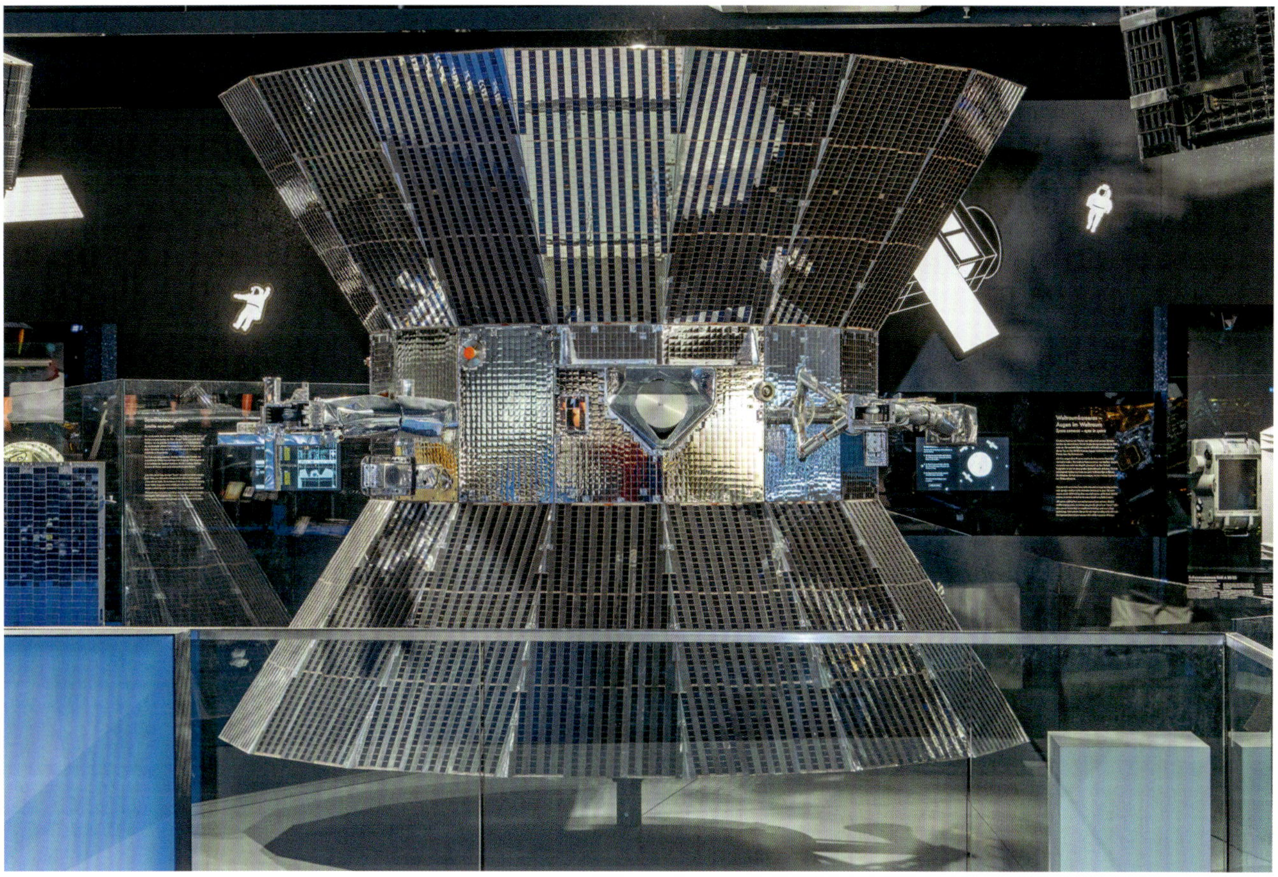

54 Raumsonde Helios

Messerschmitt-Bölkow-Blohm, Ottobrunn, 1974

Das deutsch-amerikanische Projekt Helios diente der Erforschung der Sonne. Die deutsche Raumfahrtfirma MBB baute zwei Sonden und brachte sie mithilfe amerikanischer Trägerraketen 1974 und 1976 auf eine Umlaufbahn um die Sonne. Die Nähe zur Sonne stellte hohe Anforderungen an Konstruktion und Material. Trotz schneller Rotation heizte sich die Außenhaut auf bis zu 300 °C auf. Die Sonden kamen der Sonne näher als je ein Raumfahrzeug zuvor und erweiterten unser Wissen über die Sonne erheblich.
Die Helios-Sonden arbeiteten wider Erwarten über zehn Jahre lang. Damit galt Helios als eines der erfolgreichsten deutsch-amerikanischen Raumfahrtprojekte.

Ausgestellt ist der flugtaugliche Prototyp in extremer Leichtbauweise mit strahlungsreflektierender Außenhaut. Ingenieure nahmen an diesem seit 1976 im Museum gezeigten Prototypen immer wieder Messungen vor.

Masse 370 kg
Höhe 4,20 m
Durchmesser 2,77 m
sonnennächster Punkt 45 Mio. km
sonnenfernster Punkt 147 Mio. km
Umlaufzeit um die Sonne 190 Tage
max. Leistung der Solarzellen 209 W
Inv.-Nr. 1976-942

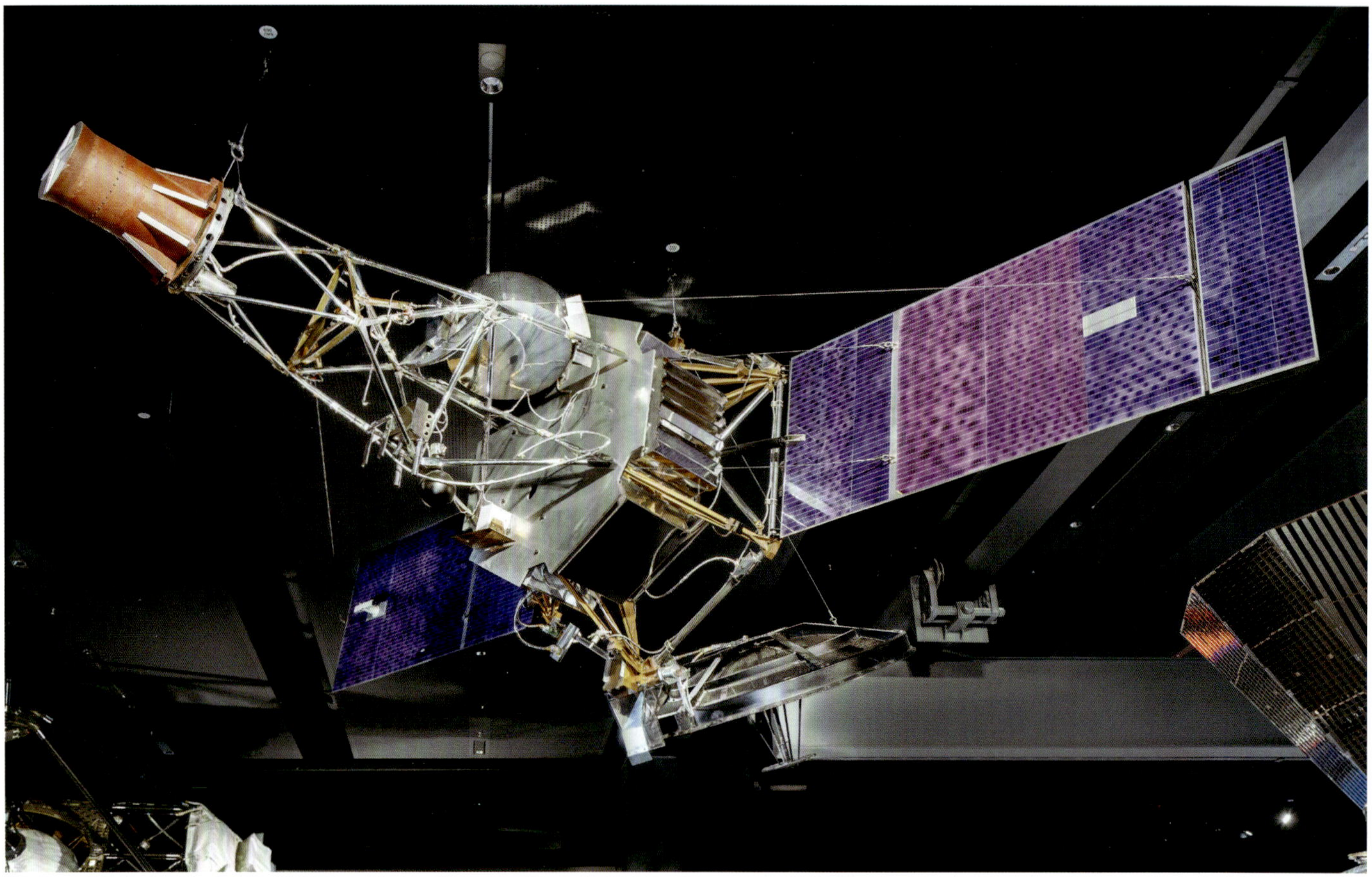

55 Raumsonde Mariner 2

Nachbau, United States Information Service, USA, 1962

Die amerikanische Raumsonde Mariner 2 war die erste Raumsonde, die sich erfolgreich einem fremden Planeten näherte. Sie flog am 14. Dezember 1962 in einer Entfernung von 34 773 km an der Venus vorbei. Obwohl die Venus der Erde ähnlich ist, entdeckte Mariner 2 eine lebensfeindliche Umgebung mit einer Temperatur von etwa 425 °C an der Oberfläche und eine dichte, überwiegend kohlendioxidhaltige Atmosphäre. Mit Mariner 2 begann die Entwicklung einer Reihe weiterer Sonden zur Venus. Die Trägerrakete, mit der die baugleiche Schwestersonde Mariner 1 auf die Reise geschickt wurde, kam kurz nach dem Start vom Kurs ab und musste gesprengt werden.

Startmasse 202 kg
Höhe (im Flug) 3,62 m
Basisdurchmesser 1,520 m
Spannweite (im Flug) 5,00 m
Leistung der Solarzellen 220 W
Start 27. August 1962
Inv.-Nr. 78167

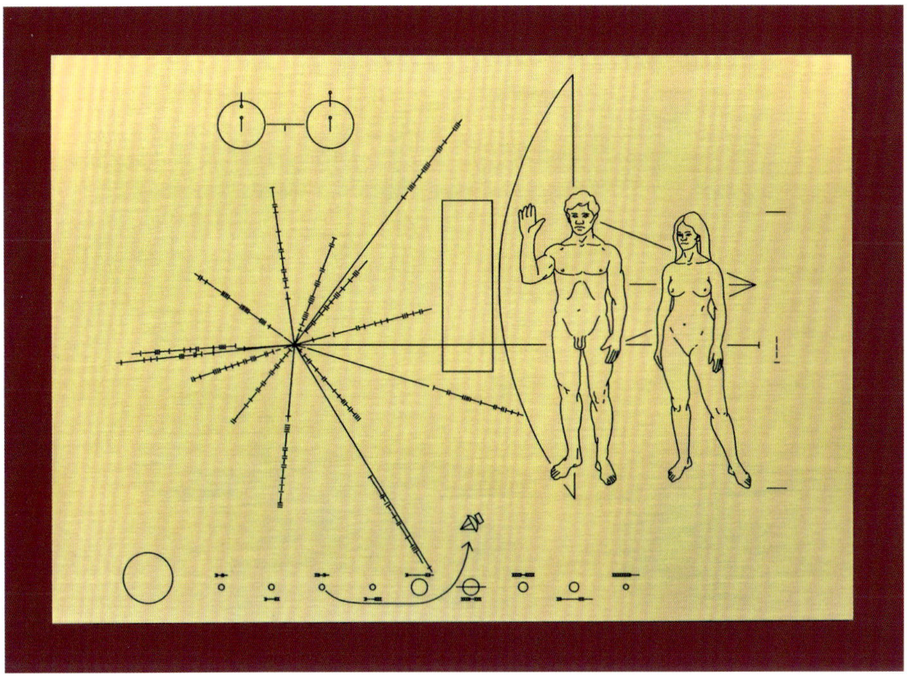

56 Plakette der Raumsonde Pioneer

Nachbau, Precision Engravers, San Carlos, USA, 2017

Die beiden interstellaren Raumsonden Pioneer 10 und 11, die 1972 und 1973 ins All starteten, waren die ersten Flugkörper, die das Sonnensystem verlassen sollten. Daher trugen die Sonden als Botschaft an eventuelle Außerirdische eine goldbeschichtete Aluminiumplakette. Darauf ist ein menschliches Paar eingraviert und eine Abbildung des Sonnensystems. Ferner sind die Position der Sonne und ein Wasserstoffatom dargestellt. Die Idee hatten die amerikanischen Wissenschaftler Carl Sagan und Frank Drake. Die Darstellung des Menschenpaars mit dem erhobenen Arm des Mannes, stellvertretend für die ganze Menschheit, ist oft kritisiert worden.

Masse 1,01 kg
Breite 228,6 mm
Höhe 152,4 mm
Dicke 1,27 m
Material mit Gold beschichtetes Aluminium
Inv.-Nr. 2017-409

Weltraumkameras – Augen im Weltraum

Klassische Kameras mit Objektiv und bildaufnehmendem Medium machen nur einen kleinen Teil der Beobachtungsinstrumente im Weltraum aus. Die metrische Kamera und die MKF-6M von Zeiss gehören diesem Typ an. Die MOMS-Kameras dagegen funktionieren nach dem Prinzip eines Flachbettscanners.

Alle im Folgenden dargestellten Kameras sind in der bemannten Raumfahrt verwendet worden. Für moderne Kamerasysteme von Satelliten dagegen verwendet man meist die Bezeichnung »Sensoren«, da ihre Technik komplizierter ist und sie einen größeren Spektralbereich abdecken. Als bildaufnehmende Medien sind heute nur noch Halbleiterchips im Einsatz. Die Fähigkeit, 3D-Aufnahmen zu erzeugen, ist eine wichtige Eigenschaft von Weltraumkameras.

57 Fernerkundungskamera MKF-6M mit Filmkassetten

VEB Carl-Zeiss, Jena, ca. 1978

Die MKF-6M ist eine Kamera mit sechs Objektiven für Aufnahmen der Erdoberfläche aus dem Weltraum. Sie war einer der technisch bedeutendsten Beiträge der DDR zur bemannten Raumfahrt. Für die Entwicklung standen besondere staatliche Finanzmittel zur Verfügung.

Farbfilter vor den Objektiven ermöglichten Aufnahmen in verschiedenen Wellenlängenbereichen und damit spektrometrische Messungen. Die Filmentwicklung fand erst auf der Erde statt. Mit der MKF-6M konnten Geländestreifen von etwa 225 km Breite und 155 km Länge bei einer Auflösung von etwa 10–20 m (im sichtbaren Bereich) erfasst werden.

Die MKF-6M wurde erstmals 1976 bei der russischen Sojus-22-Mission eingesetzt. Bei den russischen Raumstationen Saljut 6 und 7 und Mir gehörte sie zur Standardausrüstung.

Die ausgestellte Kamera war nicht im Weltraum, sondern wurde von einem Flugzeug aus verwendet.

Masse 75 kg (ohne Filmmagazine)
Aufnahmehöhe 200–400 km
Objektive 6 × Pinatar 4/125, 10-Linser
Brennweite 125 mm
Verschluss Drehscheibenverschluss
Belichtungszeit 1/20–1/200 s
Negativformat 55 × 81 mm
max. Auflösung 18 m
Inv.-Nr. 1996-338

58 Reihenmesskamera RMK A 30/23

Carl Zeiss, Oberkochen, 1980

Diese Kamera war im Dezember 1983 während der ersten Spacelab-Mission mit dem amerikanischen Space Shuttle im Weltraum. Sie hatte ein siebenlinsiges, besonders verzerrungsfreies Objektiv. Daher wurde sie auch »metrische« Kamera genannt.

Die Aufnahmen waren für Karten ab einem Maßstab von etwa 1:50 000 verwendbar. Das aufsetzbare Filmmagazin enthielt 150 m Film für etwa 550 Aufnahmen. Es konnte ein normaler Schwarzweißfilm oder ein Infrarotfilm eingelegt werden. 1983 bekam die Kamera einen Kompensationsmechanismus, der die Geschwindigkeit des Raumschiffs (ca. 28 000 km/h) ausgleichen sollte.

Die metrische Kamera leistete einen wesentlichen Beitrag zur Kartografie. Da die Bilder sich bis zu 80 % überlappten, ergaben sich auch Stereobildpaare mit wichtigen räumlichen Informationen.

Masse 74 kg
Aufnahmehöhe 300 km
Objektiv Topar A1, 7 Linsen
Verschluss Drehscheibenverschluss
Belichtung 1/250–1/1000 s
max. Auflösung 21 m
Inv.-Nr. L1996-15T1

59 Kamera MOMS-01

MBB, Ottobrunn, 1982

Die MOMS-Kamera (Modularer Optoelektronischer Multispektralscanner) machte hochauflösende Aufnahmen der Erdoberfläche vom Space Shuttle aus. Sie war die erste, im Weltraum erfolgreich erprobte Abtastkamera mit CCD-Technik. Die MOMS-Kameras funktionierten ähnlich wie Flachbettscanner. Die hier gezeigte Kamera ist ein Entwicklungsmodell und diente 1982 zur Erprobung vom Flugzeug aus. MOMS-01 lieferte 1983 und 1984 bei den Space-Shuttle-Flügen STS-7 und STS-11 Aufnahmen der Erdoberfläche.

Masse 45 kg
Spektralbereich 0,575–0,625 µm / 0,825–0,975 µm
Bildauflösung (bei 300 km Höhe) 20 m
Sensoren pro Objektiv 2 CCD
Objektiv Rodenstock, 8 Linsen
Brennweite 237,5 mm
Inv.-Nr. 1990-624

60 Kamera MOMS-02 mit Objektiven

MBB, Ottobrunn, 1992

Diese Kamera machte 1993 während der deutschen D2-Spacelab-Mission mit der US-Raumfähre Columbia Farb- und Stereoaufnahmen der Erdoberfläche und lieferte erstmals thematische und topographische Informationen. Das Kamerasystem bestand aus fünf Objektiven, von denen zwei nicht direkt nach unten, sondern nach vorn und hinten gerichtet sind. Durch die unterschiedlichen Blickwinkel erhielt man Stereobilder, die eine Berechnung von Höhenmodellen erlaubten.

Die aufgenommenen Bilddaten bestanden aus aneinandergefügten Geländestreifen mit einer Breite von bis zu 78 km (abhängig von der Betriebsart). Nach dem Spacelab-Einsatz wurde eine neue MOMS-02-Kamera (MOMS 2P) unter Verwendung der Original--Objektive dieses Exponats für die russische Raumstation MIR gebaut. Sie lieferte 1997/98 weitere, hochaufgelöste Aufnahmen der Erdoberfläche.

Masse 96 kg
Sensoren 8 zeilenförmige CCD mit je 6000 Pixeln
max. Bildauflösung (bei 300 km Bahnhöhe) 4,5 m
max. Datenrate 100 Mbit/s
Aufzeichnungsgerät digitaler Banddatenrekorder DDR-100
Inv.-Nr. 2004-137T1

Rückseite der Fernerkundungskamera MKF-6M, Kat.-Nr. 57, S. 171.

5.6
4
5
ФН
8
4
5
1
2

Steuerung und Lageregelung

Satelliten brauchen zur Erfüllung ihrer Aufgaben meist eine kontrollierte Ausrichtung zur Erde. Eine eingebaute Kamera zum Beispiel soll zur Erdoberfläche zeigen und dabei nicht wackeln. Viele Kräfte, darunter der Strahlungsdruck von unserer Sonne, können den Satelliten aus seiner Lage bringen. Hier hilft die stabilisierende Funktion von Schwungrädern: Ein sich drehendes Schwungrad ist bestrebt, seine Lage im Raum beizubehalten. Wir kennen diese Wirkung vom Fahrradfahren. Das Schwungrad kann einen Satelliten aber auch in Drehung versetzen, indem es sein Drehmoment auf den Satellitenkörper überträgt. Je nach Funktion spricht man von Reaktionsschwungrädern, Drallrädern oder Regelmomentkreiseln.

In Ergänzung dazu braucht jeder Satellit auch eine gewisse Menge an Raketentreibstoff, um über Jahrzehnte seine Lage stabil zu halten. Die Menge an vorhandenem Treibstoff ist meist der begrenzende Faktor für die Lebensdauer des Satelliten.

Satelliten und Raumsonden haben Sensoren, um sich orientieren zu können. Sie nutzen hierzu die Sonne, die Erde und ihr Magnetfeld – oder auch die Position von Sternen. Sternsensoren beobachten die Sternkonstellationen und vergleichen diese mit bekannten Sternbildern. Sobald eine Übereinstimmung gefunden wird, kennt die Raumsonde ihre genaue Lage. Der Vorteil dieser Methode ist, dass sie unabhängig von Sonne und Erde funktioniert. Abgesehen von dieser Vielzahl an Sensoren können Satelliten in einer erdnahen Umlaufbahn auch ein Satellitennavigationssystem, z. B. das GPS, zur Lagebestimmung nutzen.

61 Schwungrad aus dem Satellit Symphonie

Teldix, Heidelberg, 1972

Das Schwungrad diente zur Lagestabilisierung des ersten europäischen, geostationären Nachrichtensatelliten Symphonie. Ein sich drehender Kreisel versucht, bei Störungen immer seine Drehachse beizubehalten. Diese Eigenschaft nutzte das elektrisch angetriebene Schwungrad aus, um den Satelliten stabil in einer gewünschten Lage zu halten. Beim Ausgleich von Störungen konnte es seine maximale Drehzahl erreichen (Sättigung). Kaltgasdüsen reduzierten dann das Drehmoment wieder und brachten das Schwungrad auf die Nenndrehzahl zurück.

Masse 6,6 kg
Durchmesser 35 cm
Nenndrehzahl 3000 min^{-1}
max. Drehmoment 0,025 Nm
Energiebedarf <10 W
Inv.-Nr. 1990-76

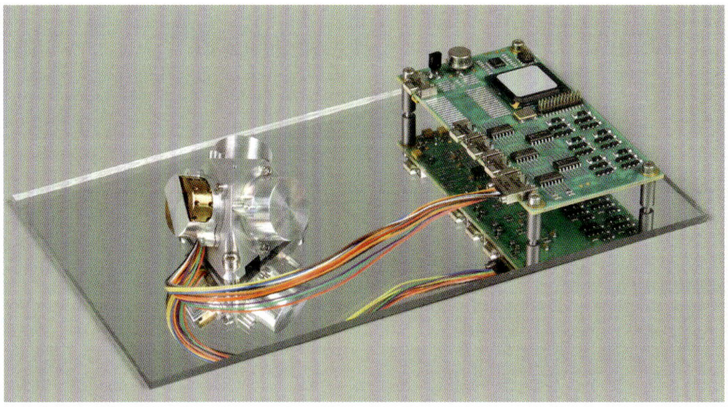

62 Reaktionsschwungradsystem RW1 mit Steuerelektronik

Astro- und Feinwerktechnik Adlershof GmbH, Berlin, 2018

Dieses System aus vier elektrisch angetriebenen, kleinen Reaktionsschwungrädern dient zur Lageänderung bei Picosatelliten. Das sind kleine, würfelförmige Satelliten mit nur 10 cm Kantenlänge. Die Schwungräder übertragen beim Einschalten ihr Drehmoment auf den Satelliten. Hier sind die Schwungräder in Tetraeder-Form angeordnet. So lässt sich der Satellit mit entsprechender Steuerelektronik in jede Richtung drehen. Das vierte Ersatzschwungrad ist nicht sichtbar, da es sich im Inneren des Sockels befindet. Die Miniaturisierung von Lagekorrektursystemen ist eine Voraussetzung für die vielfältige Nutzung kleiner und kleinster Satelliten wie der Picosatelliten.

Masse (1 Rad) 12 g
Durchmesser 20 cm
Nenndrehzahl 8000 min^{-1}
elektr. Leistung <0,6 W
Lebensdauer 1 Jahr
Inv.-Nr. 2018-520

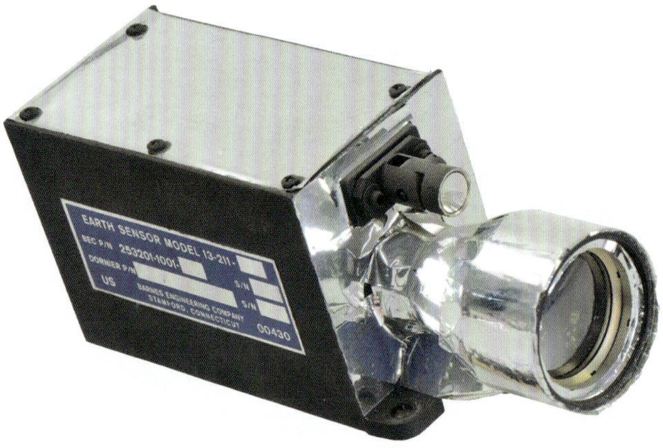

63 Erdsensor des Satelliten Aeros

Barnes, Stamford, CT, USA, ca. 1971

Der Erdsensor dient der Lokalisierung des Erdhorizonts mithilfe von IR-Strahlung. Aufgrund der Erdatmosphäre ist die Lagebestimmung von Erdsensoren relativ ungenau.

Masse 490 g
Breite 17 cm
Höhe 6,6 cm
Tiefe 5,4 cm
Inv.-Nr. 1990-1044

64 Sonnensensoren mit Elektronik des Satelliten Aeros

Adcole Corp., Marlborough, MA, USA, 1970

Sonnensensoren bestimmen die Lage des Satelliten relativ zur Sonne.

64 a
Masse 109 g
Breite 6,5 cm
Höhe 3,9 cm
Inv.-Nr. 1990-70 T2

64 b
Masse 84 g
Breite 5,0 cm
Höhe 4,5 cm
Inv.-Nr. 1990-70 T1

64 c
Masse 520 g
Breite 10,5 cm
Höhe 5,5 cm
Inv.-Nr. 1990-70T3

65 Gasgelagerter Beschleunigungsmesser für Trägheitsnavigationsanlage

Teldix, Heidelberg, 1969

Kreisel-Beschleunigungsmessser zur Erfassung von Satellitenbewegungen.

Masse 60 g
Breite 4,5 cm
Höhe 2,9 cm
Inv.-Nr. 1990-73

66 Wendekreisel zur Winkelmessung bei Rotation des Satelliten

Teldix, Heidelberg, 1969

Wendekreisel bestimmen als Drehratensensoren die Drehrate eines Satelliten bei Rotation.

Masse 260 g
Breite 4,7 cm
Höhe 6,2 cm
Inv.-Nr. 1990-75

67 Lagemesselektronik der Raumsonde Helios

Exotech Inc., Falls Church, VA, USA, 1972

Die Lagemesselektronik verarbeitete die Information der verschiedenen Sensoren, um die Lage der Helios-Sonde im Raum zu bestimmen. Das Integrationsmodell musste nachweisen, dass die Elektronik den harschen Bedingungen in großer Sonnennähe gewachsen war.

Masse 1,2 kg
Breite 11 cm
Höhe 14,3 cm
Inv.-Nr. 1990-64

Ausschnitt aus Elektronik für Sonnensensoren des Satelliten Aeros Kat.-Nr. 64, S. 178.

Pyrotechnik – Sprengstoff für Satelliten

Beim Start von Satelliten treten in der Trägerrakete hohe Kräfte auf. Daher müssen Nutzlasten extrem gut und fest fixiert sein. Sie müssen aber auch in der nächsten Phase die Nutzlast im Weltall – mit hoher Betriebssicherheit – freigeben. Pyrotechnische Einheiten mit kleinen Mengen elektrisch gezündetem Sprengstoff lösen die Fixierungen der Nutzlast.

68 Absprengvorrichtung für die Scout-Trägerrakete

LTV Aerospace Corp., Dallas, TA, USA, 1970

Diese Vorrichtung stellte die mechanische Verbindung zwischen der Trägerrakete und der Satellitennutzlast dar. Sie besteht aus pyrotechnischen Einheiten und federgestützten Elementen. Mit der Scout-Trägerrakete wurde z. B. der deutsche Forschungssatellit Azur in den Weltraum befördert.

Masse 2,21 kg
Durchmesser 46,5 cm
Höhe 30 cm
Inv.-Nr. 1990-79

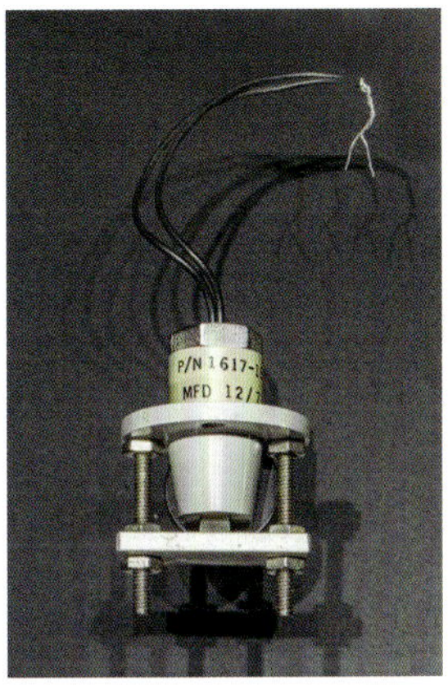

69 Kabeltrenner aus dem Satellitenprojekt Aeros

Conax Corp., Buffalo, USA, 1973

Dieser pyrotechnische Kabeltrenner hatte nur einen Schneidbolzen. Bei der Aufbewahrung werden die Anschlusskabel meist kurzgeschlossen, um eine unbeabsichtigte Auslösung zu vermeiden.

Masse 40 g
Breite 3,2 cm
Höhe 2,4 cm
Tiefe 4,7 cm
Inv.-Nr. 1990-81

70 Kabeltrenner aus dem Satellitenprojekt Symphonie

Avions Marcel Dassault, Saint-Cloud, Frankreich, 1972

Pyrotechnische Kabeltrenner bestehen aus einem Gehäuse mit einem oder zwei beweglichen Metallkolben, die an einem Ende eine scharfe Schneide haben. Die Kolben werden durch eine kleine elektrisch zündbare Sprengladung nach vorn gestoßen und durchtrennen dabei ein Kabel, das durch den Kabeltrenner hindurchführt.

Masse 113 g
Breite 4,2 cm
Höhe 4,5 cm
Tiefe 1,5 cm
Inv.-Nr. 1990-80

71 Steuerbox für Pyrotechnik aus dem Satellitenprojekt Symphonie

Crouzet, Valence, Frankreich, 1972

Der Satellit Symphonie verwendete verschiedene pyrotechnische Komponenten. Sehr wichtig war die genaue zeitliche Reihenfolge der Auslösung der verschiedenen Einheiten. Diese Aufgabe wurde von einer eigenen Steuerbox übernommen.

Masse 2 kg
Breite 17,3 cm
Höhe 9 cm
Tiefe 19 cm
Inv.-Nr. 1990-78

Energieversorgung und Wärmehaushalt

Solarzellen versorgen Satelliten und Raumsonden beständig mit elektrischer Energie. Sobald ein Satellit jedoch in den Erdschatten eintritt, müssen Akkumulatoren die Stromversorgung übernehmen. Durch die Partikelstrahlung der Sonne und die kosmische Strahlung, welche die Oberflächen angreifen, verlieren Solarzellen im Lauf der Zeit allerdings an Leistung. Da das Sonnenlicht jenseits des Jupiters sehr schwach ist, haben Raumsonden, die zu den weiter entfernten Planeten fliegen, meist langlebige Radionuklidbatterien an Bord. Mithilfe der beim radioaktiven Zerfall entstehenden Wärme lässt sich dauerhaft Strom gewinnen.

Für die Funktionsweise des Satelliten ist es wichtig, dass die Betriebstemperaturen innerhalb bestimmter Toleranzgrenzen bleiben. Es gibt im Weltraumvakuum jedoch keine Umgebungsluft, die durch Konvektion für einen Temperaturausgleich sorgt. Überflüssige Wärme kann nur als direkte Infrarotstrahlung in den Weltraum abgestrahlt werden. Hierbei muss Wärme von Bauteilkomponenten im Inneren des Satelliten oft über Wärmerohre nach außen geleitet werden. Um eine für die Elektronik von Raumflugkörpern erforderliche gleichbleibende Betriebstemperatur sicherzustellen, sind entsprechende Isolation, optimale Wärmeleiter und Heizmatten erforderlich.

72 Panel aus Silizium-Solarzellen

SAT, Paris, Frankreich, 1971

Dieses Solarzellenpanel aus Silizium war für die Energieversorgung des ersten europäischen Nachrichtensatelliten Symphonie vorgesehen. Symphonie 1 startete am 19. Dezember 1974, Symphonie 2 folgte am 27. August 1975.

Masse 2,5 kg
Breite 58 cm
Höhe 88,5 cm
Inv.-Nr. 1990-1

73 Zylindrisches und konisches Panel aus Solarzellen

AEG, Berlin, 1968

Diese Panels aus Silizium-Solarzellen dienten der Energieversorgung des ersten deutschen Forschungssatelliten Azur. Azur startete am 8. November 1969 in den Weltraum.

Masse 2,15 kg
Breite 54 cm
Höhe 77,2 cm
Inv.-Nr. 1990-3 T1

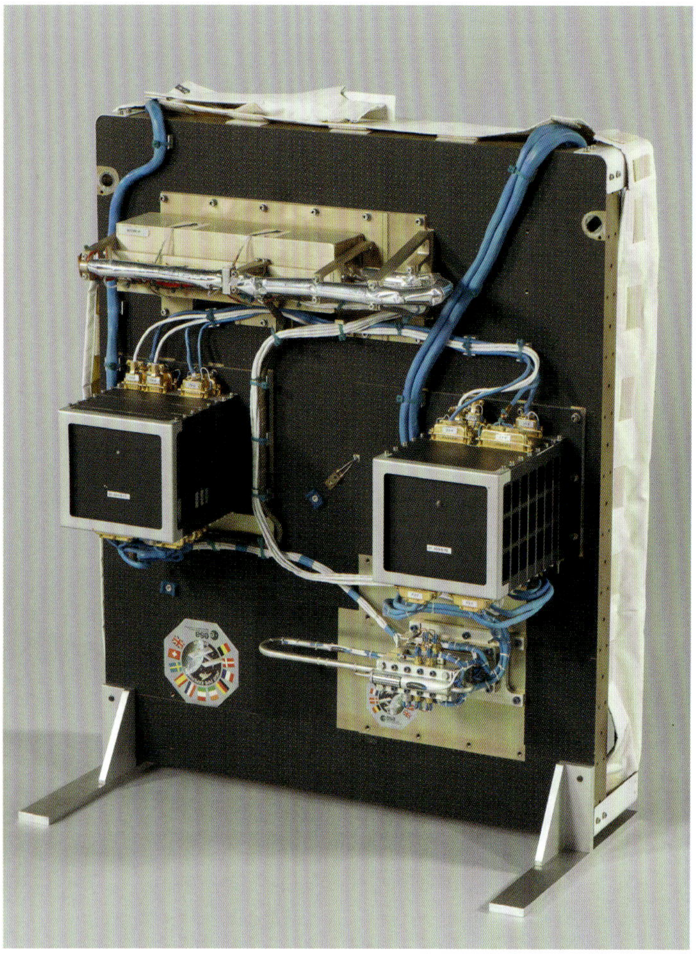

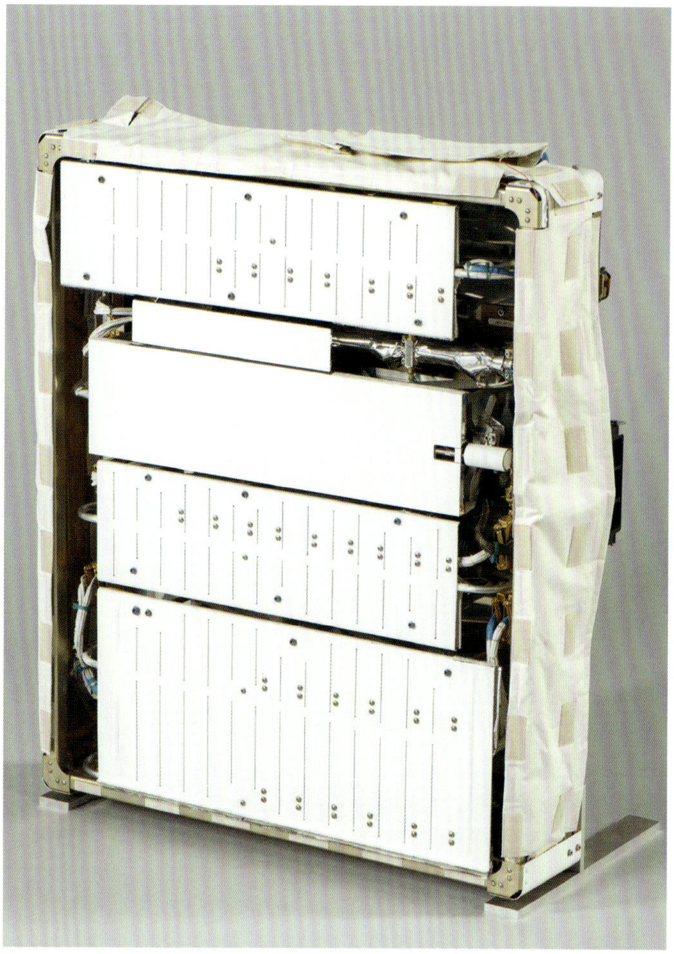

74 Wärmerohrexperiment

Dornier GmbH, Friedrichshafen, 1983

Das Experiment sollte die Wirkungsweise von Wärmerohren in der Schwerelosigkeit untersuchen. Es war 1983 und 1984 mit dem Space Shuttle im Weltraum. Ein Wärmerohr verwendet beim Transport von Wärme flüssige oder gasförmige Substanzen, die in einem geschlossenen Kreislauf verdampfen und wieder kondensieren. Die Plattform war auf dem Experimententräger SPAS-01 montiert, der quer in die Ladebucht des Space Shuttles eingebaut war. Die weiße Abdeckung am Rand ist eine sogenannte Superisolationsfolie, die aus vielen verschiedenen, mit Aluminium bedampften, perforierten Kunststofffolien besteht. Sie verhindert zu starke Temperaturschwankungen beim Übergang von der Sonnen- zur Schattenseite in der Erdumlaufbahn.

Masse 60,5 kg
Breite 70,5 cm
Höhe 87,5 cm
Inv.-Nr. 1990-936

75 Wärmerohre aus den Satelliten Olympus und ERS-1

LTV Aerospace Corp., Dallas, TA, USA, 1970

Wärmerohre transportieren Wärme durch Verdampfung und Kondensation. Sie funktionieren auch in der Schwerelosigkeit und sind wartungsfrei. Jedes Rohr bildet ein in sich geschlossenes Kreislaufsystem, das ein Kühlmittel enthält. Bei Erwärmung eines Rohrendes verdampft das Kühlmittel. Der Dampf strömt zum anderen Rohrende, kondensiert und gibt so Wärme an die Umgebung ab. Rillen im Rohrmantel – Kapillare genannt – bringen das Kühlmittel zur Verdampfungszone zurück und stellen so den Kreislauf her.

Masse 30–110 g
Material Aluminiumlegierung AlMgSi 0.5
Kühlmittel Ammoniak
Temperaturbereich –50 °C bis +70 °C
Inv.-Nr. 1991-448T2-4

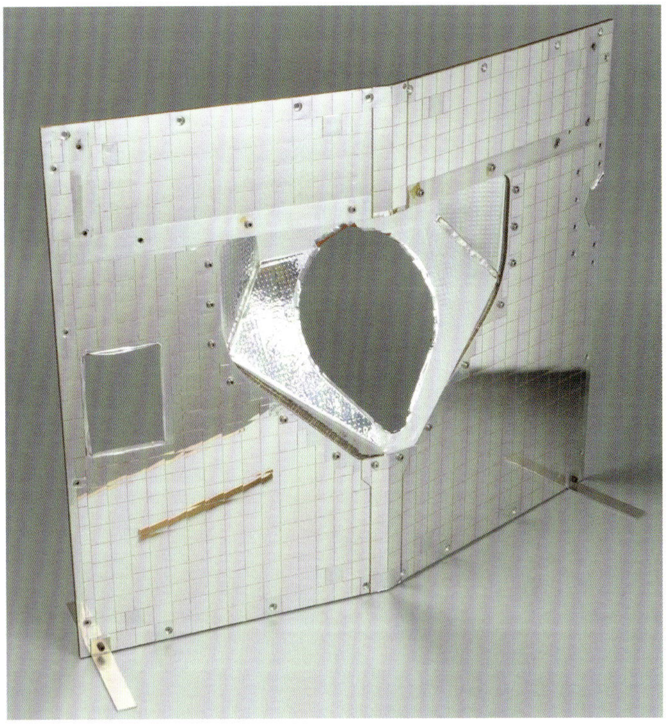

76 Hitzeschild der Raumsonde Helios

ERNO Raumfahrttechnik GmbH, Bremen, 1973

Die Außenhaut der Raumsonde Helios war zum Teil mit kleinen Spiegeln verkleidet, um die Sonnenwärme zu reflektieren.

Masse 1,12 kg
Breite 66,5 cm
Höhe 54,5 cm
Inv.-Nr. 1990-100

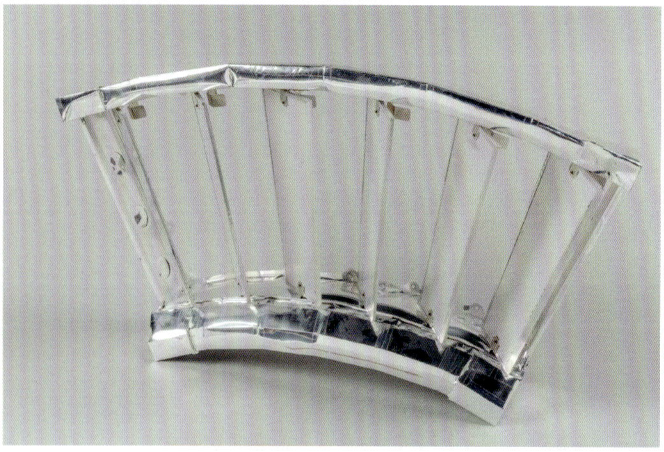

77 Jalousie der Raumsonde Helios

ERNO Raumfahrttechnik GmbH, Bremen, 1973

Im Vakuum des Weltraums kann Wärme von elektrischen Geräten nur durch direkte Infrarotstrahlung abgegeben werden. Dafür gibt es in der Regel Radiatoren, deren Absorptionsvermögen durch Sonnenstrahlung gering ist, die gleichzeitig aber ein hohes Emissionsverhalten für Infrarotstrahlung haben. Bei der Helios-Sonde wurde durch jalousieartige Blenden das Abstrahlverhalten durch Öffnen oder Schließen geändert. Der Mechanismus konnte von einem bimetallischen Mechanismus angetrieben werden, der je nach Temperatur die Lamellen drehte.

Masse 0,43 kg
Breite 61 cm
Höhe 34 cm
Inv.-Nr. 1990-103

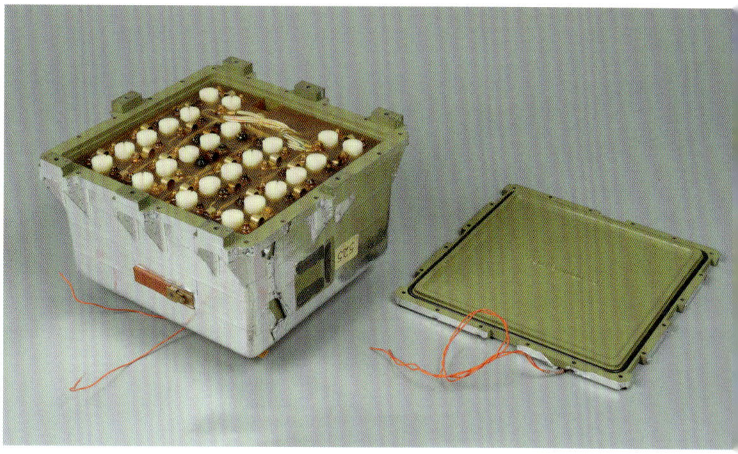

78 Silber-Zink-Batterie der Raumsonde Helios

Silberkraft, Duisburg, 1973

Zur Stabilisierung der Stromversorgung hatten die Helios-Raumsonden jeweils eine dieser aus 24 Zellen bestehenden Batterien an Bord.

Masse 6,58 kg
Breite 22,5 cm
Länge 23,0 cm
Höhe 13,0 cm
Inv.-Nr. 1983-52T10

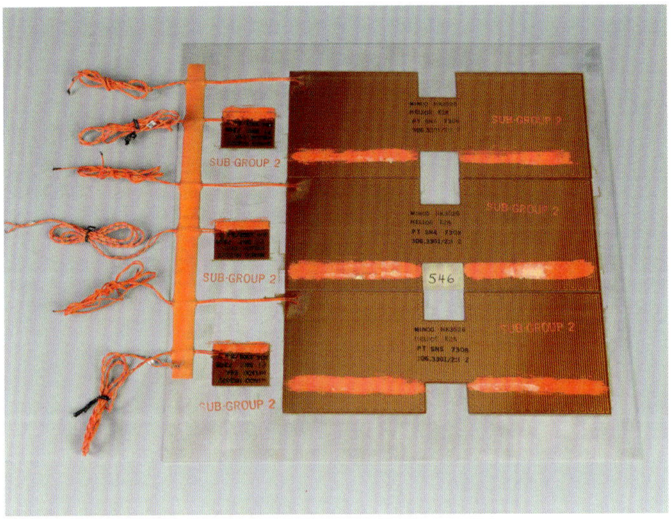

79 Heizmatten-Testvorrichtung

Hamos, Penzberg, 1973

Heizmatten erwärmen gezielt bestimmte Bereiche von elektronischen Geräten.

Masse 510 g
Breite 33 cm
Höhe 33 cm
Inv.-Nr. 1990-94

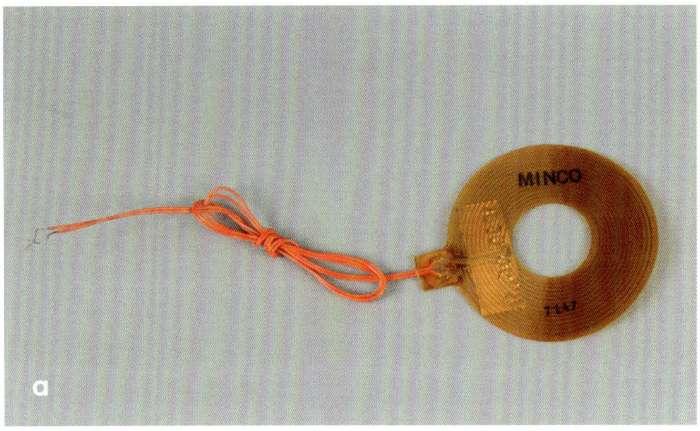

80 Elektrische Heizmatten

Minco, Fridley, MN, USA, 1971

80 a
Masse 1 g
Durchmesser 4,7 cm
Dicke 0,1 mm
Inv.-Nr. 1990-96T1

80 b
Masse 7 g
Breite 12,7 cm
Länge 12,7 cm
Dicke 0,1 mm
Inv.-Nr. 1990-96T2

Datenspeicherung und Kommunikation

Satelliten und Raumsonden stehen über hochfrequente Radiowellen mit der Erde in Verbindung. Die großen und zugleich leistungsfähigen Antennen der Bodenstationen empfangen ihre Daten und senden ihnen neue Befehle. Hierzu besitzen Satelliten und Sonden rauscharme und effiziente Verstärker, um mit ihren verhältnismäßig kleinen Antennen die schwachen Signale von der Erde zu empfangen.

Satelliten und Raumsonden verwendeten bis in die 1980er-Jahre Magnetkernspeicher. Ihre Daten sendeten die Satelliten direkt zur Erde oder verwendeten Magnetbänder zur Zwischenspeicherung der Informationen. Heute übernehmen elektronische Speicherchips diese Aufgabe.

Wanderfeldröhren sind Elektronenröhren, die Mikrowellenstrahlung hoher Leistung erzeugen; sie werden heute in vielen Satelliten als Downlink-Verstärker für die Funkverbindung zur Bodenstation verwendet. Für die Verarbeitung der Mikrowellen im Satelliten gibt es eine Reihe spezieller elektronischer Einheiten, wie z. B. den ausgestellten Modenkoppler oder den Abwärtsumsetzer. Geringe Mikrowellenleistungen, wie z. B. in Cubesats, werden mit Halbleitertechnik realisiert.

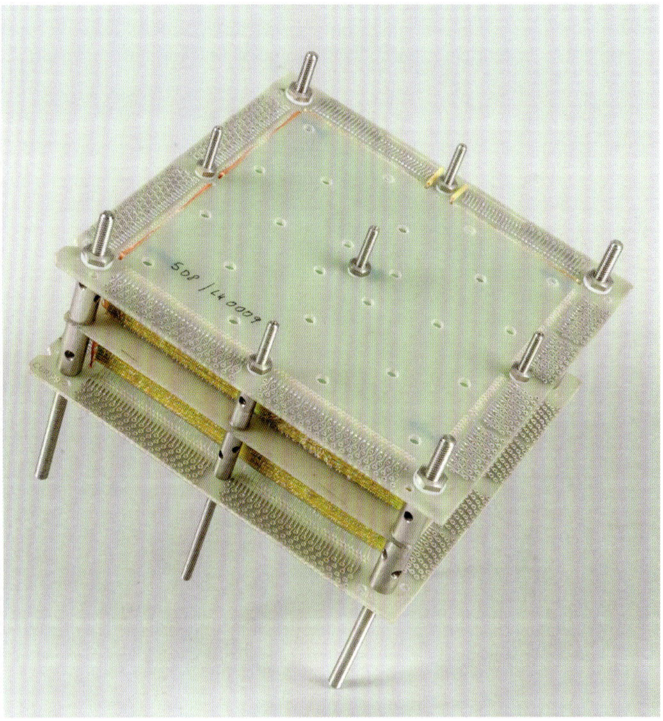

81 Kernspeicher-Matrix der Raumsonde Helios

Siemens, Deutschland, 1974

Die Matrix besteht aus 17 952 magnetisierbaren kleinen Ferritkernringen zur Speicherung von 2244 Byte. Durch jeden Ring laufen zwei isolierte elektrische Drähte. Ein elektrischer Strom in dem einen Draht magnetisiert den Ring, im anderen Draht wird dadurch ein Spannungsimpuls erzeugt. Dieser ist abhängig davon, ob der Ring vorher magnetisiert war oder nicht. So kann der Ferritkern entweder den digitalen Zustand 0 oder 1 darstellen.

Magnetische Kernspeicher wurden noch bei den ersten Space-Shuttle-Flügen bis ca. 1985 verwendet.

Masse 6 g
Breite 9 cm
Länge 9 cm
Dicke 0,1 mm
Inv.-Nr. 1990-109

82 Kernspeicher-Block der Raumsonde Helios

Siemens, Deutschland, 1974

Der Block besteht aus 2 × 17 Matrizen mit einer Kapazität von 76 296 Byte.

Masse 430 g
Breite 11,6cm
Länge 11,6 cm
Höhe 9,5 cm
Inv.-Nr. 1990-108

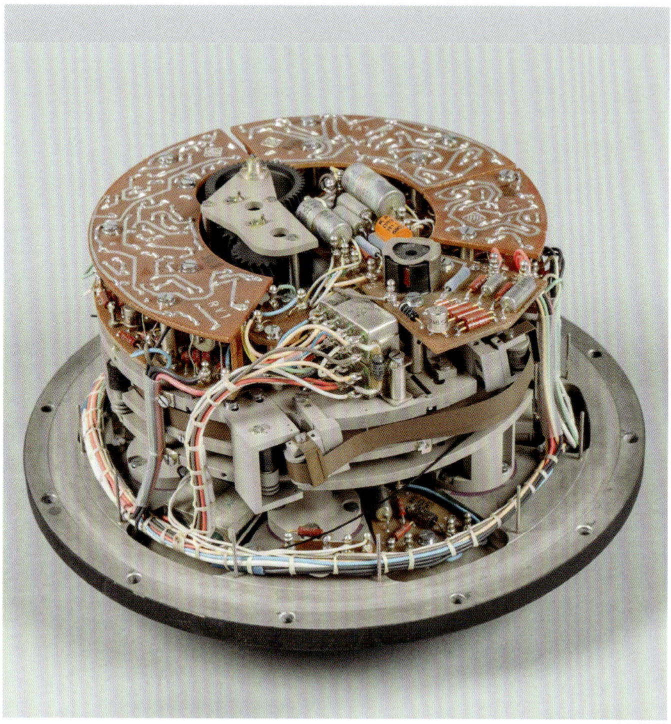

83 Kernspeicher-Einheit der Raumsonde Helios, basierend auf Ferritkernringen

Standard Elektrik Lorenz AG, Stuttgart, 1974

Auch in den 1970er-Jahren waren Kernspeicher noch Stand der Technik bei Raumfahrtanwendungen. Damit waren auch die Helios-Raumsonden ausgerüstet.

Masse 4 kg
Breite 19,5 cm
Länge 21 cm
Dicke 20,5 mm
Inv.-Nr. 1990-104

84 Magnetbandlaufwerk des Satelliten Azur

AEG-Telefunken, Konstanz, 1969

Bodenstationen können in der Regel nur während der Überflugzeit des Satelliten wenige Minuten lang Daten empfangen. Daher brauchte man Datenspeicher mit großem Speichervolumen. Dafür standen vor der Verwendung von Halbleitern nur Magnetbandspeicher zur Verfügung. Die Aufnahmerate war relativ klein, beim Überflug wurden die Daten mit hoher Geschwindigkeit wieder abgespielt. Das Band konnte dann wieder neu beschrieben werden. Das Laufwerk, der Bandantrieb und die Elektronik waren in einem abgeschlossenen gasgefüllten Gehäuse untergebracht.

Masse 1,7 kg
Kapazität 187 kByte
Aufnahmedauer 2 × 120 min
Aufnahmerate 100 bit/s
Wiedergaberate 5000 bit/s
Inv.-Nr. 1990-107T1

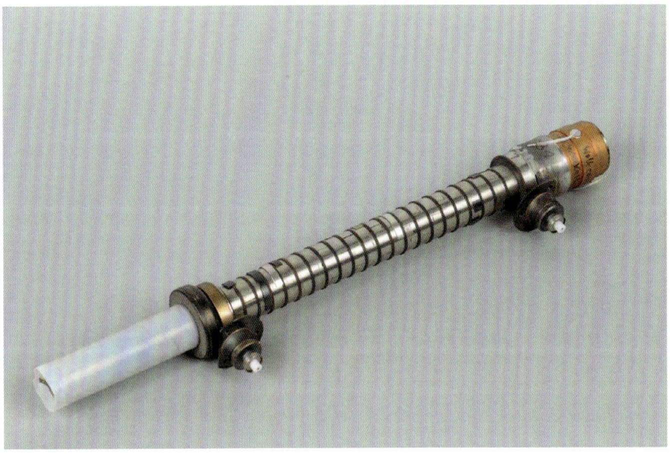

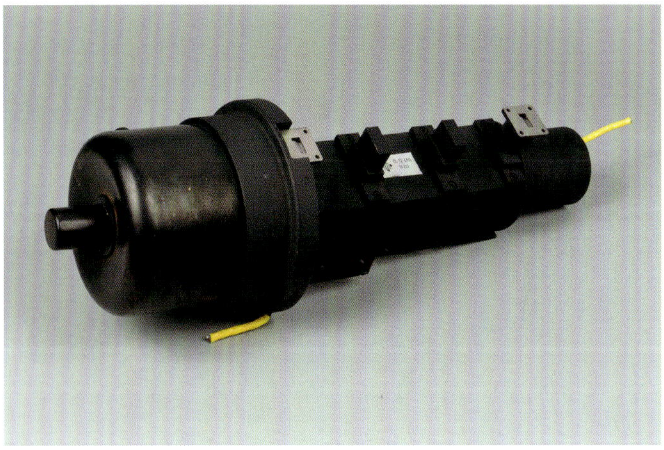

85 Wanderfeldröhre zur Signalverstärkung im Hochfrequenzbereich (ohne Gehäuse)

AEG-Telefunken, Konstanz, 1977

In fast jedem Satelliten werden Wanderfeldröhren als Downlink-Verstärker für die Strecke vom Satellit zur Bodenstation verwendet. Sie zeichnen sich aus durch eine große Bandbreite und einen hohen Wirkungsgrad im Mikrowellenbereich. In einer Kathode werden Elektronen freigesetzt und durch die Betriebsspannung zu einem Elektronenstrahl gebündelt. Um den Elektronenstrahl befindet sich ein schraubenförmiger Draht, in den das zu verstärkende Signal eingekoppelt wird. Die Elektronen übertragen ihre kinetische Energie auf das eingespeiste Hochfrequenzsignal. Am Ende des schraubförmigen Drahtes wird das verstärkte Signal ausgekoppelt.

Typ YH 1203
Masse 630 g
Heizspannung 6,3 V
Betriebsspannung 3000 V
Frequenzbereich 6,4–7,2 GHz
Ausgangsleistung 22 W
Inv.-Nr. 1990-24

86 Strahlungsgekühlte Wanderfeldröhre

AEG-Telefunken, Ulm, 1975

Diese Röhre wurde zur Signalverstärkung bei geostationären Nachrichtensatelliten verwendet.

Typ TL 12 450
Masse (ohne Gehäuse) 6,26 kg
Heizspannung 6,3 V
Betriebsspannung 8300 V
Frequenzbereich 11,7–12,5 GHz
Ausgangsleistung 450 W
Inv.-Nr. 1990-23

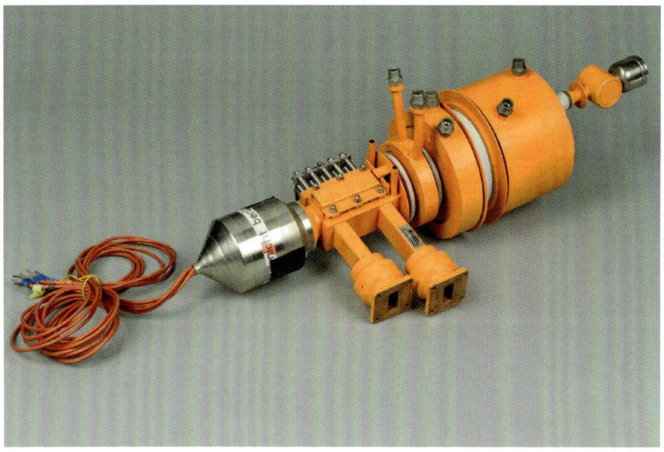

87 Klystron V 43 SK

Valvo, Hamburg, 1972

Ein Klystron funktioniert ähnlich wie eine Wanderfeldröhre. Der erzeugte und beschleunigte Elektronenstrahl wandert hier aber durch einen oder mehrere Hohlraumresonatoren, die von dem zu verstärkenden Hochfrequenzsignal gespeist werden. Nach einer gewissen Laufzeit durchquert der modulierte Elektronenstrahl einen weiteren Hohlraumresonator, in dem ein verstärktes Hochfrequenzsignal ausgekoppelt werden kann. Klystrons werden normalerweise für hohe Leistungen verwendet, die mit normalen Wanderfeldröhren nicht erreicht werden. Die Wärmeverlustleistung ist allerdings entsprechend hoch und erfordert passende Kühlsysteme. Das Klystron V 43 SK wurde für die Signalverstärkung von Fernsehsatelliten entwickelt.

Masse (ohne Gehäuse) 10,55 kg
Betriebsspannung 10 000 V
Frequenzbereich 12 GHz
Ausgangsleistung 1000 W
Inv.-Nr. 1990-30

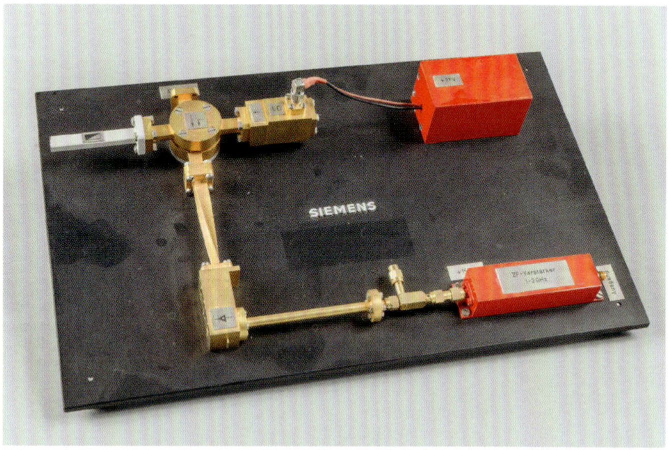

88 Abwärtsumsetzer

Siemens, Deutschland, 1975

Dieses Demonstrationsmuster diente der Reduzierung der Signalfrequenz von 30 GHz auf 1 GHz.

Masse 2,65 kg
Breite 38 cm
Höhe 24 cm
Inv.-Nr. 1990-36

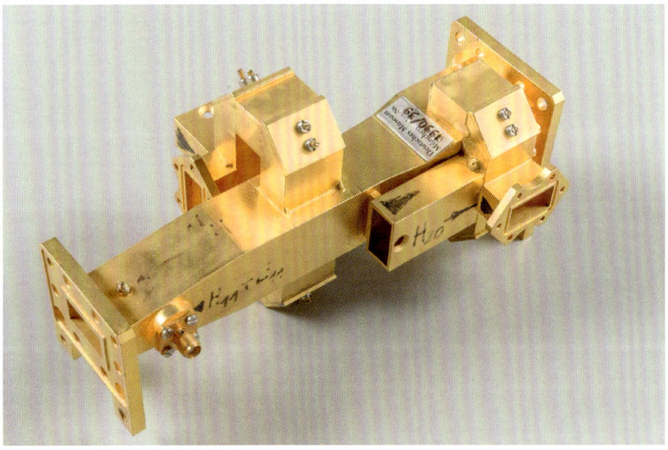

89 Hohlleiter-Modenkoppler

AEG-Telefunken, 1977

Dieses Bauteil diente der verlustarmen Leitung und Kopplung hochfrequenter Signale.

Masse 0,79 kg
Breite 10 cm
Länge 16,8 cm
Höhe 8,5 cm
Inv.-Nr. 1990-39

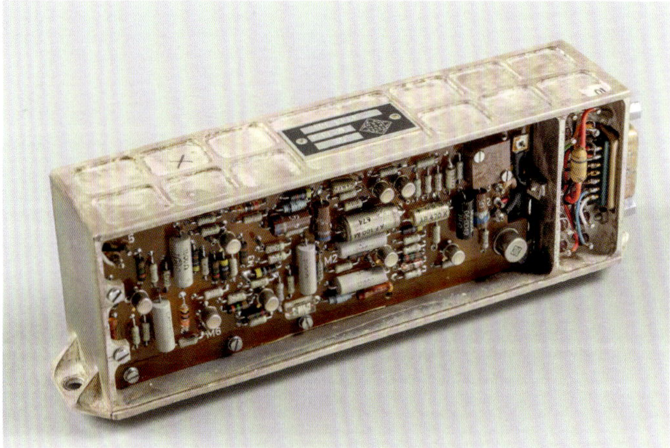

90 Telemetriesender des Satelliten Azur zur Bord-Boden-Übertragung

AEG-Telefunken, Ulm, 1969

Für die Übertragung der Telemetriedaten wurde hier der relativ niedrige UKW-Bereich gewählt.

Masse 0,39 kg
Breite 18,7 cm
Länge 5,9 cm
Höhe 3,9 cm
Trägerfrequenz 136–138 MHz
HF-Ausgangsleistung 0,4–0,8 W
Inv.-Nr. 1990-45

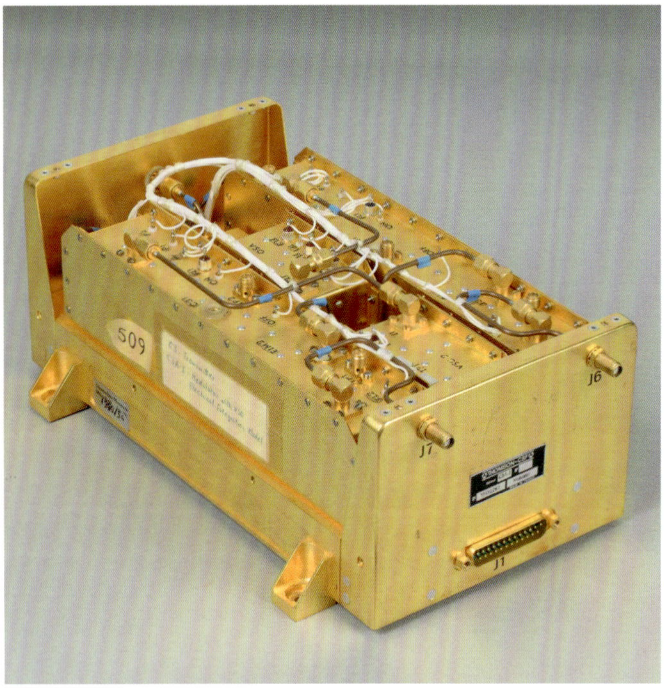

91 Modulator-Modul

Thomson-CSF, La Défense, Frankreich, 1972

Dieses Bauteil der Raumsonde Helios diente zur Aufprägung eines niederfrequenten Nutzsignals auf eine hochfrequente Trägerwelle.

Masse 1,7 kg
Breite 27 cm
Länge 17 cm
Höhe 9,5 cm
Inv.-Nr. 1990-54

Empfang von GPS-Satelliten

Demonstration, Deutsches Museum, 2017

Über eine Empfangsantenne auf dem Dach des Museums werden die Signale von amerikanischen GPS-Satelliten empfangen. In der Ausstellung wird auf einer Karte die daraus ermittelte Position dargestellt.

Für die Demonstration wird ein sogenannter GPS-Repeater verwendet.

Dieses Relaissystem ermöglicht den Empfang von Navigationssignalen innerhalb eines Gebäudes. Dabei werden die ursprünglich auf dem Dach empfangenen Signale von der Repeater-Antenne im Inneren der Ausstellung verstärkt wieder ausgestrahlt. Die Reichweite beträgt ca. 10m. Jeder Besucher kann mit einem eigenen Smartphone z. B. die Signale empfangen.

Das Display in der Ausstellung nimmt ca. jede Sekunde eine Messung vor. Die nacheinander gemessenen Positionen werden als Punkt dargestellt. Nach 500 Messungen wird die Punkt-Wolke gelöscht. Daneben werden die aktuellen Entfernungen und die Signallaufzeiten der empfangenen Satelliten angezeigt.

Technische Daten

GPS-Repeater System TecSys RK-104 von TecSys
Reichweite innerhalb der Ausstellung ca. 10 m
Empfänger GPS Maus Globalsat G-Star IV
Chipset Sirf Star IV
Genauigkeit max. 2m
Software Deutsches Museum

GPS-Repeater System mit Außenantenne links und Repeater rechts.

Navigation mit Satelliten

Die amerikanische Marine entwickelte in den 1960er-Jahren das erste Satellitennavigationssystem der Welt: Transit. Heute umrunden über 100 Satelliten von vier globalen Systemen die Erde. Am bekanntesten ist das amerikanische Global Positioning System (GPS). Navigationsgeräte lenken Autofahrer sicher an ihr Ziel und übermitteln im Notfall die Unfallstelle an Einsatzkräfte. Die Ortsbestimmung unterliegt allerdings Fehlern, denn Gebäude und atmosphärische Effekte beeinträchtigen den Empfang.

In der Luftfahrt ist GPS-Navigation ein Standardverfahren. Bei der Landung benutzen die Piloten jedoch meist noch mikrowellenbasierte Systeme.

Das US-amerikanische NAVSTAR GPS war die erste Generation eines global verfügbaren Satellitennavigationssystems. Es wurde 1978 als Versuchsserie gestartet und im Jahr 1992 komplettiert. Zunächst als rein militärisches System geplant, wurde GPS mit eingeschränkter Genauigkeit auch für zivile Nutzer als kostenloser Navigationsdienst verfügbar gemacht.

Neben dem von den USA betriebenen NAVSTAR GPS gibt es heute weitere weltweit funktionierende Satellitennavigationssysteme, so etwa GLONSASS (Russland), Galileo (Europäische Union) oder Beidou (China).

Karten und Koordinaten

Wesentliche Grundlagen für die Ortung und Navigation sind Karten, die je nach Anwendungs- und Einsatzgebiet unterschiedlich ausgestaltet sind. Sie werden im Landverkehr (Wanderkarte, Straßenkarte), im Schiffsverkehr, in der Luftfahrt und für technisch/wissenschaftliche Anwendungsgebiete (Vermessungswesen, Geodäsie, Verkehrswegeplanung, infrastrukturelle Planungen) erstellt und basieren auf unterschiedlichen Koordinatensystemen. Um einen Punkt auf einer Karte eindeutig bestimmen zu können, sind zwei Richtungswerte (Koordinaten) erforderlich.

Zur Bestimmung der Höhe bezieht man sich bei Kartenmaterial auf die Höhenangaben von markanten Punkten (meist Bergen) und auf die topografischen Höhenlinien, wie sie in Landkarten (Wanderkarten) eingezeichnet sind. Beim Einsatz von Satellitennavigationsempfängern wird neben der Positionsangabe (geografische Länge und geografische Breite) auch die Höhenangabe übermittelt.

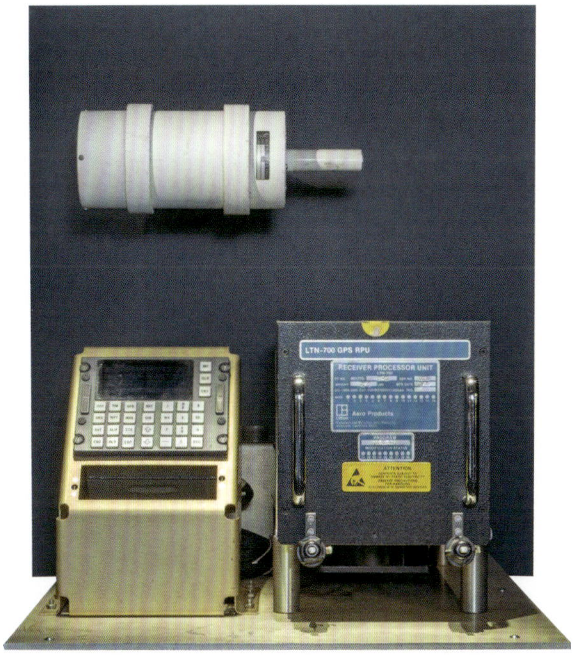

92 GPS-Navigationsgerät LTN-700

Litton Industries, Milwaukee, USA, 1990

Das LTN-700 war die erste, speziell für die zivile Luftfahrt entwickelte GPS-Navigationsanlage. Der Einkanalempfänger konnte vier Navstar-Satellitensignale gleichzeitig empfangen. Eine eingebaute Batterie sorgte dafür, dass der Speicher mit den Satellitendaten nicht verloren ging. Nach dem Einschalten konnte es bis zu 6 Minuten bis zur ersten Positionsanzeige dauern. Die maximale Positionsgenauigkeit betrug etwa 40 m. Die Anlage bestand aus Antenne mit Vorverstärker, Empfänger und Anzeigeeinheit.

Masse 24 kg
Breite 48,2 cm
Länge 63,5 cm
Höhe 27,5 cm
Eingangskanäle 1
Inv.-Nr. 1992-703

93 GPS-Navigationsgerät Sony PYXIS IPS-360

Sony Deutschland GmbH, Berlin, 1992

Das PYXIS von Sony gehörte zu den ersten, einfachen Outdoor-Navigationsgeräten. Die große, kreisförmige Antenne war abnehmbar und konnte per Kabel an einer günstigen Stelle angebracht werden. Der Vierkanalempfänger verfügte bereits über alle notwendigen Programminhalte (Wegpunkte, Routen usw.). Trotzdem war das Gerät noch relativ unhandlich und wog über ein halbes Kilo. Es kostete ca. 2000,- DM. Zur Montage auf dem Schiff oder auf dem Auto konnte die Antenne mittels Verlängerungskabel bis zu 7 m entfernt montiert werden. Das PYXIS hatte keinen Datenausgang für externe Geräte.

Masse 0,584 kg
Breite 10,2 cm
Länge 18 cm
Höhe 3,9 cm
Eingangskanäle 4
Inv.-Nr. 1993-91

b

c

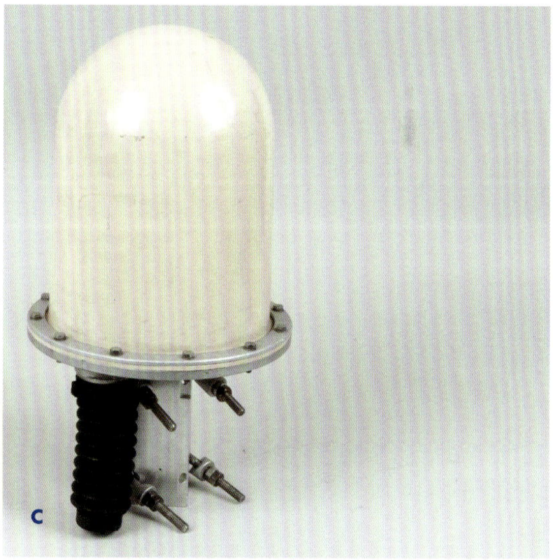

a

94 GPS-Navigationsgerät Navstar PS8400

Prakla-Seismos, Hannover, 1984

Auch in Deutschland gab es Produzenten von GPS-Geräten. Die Prakla-Seismos GmbH stellte Ende der 1980er-Jahre den Einkanalempfänger PS8400 her. Antenne, Empfänger und Anzeigeeinheit hatten zusammen eine Masse von 37 kg. Das Gerät war für geophysikalische Erkundungen gedacht. Typische maximale Auflösungen waren 30 m. Das PS8400 konnte über ein angeschlossenes Modem Daten in Echtzeit übermitteln.

94 a Anzeigeeinheit
Masse 8,9 kg
Breite 25 cm
Länge 30 cm
Höhe 28,5 cm

94 b Empfänger
Masse 19,5 kg
Breite 28,5 cm
Länge 54,5 cm
Höhe 26 cm
Eingangskanäle 1

94 c Antenne
Masse 3,6 kg
Höhe 39,8 cm
Durchmesser 22,2 cm

Inv.-Nr. 2004-144

95 GPS-Navigationsgerät Trimble TransPak

Trimble, Sunnyvale, USA, 1991

Das TransPak gehörte wie das Sony PYXIS zu den ersten tragbaren GPS-Navigationsgeräten. Es hatte einen Dreikanalempfänger und konnte an Land, auf See und in der Luft verwendet werden. Es wog 1,2 kg und hatte daher einen kräftigen Trageriemen. Mit einem zentralen Drehschalter wurden die verschiedenen Menüs angewählt. Das TransPak wurde auch gerne von Freizeitpiloten verwendet.

Masse 1,185 kg
Breite 18,8 cm
Länge 18,8 cm
Höhe 7 cm
Eingangskanäle 3
Inv.-Nr. 2012-198

96 GPS-Navigationsgerät Garmin eTREX H

Garmin Deutschland GmbH, Garching, 1999

Das eTREX H war ein einfaches und sehr handliches, kleines Outdoor-Navigationsgerät und war das Basisgerät einer ganzen Modellreihe. Die Antenne war im Inneren des Geräts untergebracht. Es hatte mit zwei kleinen AA-Batterien eine erstaunlich lange Betriebsdauer von 17 Stunden und konnte 500 Wegpunkte für eine Route aufzeichnen. Das H im Namen stand für einen High-Sensitivity-Empfängerchip, der sogar im Wald guten Empfang brachte. Der Empfänger konnte zwölf Satelliten gleichzeitig empfangen. Die Bedienung erfolgte mit Tasten am Rand des Geräts. Richtige Karten konnte das Gerät aber nicht darstellen. Dafür hatte es einen Anschluss für den PC.

Masse 0,1 kg
Breite 5,6 cm
Länge 11,2 cm
Höhe 2,9 cm
Eingangskanäle 12
Inv.-Nr. 2000-243

97 GPS-Navigationsgerät Magellan Explorist 100

Magellan Navigation Inc., San Dimas, USA, 2006

Das Explorist 100 konnte 14 Kanäle (Satelliten) empfangen und war aufgrund seiner Größe auch für Fahrradfahrer geeignet. Magellan war in den USA der zweitgrößte Hersteller für Outdoor-GPS-Geräte nach Garmin, und der Explorist 100 ähnelte dem Garmin eTREX H. Der Explorist 100 war bereits mit dem EGNOS/WAAS-System ausgestattet, das den Verlauf der GPS-Signale durch die Erdatmosphäre korrigieren konnte. Das führte zu einer Positionsgenauigkeit von 2–3 m. Die Qualität des Schwarz-Weiß-Displays war bescheiden. Ähnlich wie das eTREX konnte es keine richtigen Karten darstellen. Einen Computeranschluss hatte das Explorist 100 nicht.

Masse 112 g
Breite 5,5 cm
Länge 12 cm
Höhe 3,5 cm
Eingangskanäle 14
Inv.-Nr. 2008-47

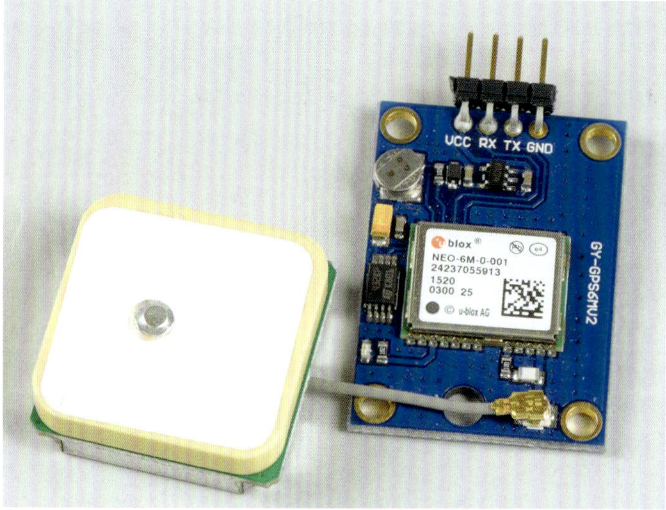

98 GPS-Empfänger-Chip mit Aktiv-Antenne u-blox NEO-6M-0-001

u-blox, Thalwil, Schweiz, 2015

Der u-blox ist ein moderner GPS-Chip für Satelliten der Systeme GPS (USA), GLONASS (Russland), Galileo (Europa), Beidou (China) und QZSS (Japan). Er hat einen 50-Kanal-Empfänger und wiegt mit Antenne nur etwa 20 g. Er war für die Massenproduktion gedacht und kostete 2016 in der Herstellung ca. 20,- Euro. Die Firma u-blox ist ein Schweizer Hersteller für Kommunikationstechnik und Navigationstechnologie.

Masse 20 g
Breite 25 mm
Länge 44 mm
Dicke 4 mm
Eingangskanäle 50
Inv.-Nr. 2016-264

Prinzipien der Funkortung und Satellitennavigation

Ortung bedeutet Ortsbestimmung durch Berechnung der aktuellen Position. Um die Position eindeutig bestimmen zu können, braucht man einen Bezugspunkt (z. B. eine Sendestation), dessen Koordinaten bekannt sind. Durch Ermittlung von direkter Entfernung und relativer Richtung zu diesem Sender lässt sich die eigene Position ermitteln. Die Entfernung kann man durch eine Laufzeitmessung der elektromagnetischen Signale bestimmen. Dazu braucht es im Prinzip einen Sender, einen Empfänger und eine Uhr. Die Richtung lässt sich aber funktechnisch nicht so einfach messen. Zur Ermittlung des Standorts bestimmt man daher die Entfernung zu drei verschiedenen Sendern (Satelliten). Diese Methode heißt Triangulierung. Die Bestimmung des Standortes ohne Höhenangabe ergibt sich aus dem gemeinsamen Schnittpunkt von drei Kreisen, die um die Sender gezogen werden (Abb. 1). Die Radien der Kreise entsprechen den aus der Laufzeit der Signale errechneten Entfernungen. In der Abbildung ergeben sich aus der Entfernungsmessung zu Sender BLAU und Sender ROT zwei mögliche Standorte. Durch die Hinzunahme der Entfernungsinformation zu Sender GRÜN wird diese Zweideutigkeit aufgelöst; der Standort des Empfängers ist eindeutig bestimmt. Wenn die Position jedoch hinreichend bekannt ist, lässt sich bereits mit zwei Sendestationen der Standort ermitteln, indem der zweite Schnittpunkt als Lösung ausgeschlossen wird.

Im räumlichen Anwendungsfall (vier Satelliten) ergibt sich der Standort aus dem gemeinsamen Schnittpunkt von vier Kugeln, die um die Sender gezogen werden. Die Radien der Kugeln entsprechen den aus der Laufzeit der Signale errechneten Entfernungen. Dies führt zu einer eindeutigen Lösung (Laufzeitmessungen zu nur drei Satelliten führen nur zu einer Zweideutigkeit des Ergebnisses, wobei aber auch hier eine der beiden Lösungen als unwahrscheinlich ausgeschlossen werden kann).

1 Der Schnittpunkt der Entfernungsradien von drei Satelliten ergibt den Standort.

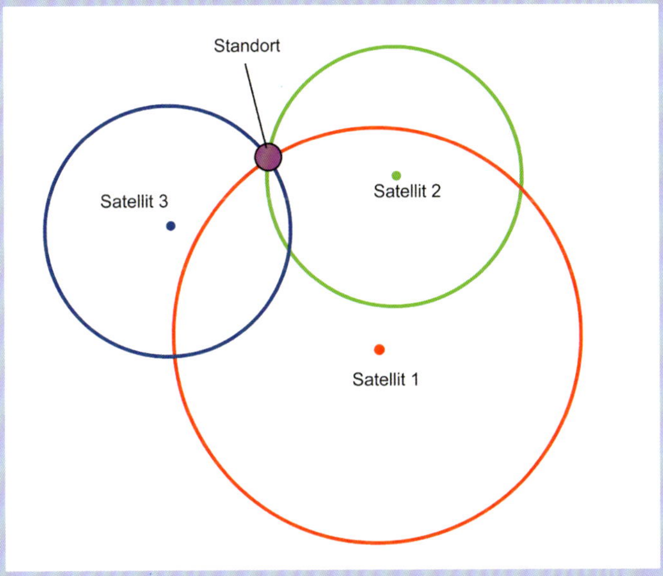

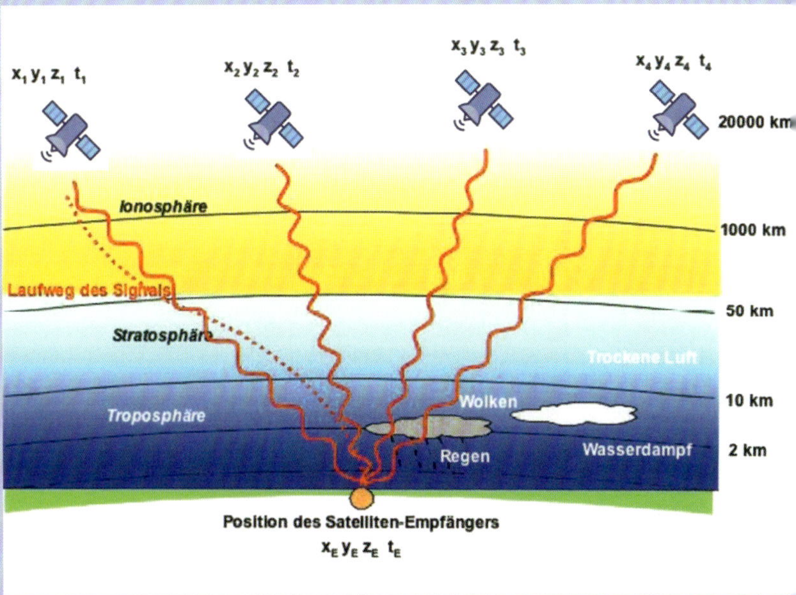

2 Laufzeitunterschiede von vier Satelliten sind zur Bestimmung des Standorts (mit Höhe) notwendig.

Um die Signallaufzeiten messen zu können, senden die Satelliten ein Zeitsignal mit. Die Satelliten und auch der Empfänger brauchen also eine hochgenaue Zeitsynchronisation, denn die Laufzeiten betragen aufgrund der Lichtgeschwindigkeit nur einige Millisekunden. In den Satelliten sind hochgenaue Atomuhren eingebaut. Bei einem kleinen GPS-Empfänger geht das aber nicht. Daher wird die Uhrzeit des Empfängers aus den vier Satellitensignalen bestimmt. Mathematisch entspricht die Standortbestimmung einem Gleichungssystem mit vier Unbekannten, dessen Lösung die drei Raumkoordinaten (aktueller Standort) und die Zeit sind.

Genauigkeit der Standortbestimmung

Die Genauigkeit der Standortbestimmung hängt davon ab, wie stark die Ausbreitung der Funksignale durch Einwirkungen der Erdatmosphäre beeinflusst wird. Dieser Effekt ist umso größer, je weiter der Weg der Funksignale ist. Steht der Satellit z. B. nahe am Horizont, ist dieser Weg sehr lang und somit für die Messung eher ungeeignet. Moderne Navigationsempfänger können Signale von mehr als nur vier Satelliten gleichzeitig empfangen und so die Standortbestimmung optimieren (Abb. 2). Die damit erreichbare, absolute Genauigkeit liegt im Bereich von wenigen Metern. Höhere Genauigkeiten bringt das sogenannte Differential-GPS. Hierbei steht ein GPS-Empfänger an einem bekannten Standort und vergleicht über Funk die Empfangssignale mobiler Geräte in der Umgebung. Damit sind Genauigkeiten in der Größenordnung von 1 bis 3 cm möglich.

Materialien für die Raumfahrt

Besondere Umweltbedingungen erfordern spezielle Materialien. Das gilt vor allem für die Situation im Weltraum. Insbesondere die Phasen von Raketenstart und Wiedereintritt von Raumflugkörpern in die Erdatmosphäre stellen hohe Anforderungen an das Material.

Kohlenstofffaserverstärkter Kunststoff (CFK) bietet bei leichtem Gewicht sehr hohe Festigkeiten. Er hält auch den hohen Startbelastungen von Satelliten stand. Der Weltraum bietet durchaus Vorteile für die Entwicklung neuer Materialien. Viele Experimente befassen sich mit der Bildung neuer Legierungen und Verbundmaterialien in der Schwerelosigkeit. Dafür gibt es besondere Schmelzöfen, die unter größten Sicherheitsvorkehrungen Materialien schmelzen und dann abkühlen lassen. Der Erstarrungsprozess in der Schwerelosigkeit lässt auf neue Materialeigenschaften hoffen.

99 Streben und Knotenelemente des Satelliten ASTRO-SPAS

MBB, Ottobrunn, 1990

Diese Streben und Knotenelemente bilden das Hauptgerüst des wiederverwendbaren Satelliten ASTRO-SPAS. Die Streben bestehen aus einem CFK-Rohr mit einer angeklebten Titan-Buchse. Bei gleicher Steifigkeit kann man gegenüber ähnlichen Metallrohren über die Hälfte der Masse einsparen. Die Bruchfestigkeit ist so hoch, dass eine einzelne Strebe etwa 20 PKWs tragen kann.

Material Hochsteifes CFK Rohr
Verbindungselemente Titan
Durchmesser 6,6 cm
Inv.-Nr. 2004-717

100 Gewickelte Profile aus CFK

MBB, Ottobrunn, 1979

Gewickelte Profile aus Kohlefasern dienen als Strukturelemente beim Aufbau des Solarpanels der Intelsat-V-Satelliten. Der erste Intelsat-V-Satellit wurde am 16. Dezember 1980 gestartet.

Masse 60 g (alle 3)
Breite 2 cm
Länge 50 cm
Höhe 2 cm
Inv.-Nr. 80521

101 Grafit-Strahlruder der V2-Rakete

Deutschland, 1944

Bei der geringen Geschwindigkeit der V2-Rakete beim Senkrechtstart waren die Luftruder zunächst wirkungslos. Deswegen wurden vier Ruder aus Grafit im Triebwerksstrahl angesetzt, um eine ausreichende Steuerwirkung zu erzielen. Grafit besteht aus reinem Kohlenstoff und ist bis 2500 °C formstabil. Es ist allerdings sehr weich und mechanisch nicht stark belastbar. Daher wird es in der Raumfahrt heute kaum verwendet.

Masse 7,35 kg
Dicke 9,6 cm
Breite 27 cm
Höhe 41 cm
Inv.-Nr. 80003T2

102 Hitzeschildsegment der Gemini-8-Kapsel

McDonnell Aircraft Corp., St. Louis, MO, USA, 1966

Die Gemini-8-Mission führte zum ersten Mal ein sogenanntes Kopplungs-Rendezvous durch. Als Zielkörper diente eine Agena-Raketenstufe. Das wabenartige Material bestand aus mit Harzen imprägniertem Fiberglas mit dem Silikon-Elastomer Dow-Corning DC-325.

Masse ca. 100 g
Dicke 6 cm
Breite 20 cm
Höhe 20 cm
Material mit Harzen imprägnierte Wabenstruktur aus Glasfaser
Leihgabe National Air and Space Museum, Washington, D.C., USA
Inv.-Nr. L1983-22

103 Hitzeschildsegment der Gemini-10-Kapsel

McDonnell Aircraft Corp., St. Louis, MO, USA, 1966

Das Hitzeschildsegment der Gemini-10-Kapsel bestand aus mit Harzen imprägniertem Fiberglas mit dem Silikon-Elastomer Dow-Corning DC-325. Mit der Gemini-10-Mission gelang es erstmals, an ein anderes Objekt im Weltraum anzudocken. Die Beherrschung eines Andockmanövers war Voraussetzung für die späteren Apollo-Missionen.

Masse ca. 100 g
Dicke 2,7 cm
Breite 11,5 cm
Höhe 4,8 cm
Material mit Harzen imprägnierte Wabenstruktur aus Glasfaser
Inv.-Nr. 1983-62

104 Hitzeschildsegment der Apollo-8-Kapsel

Avco Corporation, Greenwich, CT, USA, 1967

Um die Apollo-Kapsel während des Eintritts vor der extremen Hitze des Wiedereintritts in die Erdatmosphäre zu schützen, wählte man einen abbrennbaren (ablativen) Wärmeschutzschild. Die Geschwindigkeit der Apollo-Kapseln beim Wiedereintritt betrug bis zu 40 000 km/h. Mit Apollo-8 umrundeten erstmals im Dezember 1968 drei Astronauten den Mond.

Masse 25 g
Dicke 4,6 cm
Breite 11,9 cm
Höhe 8,2 cm
Material mit Phenol-Epoxidharz gefüllte Wabenstruktur aus Glasfaser
Inv.-Nr. 79961

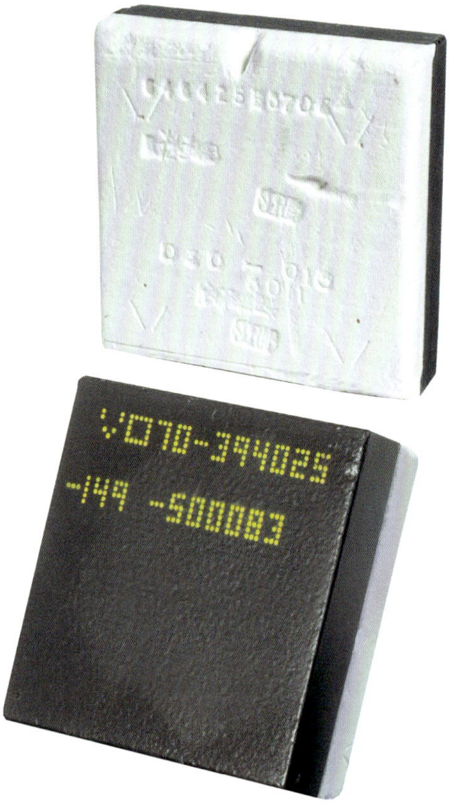

105 Keramikbeschichtete Hitzeschutzkachel des Space Shuttles

Lockheed Missiles and Space Division, Sunnyvale, USA, 1980

Mit Ausnahme der Fenster war die US-Raumfähre Space Shuttle mit einer Hitzeschutzisolation bedeckt, die sie vor der Reibungshitze beim Wiedereintritt schützen sollte. Etwa 23 000 keramikbeschichtete Kacheln aus Silikatfasern bedeckten die Unterseite, die Temperaturen bis 1260 °C standhalten musste. Sie waren mit einem speziellen Klebstoff mit dem Shuttle verbunden. Die geringe spezifische Masse der Kacheln entsteht durch einen Sinterprozess, der viele Vakuumhohlräume zwischen dem Glasfasermaterial entstehen lässt.

Masse 170 g
Dicke 4,5 cm
Breite 15 cm
Höhe 15 cm
Material Aufgeschäumte Silikatfaser mit 90 % Porenanteil
Deckschicht Borsilikat
Inv.-Nr. L1983-11T2

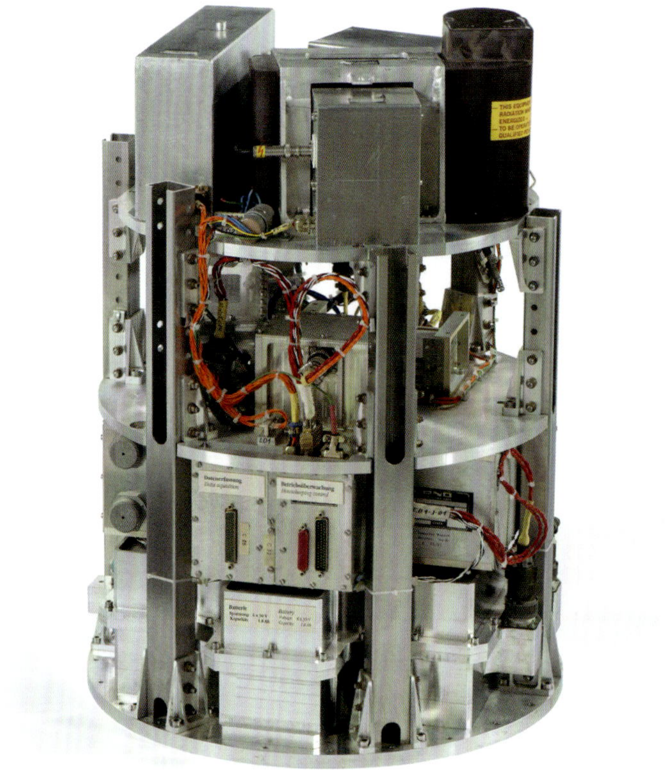

106 MAUS-Experiment aus Space Shuttle

MBB-ERNO Raumfahrttechnik, Bremen, 1982

MAUS-Flugeinheiten (Materialwissenschaftliche Autonome Experimente unter Schwerelosigkeit) waren standardisierte Behälter für Experimente, die im Laderaum der amerikanischen Raumfähre befestigt wurden. Dieses Exponat war zweimal mit dem Space Shuttle im Weltraum. Es enthielt ein Experiment zur Röntgenuntersuchung von Schmelzvorgängen in Metallen.

Masse 62 kg
Durchmesser 50 cm
Höhe 70 cm
Leihgabe DLR, Köln
Inv.-Nr. L1985-13

107 Schmelzofen SPLAV-02

GLAVKOSMOS Technisches Zentrum SPLAV, Moskau, UdSSR, 1985

Dieser elektrische Schmelzofen diente seit 1985 zur Mischung und Herstellung von Materialien in der Schwerelosigkeit. Öfen dieses Typs fanden Verwendung in der Raumstation Mir und den sowjetischen Raumschiffen PHOTON und RESOURCE. Ein Transportmechanismus schob bis zu zwölf Kapseln mit Materialproben nacheinander in das Heizelement. Dieses Exponat war mehrfach mit Satelliten des Typs PHOTON im Weltraum.

Masse 63 kg
Durchmesser 42 cm
Länge 80,5 cm
Elektr. Leistung 370 W
Temperatur 500°–1050°C
Inv.-Nr. 1991-1

Bemannte Raumfahrt

Am 12. April 1961 begann mit Juri Gagarins erstem Weltraumflug das Zeitalter der bemannten Raumfahrt. In nur einem Jahrhundert hat der Mensch den Luftraum mit Flugzeugen erobert und das menschenfeindliche Weltall mit Raketen erreicht. Noch immer ist es nur wenigen Menschen möglich, die persönliche Erfahrung von Schwerelosigkeit zu machen und einen Blick von oben auf unseren blauen Planeten zu werfen. Umso faszinierender sind die Weltraummissionen von Frauen und Männern für die breite Öffentlichkeit.

Der im Katalog verwendete historisch geprägte Begriff »Bemannte Raumfahrt« erfährt im Zuge einer gendergerechteren Sprache im Deutschen eine Wandlung. Zunehmend wird heute auch der Ausdruck »Astronautische Raumfahrt« verwendet, so zum Beispiel vom deutschen Zentrum für Luft- u. Raumfahrt (DLR).

Die Inszenierung zeigt den ersten amerikanischen Weltraumspaziergang von Edward White (1930–1967) im Jahr 1965. Im deutschsprachigen Raum hat sich die Bezeichnung »Weltraumspaziergang« eingebürgert, obwohl sie dem eigentlichen Zweck nicht gerecht wird: Ein Außeneinsatz gehört zu den körperlich anstrengendsten Tätigkeiten von Menschen im Weltraum.

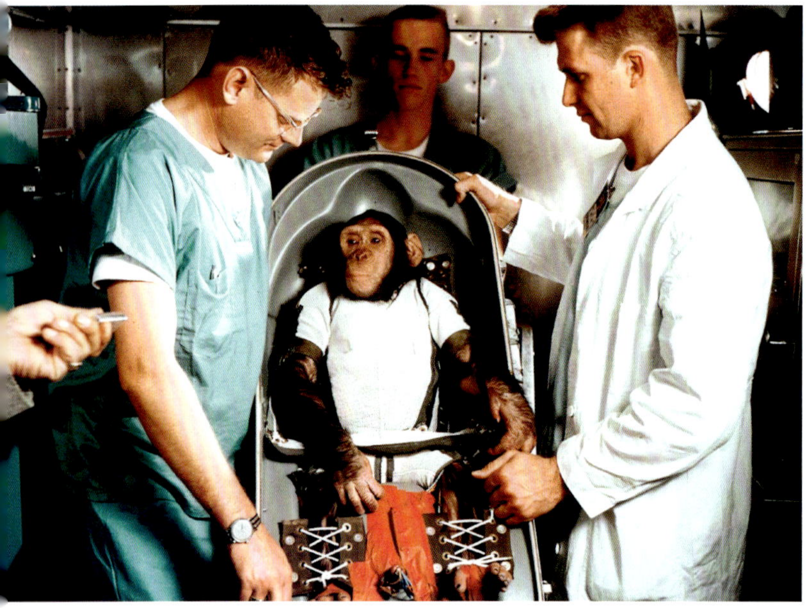

1 Der Schimpanse Ham vor seinem ballistischen Raumflug am 31.1.1961.

Tiere im Weltraum

Eine der großen Fragen der Raumfahrt, die es zu lösen galt, bevor man Menschen ins All schickte, war das Verhalten von Lebewesen in der Schwerelosigkeit. Man unternahm daher viele Versuche mit Säugetieren, die mit Höhenforschungsraketen senkrecht in den Himmel geschossen wurden. Für erste Erfahrungen mit der Schwerelosigkeit sandten die Amerikaner Schimmelsporen, Fruchtfliegenlarven und Mäuse für kurze Zeit ins Weltall. Von diesen Lebewesen erwartete man nur, dass sie wieder heil zur Erde zurückkamen. Später flogen Affen ins All, die intelligent genug waren, einfache Aufgaben durchzuführen. Die Russen machten keine Versuche mit Affen, sondern verließen sich auf das zuverlässigste Haustier des Menschen: den Hund.

Am 3. November 1957 brachte eine russische Rakete das erste Säugetier in eine Erdumlaufbahn: die Hündin Laika. Das Raumschiff mit der Bezeichnung Sputnik 2 hatte eine Masse von mehr als einer halben Tonne und schockierte die Amerikaner, die bis dahin vergeblich versucht hatten, ihren nur 1,5 kg schweren Vanguard-Satelliten zu starten. Die USA mussten erkennen, dass die UdSSR in der Lage war, Atombomben mit Raketen bis über ihren Kontinent zu transportieren. Von der UdSSR als weiterer großer Prestigeerfolg gefeiert, war das Unternehmen für Laika – wie später bekannt wurde – ein Fiasko: Aufgrund einer fehlerhaften Isolierung erhitzte sich das Kapselinnere, und Laika starb qualvoll. Die Tierversuche zeigten aber, dass es vom medizinischen Standpunkt aus möglich sein sollte, Menschen für kurze Zeit in den Weltraum zu bringen. Die Zeit war reif für den ersten bemannten Flug von Juri Gagarin (1934–1968) am 12. April 1961. Zehn Monate später schickten die USA den ersten Amerikaner – John Glenn (1921–2016) – in den Erdorbit.

Die Mercury-, Gemini- und Apollo-Missionen

Noch bevor John Glenn als erster Amerikaner 1962 die Erde umrundete, verkündete der amerikanische Präsident Kennedy das eigentliche Ziel der bemannten Raumfahrt in den USA: die ersten Menschen auf dem Mond zu sein und zwar innerhalb von nicht einmal zehn Jahren.

Darauf zielten die aufeinanderfolgenden Projekte Mercury, Gemini und Apollo ab. Das nach dem römischen Gott Merkur benannte Projekt Mercury konnte jeweils einen Astronauten in eine Erdumlaufbahn bringen. Nach den ersten Erfahrungen wurde schnell klar, dass man vor der Mondlandung einen weiteren Zwischenschritt einlegen musste. Das vom lateinischen Wort für Zwilling abgeleitet Projekt Gemini brachte jeweils zwei Astronauten in den Weltraum und sollte alle grundlegenden Techniken für die Mondlandung ausprobieren. Darunter verschiedene Kopplungsmanöver und Weltraumspaziergänge (Abb. 3).

Aufbauend auf den Gemini-Flügen startete das eigentliche Mond-Projekt Apollo. Es begann mit einem Fehlschlag: Noch vor dem ersten Flug verbrannten drei Astronauten bei einem Test in ihrer Kapsel. Raumanzüge und Kapsel wurden geändert. Mit Apollo-7 begann 1968 der erste bemannte Testflug. Schon ein Jahr später glückte mit Apollo-11 die erste bemannte Landung auf dem Mond (Abb. 4). Schlüssel zum amerikanischen Erfolg war die

2 Die beiden Raumfahrer Juri Gagarin und John Glenn.

extra für das Mondprogramm entwickelte Saturn-V-Rakete. Sie verschaffte ihrem Konstrukteur Wernher von Braun die lang ersehnte unumschränkte Anerkennung und machte seinen unrühmlichen Part als Waffenkonstrukteur in Deutschland und den USA vergessen. Dass die erste erfolgreiche Mondlandung am 21. Juli 1969 kein Produkt aus Zufall und Glück war, bewiesen die

3 Die Aufnahme von Gemini 7 machte der Astronaut Thomas Stafford von Gemini 6 aus. Die beiden Raumkapseln Gemini 6 und Gemini 7 kamen sich am 15.12.1965 bis auf 2 m nahe. Es war das erste Mal, dass sich zwei bemannte Raumschiffe im Weltraum trafen.

fünf weiteren, darauffolgenden Mondlandungen. Die fehlgeschlagene Apollo-13-Mission zeigte, wie wichtig das Vorhandensein redundanter Systeme im Unglücksfall ist; die Vorsicht und Weitsicht der Ingenieure hatte sich bezahlt gemacht. Insgesamt zwölf amerikanische Astronauten haben den Mond betreten, ohne Zweifel war dies ein Höhepunkt der bemannten Raumfahrt.

Des Prestigeerfolgs im Rennen um die erste bemannte Mondlandung beraubt, bekam die bemannte Mondlandung in der Sowjetunion keine Priorität mehr bei den staatlichen Stellen. Offiziell aber stellte man das streng geheime Programm erst 1976 ein.

Mit dem Ende des Apollo-Programms tauchte eine neue Bezeichnung auf: der Wissenschaftsastronaut. Während die erste Mondlandung ganz im Zeichen amerikanischen Pioniergeistes stand, rückte bei den späteren Missionen die Wissenschaft immer stärker in den Vordergrund.

4 Apollo 11: Buzz Aldrin fotografiert von Neil Armstrong, 21. Juli 1969. Das Motiv war auf den Hasselblad-Kameras im Sonnenlicht nicht immer leicht zu sehen, sodass das Foto oben abgeschnitten ist. In späteren Veröffentlichungen wurde der obere Bildrand oft mit schwarzem Himmel retuschiert und hat so den ikonenhaften Charakter dieses Fotos noch verstärkt.

108 Mercury-Raumkapsel mit Rettungsrakete

Nachbau, Deutsches Museum, München, 1966

Die Mercury-Raumkapsel war das erste bemannte Raumfahrzeug der USA. Mit ihr erreichte am 5. Mai 1961 als erster Amerikaner Alan B. Shepard den Weltraum. Sein Flug war aber nur ein kurzer, ballistischer Flug bis in 186 km Höhe. Am 20. Februar 1962 erreichte dann John Glenn mit der Mercury die Erdumlaufbahn und umkreiste dreimal die Erde. Die Kapsel war eine schwimmfähige Doppelschalenkonstruktion aus einer Nickellegierung. Die gewölbte Basis bestand aus einer massiven Berylliumplatte, die beim Wiedereintritt in die Atmosphäre als Hitzeschild diente. Nach Protesten durch die Astronauten bekam die anfangs ohne Sicht nach außen geplante Mercury-Kapsel ein Fenster. Bei der Landung von Virgil Grissom nach einem ballistischen Flug am 21. Juli 1961 lief die Kapsel voll Wasser. Grissom sprang ins Wasser und wäre fast ertrunken. Grissom wurde gerettet, die Kapsel ging unter. Sie wurde 1999 erfolgreich aus 4900 m Tiefe geborgen.

Masse 875 kg
Länge 2 m
Durchmesser 1,9 m
Rettungssystem 4,5 m
Inv.-Nr. 75836

109 Mondgestein und Flagge der Apollo-17-Mission

NASA, USA, 1972

Einer der letzten Gesteinsbrocken, den die beiden Astronauten Eugene Cernan und Harrison Schmitt im Taurus-Littrow-Tal auf dem Mond einsammelten, war ein 3 kg großes Basaltstück, das später die Nummerierung 70017 bekam. Noch auf dem Mond machten sie den Vorschlag, aus diesem Brocken Teile an alle Länder der Welt zu verteilen.

Auf Anordnung des damaligen US-Präsidenten Richard Nixon bekamen viele befreundete Nationen ein kleines Stück aus diesem Felsbrocken, eingeschweißt in eine kleine Acrylkugel. Sie wurde auf einer kleinen Holzplatte montiert, zusammen mit einer Länderflagge, die in der Mondlandefähre transportiert worden waren. Das Gesteinsstück ist ein mittelkörniger, blasenreicher Mondbasalt und wird wegen seines hohen Titan-Gehalts als Ilmenit bezeichnet.

Cernan und Schmitt waren vom 11. bis 14. Dezember 1972 auf dem Mond und sammelten über 110 kg Mondgestein. Sie sollten für viele Jahrzehnte die letzten Menschen auf dem Mond sein.

Masse ca. 1,1 g
Material Mondbasalt Ilmenit
Maße Flagge 15,8 × 11 cm
Inv.-Nr. L1984-19

110 Diorama Apollo 15 – Landung auf dem Mond

Deutsches Museum, München, 1983

Das Diorama zeigt den Landeplatz von Apollo 15 am Fuß des Gebirgszuges Hadley-Apennin. Dargestellt sind die Landefähre, das Mondfahrzeug und die Experimente.

Das Apollo-15-Diorama gehört zu den aufwendigsten und schönsten im Deutschen Museum. Es wurde 1983 in den Modellbauwerkstätten gebaut. Verantwortlicher Kurator war damals Walter Rathjen, für den der »Apollo-15-Preliminary Science Report« der NASA eine der wichtigsten Planungsunterlagen war. So entstanden detaillierte Arbeitsskizzen. Die halbkreisförmige Grundplatte (Mondboden) hat eine Breite von 4,80 m. Statt eines gemalten Hintergrundes besteht der schwarze Hintergrund aus einer Teppichfaser, die möglichst wenig Licht reflektiert. Das Diorama wurde 2016 komplett demontiert und 2020 für die neue Ausstellung renoviert und mit neuen Beleuchtungsmedien versehen.

Apollo 15 war die vierte erfolgreiche Mondlandemission der USA. Die Astronauten David Scott und James Irwin hielten sich drei Tage, vom 31. Juli bis 2. August 1971, auf dem Mond auf. Sie führten das bis dahin umfangreichste wissenschaftliche Programm durch. Dabei setzten sie erstmals ein elektrisches Mondfahrzeug ein, mit dem sie Exkursionen in einem Umkreis von 20 km unternahmen.

Inv.-Nr. 1984-603

111 Mondfahrzeug Apollo 15

Nachbau, Clive Ward c-4warD, Vilsbiburg, 2019

Die Astronauten der Apollo-Missionen 15, 16 und 17 führten 1971 bis 1972 mit den elektrisch betriebenen Mondfahrzeugen ausgedehnte Exkursionen durch. Das zweisitzige Fahrzeug war zusammengeklappt an der Seite der Mondlandefähre befestigt. Nach der Landung klappten die Astronauten die Räder aus und setzten das Fahrzeug mit einem Seilzug auf dem Mondboden ab. Die drei Mondfahrzeuge legten insgesamt etwa 90 km auf dem Mond zurück.

Mit dem Drehgriff steuerte man Vorder- und Hinterräder sowie die Geschwindigkeit. Ein Kurskreisel und ein Kilometerzähler waren die einzigen Navigationsinstrumente. Eine große Parabolantenne übertrug Bilder der TV-Kamera zur Erde. Das Mondfahrzeug konnte etwa 27 kg Mondgestein transportieren. Der Großteil der Nutzlast entfiel auf die beiden Astronauten mit ihren Anzügen. Die Astronauten durften sich mit dem Mondfahrzeug nur bis maximal etwa 5 km von der Mondlandefähre entfernen. Sie mussten in der Lage sein, notfalls, bei Ausfall des Fahrzeugs, zu Fuß die Mondlandefähre wieder zu erreichen. Die Herstellerfirma Grumman Aerospace Corporation baute 15 Mondlandefähren, sechs davon landeten auf dem Mond.

Masse 210 kg
Zuladung 490 kg
Länge 3 m
Breite 2,30 m
Antrieb 4 Elektromotoren
Leistung 0,18 kW pro Rad
Batterie 36 V, Silber-Zink, 121 Ah
max. Geschwindigkeit 13 km/h
max. Reichweite 65 km
Inv.-Nr. 2019-407

5 Blick in das Skylab-Labor, das in einer ehemaligen Drittstufe der Saturn-V-Rakete untergebracht wurde. In der Bildmitte sind die Astronauten Jerry Carr (r.) und Edward Gibson (l.) zu sehen. Das Foto machte William Pogue im Januar 1974.

Nach Apollo

Die USA starteten mit ihren verbliebenen Saturn-V-Raketen das Skylab-Programm (Abb. 5), die Russen konzentrierten sich auf den Bau der Saljut-Raumstationen. Sowohl die USA wie auch die UdSSR erkannten Mitte der 1970er-Jahre die Wichtigkeit internationaler Zusammenarbeit. So entstand das Interkosmos-Programm, das befreundeten Staaten des Ostblocks die Möglichkeit gab, sich am bemannten Raumfahrtprogramm der UdSSR zu beteiligen. Die Amerikaner boten den Europäern mit der Entwicklung des Raumlabors Spacelab die Mitarbeit an ihrem Space-Shuttle-Projekt an.

Stolz präsentierte die DDR im August 1978 den ersten Deutschen im Weltall: den Major der Luftwaffe Sigmund Jähn (Abb. 6). Er durfte für eine Woche die Raumstation Saljut 6 besuchen und führte verschiedene, vom Institut für Kosmosforschung der DDR entwickelte Experimente aus.

Fünf Jahre später durfte die Bundesrepublik nachziehen. Im November 1983 flog Ulf Merbold als erster Nichtamerikaner mit dem Space Shuttle ins Weltall, um das neuentwickelte und in Bremen gebaute europäische Raumlabor Spacelab zu testen. Die Zusammenarbeit gestaltete sich anfangs sehr schwierig, zu neu war die Situation für die Amerikaner, Know-how und Ingenieurwissen zu teilen und auf technischem und organisatorischem Gebiet zu kooperieren.

Der neue amerikanische Raumtransporter Space Shuttle markierte, technisch gesehen, eine neue Ära. Über 25 t Nutzlast und bis zu acht Astronauten konnten in den Erdorbit und zurück transportiert werden. Der Raumtransporter landete wie ein Flugzeug und reduzierte die körperlichen Anforderungen an Mensch und Material erheblich. Die Europäer durften sich mit dem von ihnen entwickelten und gebauten Spacelab am Shuttle-Programm beteiligen. 1983 war der Jungfernflug und gleichzeitig der erste amerikanische Raumflug mit dem deutschen Wissenschaftsastronauten Ulf Merbold. Das Spacelab flog in Folge 22 Mal in der

6 Sigmund Jähn war der erste Deutsche im Weltraum. In der DDR wurde er zum gefeierten Volkshelden, blieb aber selbst immer bescheiden und sympathisch.

Ladebucht des Shuttles in den Weltraum. 1985 und 1993 wurden zwei Spacelab-Missionen D1 und D2 unter deutscher Leitung (Deutsches Zentrum für Luft- und Raumfahrt) durchgeführt.

Kooperation im Weltraum

Mit dem Bau der Raumstation Mir 1986 läuteten die Russen ein neues Zeitalter der bemannten Raumfahrt ein. Der Mensch war jetzt dauerhaft im Weltraum präsent, wenn auch mit kleinen Unterbrechungen. Gleichzeitig begann in der UdSSR mit dem neuen Parteichef Michail Gorbatschow ein Umbruchprozess, geprägt von den Begriffen Glasnost (Transparenz) und Perestroika (Umgestaltung). Dies führte letztlich 1991 zur Auflösung der UdSSR und zur Gründung der Russischen Föderation. Damit einhergehend begann sich auch ein Ende des Kalten Krieges in der Raumfahrt abzuzeichnen. 1994 begann eine Zusammenarbeit zwischen der Russischen Föderation, den USA, Japan und Europa für den Bau einer internationalen Raumstation (Abb. 7). Am 29. Juni 1995 dockte zum ersten Mal das amerikanische Space Shuttle an die russische Raumstation Mir an. Es war der Auftakt zu vielen gemeinsamen Missionen, an denen auch andere Nationen teilnehmen durften, darunter auch deutsche und europäische Astronauten. Im Jahr 2000 wurde die Mir aufgegeben, und gleichzeitig wurden die ersten Module der neuen Internationalen Raumstation ISS in Betrieb genommen.

Die bemannte Raumfahrt konzentrierte sich jetzt auf Experimente der Grundlagenforschung in der Schwerelosigkeit, darunter vor allem die Material- und Lebenswissenschaften. Der Anfang der 1970er-Jahre geprägte Begriff des Wissenschaftsastronauten bekam eine wachsende Bedeutung für die bemannten Raumfahrtmissionen. Ein Wissenschaftler im All muss zwei grundlegende Funktionen erfüllen: Er bzw. sie ist gleichzeitig ExperimentatorIn und Versuchsobjekt. Damit ist einer der gravierendsten Unterschiede zu allen anderen Bereichen der Grundlagenforschung markiert.

Neben den USA und Russland ist 2003 mit China eine dritte Nation dazugekommen, die in der Lage ist, mit eigenen Raumschiffen Menschen in den Weltraum zu bringen. Andere Länder wie Indien wollen folgen. Leider leidet die weltweite Kooperation in der bemannten Raumfahrt immer wieder unter nationalem Eigeninteresse. Über 50 Jahre nach Gagarins erstem Raumflug erscheint die Zukunft der bemannten Raumfahrt geprägt vom Wiedererstarken eigenständiger nationaler Programme.

7 Kosmonaut Valeri Poljakow in der Raumstation Mir am 8. Januar 1994, fotografiert vom Space Shuttle Columbia aus.

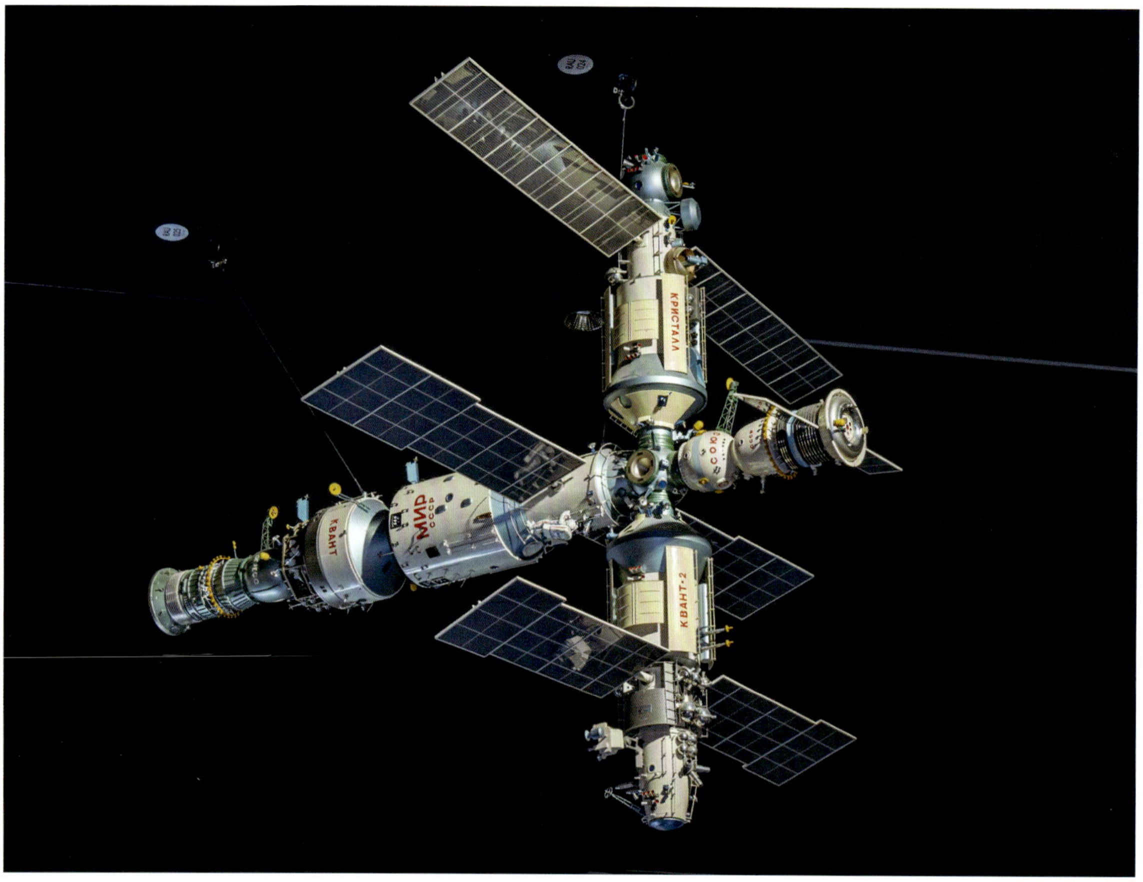

112 Raumstation Mir

Modell 1:25, PoliTech, Moskau, Russland, 1993

Am 20. Februar 1986 brachte eine Proton-Trägerrakete das Zentralmodul der russischen Station Mir in die Erdumlaufbahn: eine 20 t schwere und etwa 13 m lange zylindrische Druckkabine. Seit 1987 war die Raumstation Mir – abgesehen von einer kurzen Unterbrechung 1989 – ständig bemannt, bis zum 15. Juni 2000. Nach und nach bekam die Station zusätzliche Module. 1995 dockte zum ersten Mal ein amerikanisches Space Shuttle an. 1996 erreichte die Mir ihr Endausbaustadium. Am Ende konnte man die Station nur mühsam in Betrieb halten. Es gab immer etwas zu reparieren. Während der deutsch-russischen MIR'97-Mission musste der deutsche Astronaut Reinhold Ewald mithelfen, ein Feuer zu löschen. Einige Monate später beschädigte ein Progress-Raumfrachter die Station schwer. Im Juni 2000 verließen die letzten Menschen die Raumstation. Das russische Kontrollzentrum brachte Mir am 23. März 2001 kontrolliert zum Absturz im Pazifik.

Masse 135 t
Länge 32,9 m
bewohnbares Volumen 350 m³
Bahnhöhe 390 km
Bauzeit 1986–1996
Inv.-Nr. 1994-102

113 Internationale Raumstation ISS

Modell 1:25, Creative Services KG, Niederkassel, 2015

Die Internationale Raumstation ISS wird in Kooperation von 16 Staaten, darunter USA, Russland, Europa, Japan und Kanada, betrieben. Bis zu sieben Crewmitglieder können dauerhaft hier arbeiten. Riesige Fotovoltaikanlagen (Sonnensegel) sorgen für die elektrische Energie. Die ISS hat Andockstellen für unterschiedliche Fluggeräte, darunter die Sojus-Raumschiffe. Der Bau begann am 20. November 1998 mit dem russischen Modul Sarja. Die meisten Teile der ISS wurden in über 38 Flügen von amerikanischen Space Shuttles in die Erdumlaufbahn gebracht. Die ISS ist ein Versuchslabor unter Weltraumbedingungen, in dem Experimente aus Biologie, Medizin, Physik, Astronomie und Materialforschung durchgeführt werden. Bis 2020 wurden 3040 verschiedene Forschungsprojekte auf der ISS durchgeführt.

Masse 420 t
Länge 108 m
Breite 80 m
elektr. Leistung 110 kW
Bahnhöhe 420 km
Umlaufzeit 90 min.
Bauzeit 1998–2011
Inv.-Nr. 2015-800

8 Die Teilchenstrahlung der Sonne verformt das Magnetfeld der Erde (künstlerische Darstellung).

Gefahren im Weltraum

Zu den Gefahren im Weltraum gehören das Vakuum, Kälte und Hitze, Strahlung, Schwerelosigkeit sowie Mikrometeoriten und Weltraummüll. All diese Faktoren machen den Weltraum zu einer lebensfeindlichen Umgebung für Menschen. Immer neuere Technik ermöglicht den Raumfahrern, sich mit einem vertretbaren Risiko im Weltraum aufzuhalten. Anfang der 1990er-Jahre waren bereits Weltraumaufenthalte von über einem Jahr möglich. Bis Ende 2022 haben über 627 Personen Exkursionen in den Weltraum gewagt, viele davon sogar mehrfach. Reisen von Menschen zu fernen Planeten oder eine dauerhafte Besiedlung des Monds liegen aber noch in weiter Ferne.

Strahlung

Besonders die Auswirkungen der kosmischen Strahlung sind große Problemfaktoren für den Langzeitaufenthalt von Menschen im Weltraum. Bei Überlegungen zu einer ständig bemannten Station auf dem Mond oder einem Flug zum Mars ist eine realistische Risikoabschätzung notwendig. Die kosmische Strahlung kommt von unserer Sonne und aus den Galaxien, also auch von unserer eigenen Milchstraße. Von der Sonne werden bei Ausbrüchen riesige Mengen hochenergetischer, geladener Teilchen in den interplanetaren Raum geschleudert. Je nach Aktivität der Sonne entstehen hier große Schwankungen in der Strahlenbelastung, die auf ein Raumfahrzeug oder eine Station auf Mars oder Mond einwirken können. Der Großteil der Teilchenstrahlung der Sonne sind hochenergetische Protonen. Die Teilchen aus dem intergalaktischen Raum machen einen geringeren Teil aus. Es sind Protonen und Atomkerne, die mit sehr hoher Geschwindigkeit auf Satelliten und Raumfahrzeuge auftreffen. Sie können dabei erhebliche Schäden an empfindlichen Materialien und Bauteilen und vor allem auch in biologischem Gewebe anrichten. Während die Erde uns mit ihrem Magnetfeld vor dem Großteil dieser Strahlung schützt (Abb. 8), fehlt dieser Schutzeffekt beim Mond und beim Mars fast gänzlich, da diese kein oder nur ein geringes Magnetfeld besitzen.

Bei allen bemannten Missionen wurden Strahlungswerte gemessen, sodass man im Lauf der Zeit recht genaue Informationen über die zu erwartenden Strahlungsbelastungen von Astronauten gewonnen hat. Bei Aufenthalten in der ISS schwanken die Werte relativ stark, sie hängen von der jeweiligen Aktivität der Sonne, aber auch von der Bahnhöhe ab.

Bei Langzeitaufenthalten kann die Strahlung zu erhöhten Mutationsraten von Chromosomen führen. Die Anzahl der Änderungen ist ein Indiz für eine Erhöhung des Krebsrisikos. Der Körper kann einen großen Teil davon nach der Rückkehr auf die Erde wieder reparieren. Daher wird das Blutbild zurückgekehrter Astronauten über längere Zeit genau untersucht. Man hat außerdem festgestellt, dass die erhöhte Strahlung im Weltraum zu einer Eintrübung der Augenlinse (Katarakt) führen kann. Die Unterschiede bei Messungen auf der Erde führen die Wissenschaftler darauf zurück, dass die kosmische Strahlung aus biologisch extrem gefährlichen, hochenergetischen Teilchen besteht.

Auch für einen Marsflug liegen durch den Mars-Rover Curiosity konkrete Messdaten vor. Dabei tritt die größte Strahlenbelastung beim Flug durch den freien Weltraum auf. Je nach Gesamtflugdauer kann man Dosiswerte für eine bemannte Marsmission berechnen, welche die festgelegten Maximalwerte für Astronauten überschreiten können.

Strahlenbelastung während verschiedener Missionen

Mission	Dauer	Strahlendosis [mSv]
Apollo 11	8 Tage 3 Stunden	1,8
Apollo 12	10 Tage 4 Stunden	5,8
Apollo 14	9 Tage	11,4
Apollo 15	10 Tage 1 Stunde	3,0
Apollo 16	11 Tage 2 Stunden	5,1
Apollo 17	12 Tage 13 Stunden	5,5
ISS-Mission	6 Monate	100–200
Mars-Flug	1 Jahr	670
Mars-Flug	3 Jahre	1200
Vergleichswerte		
Flug über Nordatlantik	10 Stunden	bis 0,1
Natürliche Strahlenbelastung in Deutschland	1 Jahr	2,1
Max. Lebensdosis für Feuerwehrleute	lebenslang	400
Max. Lebensdosis für Astronauten	lebenslang	600

Auswirkungen der Schwerelosigkeit

Ein weiterer Gefahrenfaktor für die bemannte Raumfahrt sind die verschiedenen Auswirkungen der Schwerelosigkeit auf den menschlichen Körper. Dabei gibt es kurzzeitige Anpassungsphänomene und langfristige Auswirkungen. Zu den kurzzeitigen Auswirkungen gehören die Schwierigkeiten mit dem Vestibularorgan (Gleichgewichtssinn) im Innenohr. Es liefert in der Schwerelosigkeit keine sinnvollen Informationen mehr und das Gehirn muss lernen, diese zu ignorieren. Auch von den Gliedmaßen kommen keine vernünftigen Referenzsignale mehr darüber, was oben und unten ist. Es treten Täuschungen der visuellen Orientierung auf, so etwa als würde man auf dem Kopf stehen oder das Raumschiff würde unmittelbar seine Position ändern.

9 ESA-Astronautin Samantha Cristoforetti beim täglichen Lauftraining in der ISS, 2015.

Die Flüssigkeitsverschiebungen aufgrund der Schwerelosigkeit bewirken eine Reihe von sich gegenseitig beeinflussenden Prozessen, die den gesamten Wasser- und Elektrolythaushalt regeln.

Die vielen veränderten Reize für das Gehirn lösen bei fast der Hälfte der Astronauten Symptome wie Appetitlosigkeit, Übelkeit und Erbrechen aus, die normalerweise nach drei Tagen verschwinden. Fälschlicherweise spricht man auch von Raumkrankheit, obwohl es sich um natürliche Anpassungsphänomene des Körpers handelt.

Eine der schwerwiegenderen langfristigen Auswirkungen ist die Änderung des Calcium-Stoffwechsels und der damit einhergehende Verlust an Knochenmasse. Auf der ISS versucht man, diesem Verlust durch ein zweistündiges, tägliches Training entgegenzuwirken, das Muskeln, Knochen und das Kreislaufsystem belastet (Abb. 9). Trotzdem dauert es nach einem Raumflug mehrere Monate, bis sich der Körper regeneriert hat.

Andere Effekte scheinen irreversibel zu sein. Viele ältere Astronauten berichteten über Sehprobleme. Ärzte entdeckten eine Abflachung des hinteren Augapfels und entzündete Sehnerven. Man vermutet als Ursache in der Schwerelosigkeit verstärkt in den Kopf fließende Körperflüssigkeiten.

Auch das Immunsystem lässt nach. Man stellte eine stark verringerte Mobilität der weißen Blutkörperchen (Leukozyten) fest, die für die Körperabwehr enorm wichtig sind.

Den Langzeitrekord für einen ununterbrochenen Aufenthalt im Weltraum hält der russische Kosmonaut Waleri Poljakow mit 437 Tagen auf der Raumstation Mir. In der Regel sind Astronautencrews etwa ein halbes Jahr auf der ISS.

Auswirkungen der Schwerelosigkeit auf verschiedene Körperteile	
Körperteil	**Auswirkung**
Augen	Verformung des Augapfels.
Ohren	Die Störung des Gleichgewichtssinns verursacht häufiges Erbrechen.
Gesicht	Die obere Körperhälfte wird stärker durchblutet. Folge: aufgedunsenes Gesicht.
Wirbelsäule	Sie dehnt sich bis zu 3 %, dabei können Nerven eingeklemmt werden. Folge: Rückenschmerzen und Störung des Tastsinns.
Muskeln	Geringe Beanspruchung und Durchblutung verursachen Muskelschwund.
Knochen	Schwächung der Knochen durch Calciumabbau.
Blut	Die Zahl der roten Blutkörperchen sinkt. Verminderte Sauerstoffversorgung verursacht u. a. Leistungsschwäche.
Immunsystem	Es kann erheblich geschwächt werden, dadurch erhöhte Infektionsgefahr.
Beine	Die untere Körperhälfte wird weniger durchblutet; die Astronauten bekommen dünne »Vogelbeine«.

Mikrometeoriten und Weltraummüll

Kleinstobjekte in Erdumlaufbahnen können eine Gefahr für Satelliten und Raumstationen darstellen. Bei Objekten natürlichen Ursprungs sind das Teile von Kometen, Asteroiden oder Meteoriten. Handelt es sich um von Menschen hergestellte Objekte, sprechen wir von Weltraummüll. Dazu gehören größere Objekte, wie ausgediente Satelliten oder Raketenträgerstufen. Kleinere Trümmer entstehen bei Explosionen, aber auch verlorene Werkzeuge oder Farbreste von Lackierungen können großen Schaden anrichten. Der Großteil (etwa 75 %) befindet sich in relativ niedrigen Erdorbits zwischen 200 und 2000 km Höhe (Abb. 10). Hier fliegen aber auch die ISS und viele Forschungs- und Fernerkundungssatelliten.

Alle diese Objekte haben hohe Geschwindigkeiten im Bereich von 10 km/s. Daher können auch sehr kleine Fragmente im Submillimeterbereich erhebliche Schäden verursachen.

Um Kollisionen zu vermeiden, versucht man, den Weltraummüll möglichst gut mit Radartechnik zu erfassen. Das funktioniert mittlerweile mit Teilchen von bis zu wenigen Zentimetern Größe.

Mithilfe der reflektierten Radarimpulse können die Bahnparameter der Müllteilchen bestimmt werden. Computer überprüfen ständig, ob sich ein Weltraummüllobjekt auf Kollisionskurs zu einem Satelliten oder der Raumstation befindet. Besteht die Möglichkeit, dass ein größeres Fragment sich dabei auf einige Kilometer nähert, wird ein Ausweichmanöver geflogen.

Bei kleinen und sehr kleinen Objekten geht das nicht. Hier versucht man bei Satelliten und Raumstationen durch schichtartig aufgebaute sogenannte Mikrometeoritenschilde die Bewegungsenergie der kollidierenden Teilchen in Wärmeenergie umzusetzen. Nach diesem Prinzip funktionieren z. B. auch ballistische Schutzwesten der Polizei.

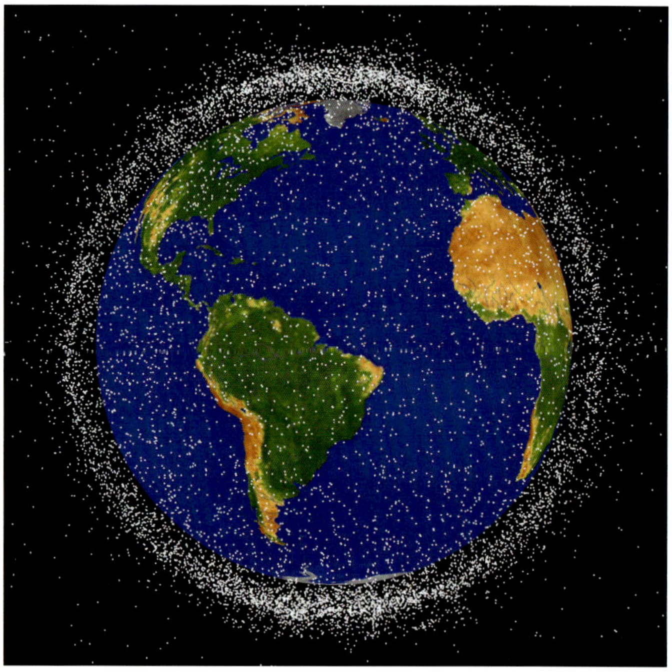

10 Computergenerierte Momentaufnahme von Weltraummüllobjekten auf niedrigen Erdumlaufbahnen, 1. Januar 2019.

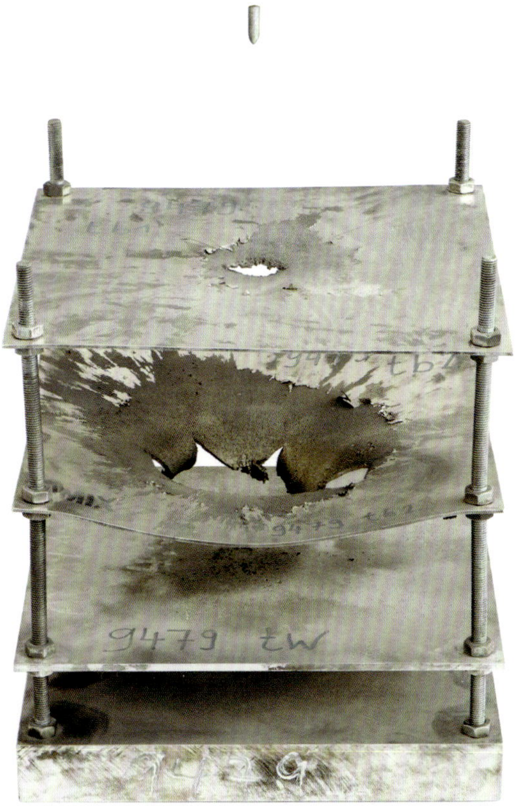

114 Einschlagtest

Battelle Ingenieurtechnik GmbH, Eschborn, 1996

Dieser Test simulierte den Einschlag eines Weltraummüllteilchens von 1,2 g Masse mit einer Geschwindigkeit von 11,2 km/s (ca. 40 000 km/h). Der Versuch diente der Entwicklung eines Schutzschilds gegen Weltraummüll und Mikrometeoriten für das europäische ISS-Raumlabor Columbus. Beim Durchschlagen der ersten beiden von insgesamt drei Blechen wird das Projektil so heiß, dass es zum Teil verdampft. Eine dritte Platte, die die Wand des Raumlabors simuliert, überstand den Einschlag weitgehend unbeschädigt.

Der Energieumsatz beim Einschlag des Projektils ist vergleichbar mit einem PKW (1 t), der mit einer Geschwindigkeit von 44 km/h gegen eine Wand fährt.

Masse 13 kg
Höhe 34,8 cm
Breite 30,1 cm
Tiefe 30,2 cm
Material Aluminium
Inv.-Nr. 1996-360

115 Thermalfolie aus dem Satelliten LDEF

ESTEC, Noordwijk, Niederlande, 1983

Diese Folie aus dem amerikanischen Satelliten LDEF (Long Duration Exposure Facility) zeigt viele Einschläge von Mikrometeoriten und Weltraummüll. Dieser Satellit wurde im April 1984 vom Space Shuttle Challenger ausgesetzt. Durch die Challenger-Katastrophe verblieb der Satellit fast sechs Jahre lang im Weltraum, bevor das Space Shuttle Columbia ihn im Januar 1990 zur Erde zurückbrachte. Im ESTEC (European Space Research and Technology Centre), dem Satellitentestzentrum der ESA (Europäische Weltraumorganisation), untersuchten Wissenschaftler die hier gezeigte Folie eingehend, bevor sie dann ins Museum kam.

Masse 11,5 kg (mit Befestigungsrahmen)
Höhe 109,5 cm
Breite 63,5 cm
Inv.-Nr. L1994-43

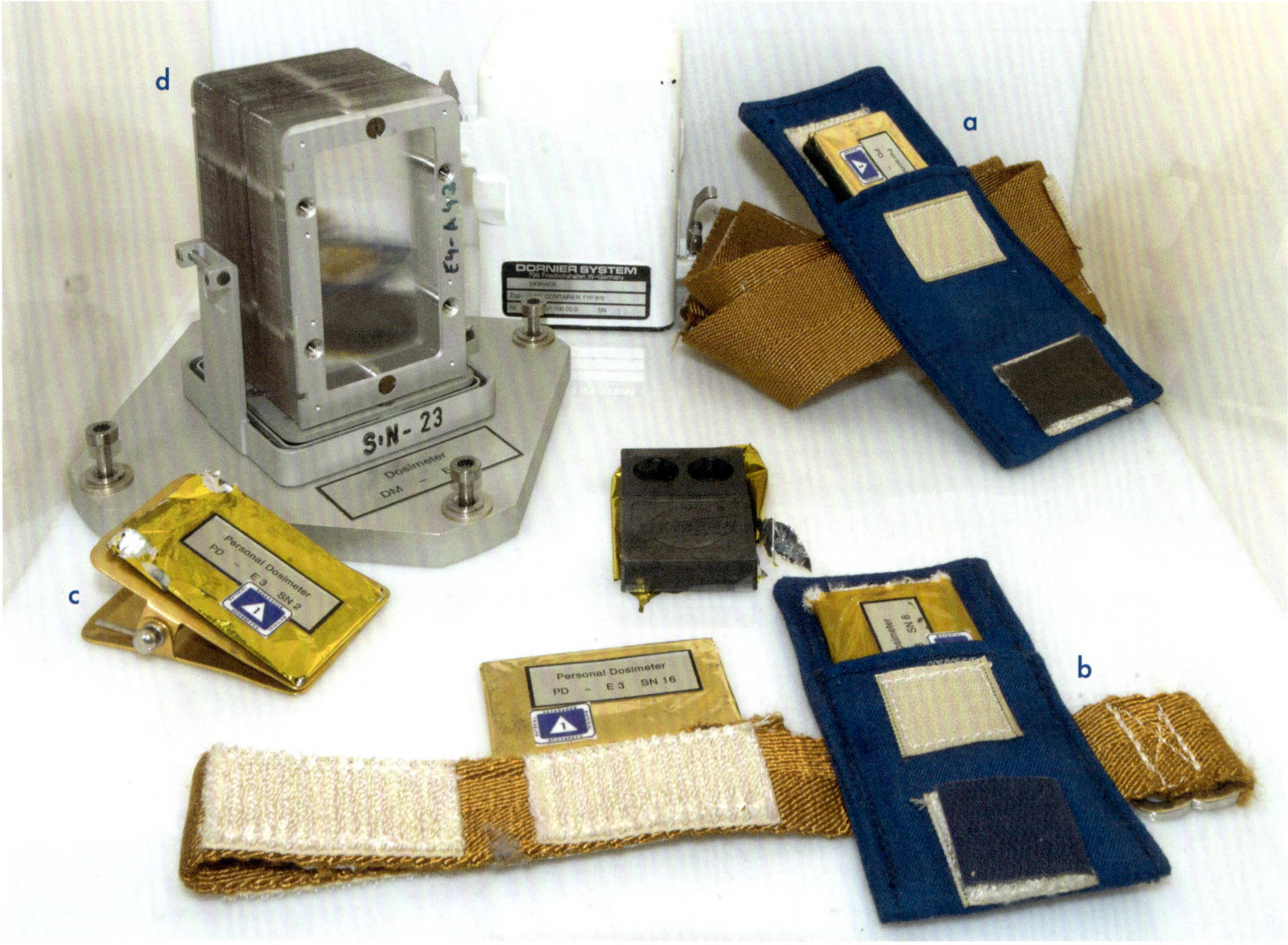

116 Dosimeter aus der D2-Spacelab-Mission 1993

Dornier-System, Friedrichshafen, 1993

Um die genaue Strahlenbelastung während der D2-Spacelab-Mission zu messen, mussten die Astronauten ständig an verschiedenen Körperstellen Dosimeter tragen. Dosimeter messen auf verschiedene Weise die von der auftreffenden radioaktiven Strahlung abgegebene Energie. Daraus lässt sich die entsprechende Strahlenbelastung für den Menschen berechnen.

Bei den Exponaten a–c handelt es sich um sogenannte Thermolumineszenzdosimeter. Sie bestehen aus für Thermolumineszenz empfindlichem Material (Harshaw TLD 600/700). Der Hauptbestandteil ist Lithiumfluorid. Die Auswertung erfolgte auf der Erde.

116 a Hüftgurt mit Dosimeter, Inv.-Nr. 1996-235T1,2
116 b Knöchelgurt mit Dosimeter, Inv.-Nr. 1996-235T3
116 c Dosimeter mit Klammer, Inv.-Nr. 1996-235T6

Das Stack-Dosimeter (engl. stack = Stapel) diente zur Messung der Strahlung auf einer Plattform außerhalb des Spacelabs. Dabei hinterlassen schwere Teilchen beim Durchgang durch die vielen Folien eine Spur, die eine genaue Lokalisierung erlaubt.

116 d Stack-Dosimeter, Inv.-Nr. 1996-244

Wissenschaftsastronaut Matthias Maurer
bei seinem Außenbordeinsatz auf der ISS am 23.3.2022

Der lange Weg zum Raumanzug – Von der Tiefsee in den Weltraum

Die ersten Druckanzüge wurden für Tiefseetaucher und Testpiloten entwickelt. Sie hatten große Probleme mit der Beweglichkeit: Man konnte sich in ihnen praktisch nicht bewegen. Wenn sie nicht von vornherein zu steif oder sperrig waren, wurden sie es spätestens dann, wenn von innen der Druck aufgebaut wurde.

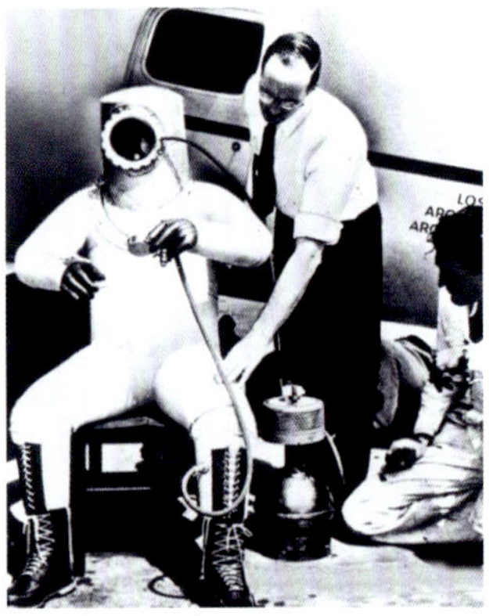

11 Der US-amerikanische Pilot Wiley Post mit einem Druckanzug von Goodrich, 1934.

12 Druckanzug der Dräger-Werke, 1935.

13 Druckanzug der Dräger-Werke, 1942.

Der Amerikaner Wiley Post erreichte 1934 erstmalig mit dem Flugzeug eine Höhe von 15 km. Er war ausgerüstet mit einem Druckanzug der Goodrich Company (Abb. 11). Ein kleiner Stahlbehälter gefüllt mit flüssigem Sauerstoff versorgte den Anzug mit Atemluft.

Die Drägerwerke, eine auf Taucheranzüge spezialisierte deutsche Firma, stellten schon 1935 einen Druckanzug aus Seide und mit Gummi belegter Seidenschnur her (Abb. 12). Beim Unter-Druck-Setzen blähte sich der Anzug so stark auf, dass die Sichtfenster auf die Stirn des Piloten geschoben wurden. 1942 bauten die Drägerwerke einen Druckanzug ganz aus Metall, der an eine

14 US-Testpilot mit Teildruckanzug MC-3A, 1958.

Ritterrüstung aus dem Mittelalter erinnert (Abb. 13). Die Metallrüstung hielt die innere Druckhülle in Form. Der Anzug konnte einen Innendruck von 0,75 bar halten. Heutige Raumanzüge halten ca. 0,3 bar. Trotzdem war der Anzug zu schwer und für die Praxis vollkommen unbrauchbar. Nach dem Zweiten Weltkrieg gab es einen steigenden Bedarf für Druckanzüge, da die Bomberflugzeuge in sehr großen Höhen flogen. Da die bisherigen Anzüge alle zu schwer oder zu unbeweglich waren, entwickelten die USA eine neue Variante: den Teildruck-Anzug (Abb. 14). Aufblasbare Kunststoffrohre, die entlang des Anzuges aufgenäht waren, dehnten sich aus und zogen so das Textilgewebe des Anzugs zusammen. So wurde mechanisch der notwendige Druck auf den menschlichen Körper ausgeübt. Über einen druckdichten Helm wurde die Atemluft separat zugeführt.

Mitte der 1950er-Jahre gelang den Amerikanern der Durchbruch. Die Firma B. F. Goodrich entwickelte im Auftrag der Navy eine Serie von leichten Druckanzügen (Mark I bis IV.). Die innere druckdichte Hülle war aus beschichtetem Nylon und Helanca-Stretchgewebe. Die äußere Hülle bestand aus einem Nylongewebe und hatte die Aufgabe, die innere Hülle zu schützen und in Form zu halten. Abgedichtete Reißverschlüsse erleichterten dem Piloten den Einstieg in den Anzug. Sauerstoff gelangte über eine separate Leitung in den Helm. Ein Luftführungssystem sorgte im Anzug für eine ausreichende Ventilation zur Abfuhr der Körperwärme. Aus dem Anzug Mark II wurde unmittelbar der Mark-IV-Druckanzug entwickelt, der als Grundlage für den ersten amerikanischen Raumanzug des späteren Mercury-Projekts diente. Die UdSSR entwickelte eigene Raumanzüge, darunter die Typen Orlan und Sokol, die auf der ISS verwendet werden.

Das Problem des niedrigen Drucks in den Raumanzügen ist technisch noch immer nicht befriedigend gelöst. Die USA entwickeln für ihr Artemis-Mondprogramm einen neuen Raumanzug für Mondspaziergänge (xEMU), der maximal 0,56 bar Innendruck bereitstellen kann, was aber immer noch weit entfernt vom normalen Luftdruck von 1 bar ist.

117 Teildruck-Pilotenanzug GSch-4MS

UdSSR, 1966

Dieser Druckanzug diente von 1963 bis 1985 Piloten der Ostblockstaaten als Schutz vor plötzlichem Druckabfall während des Flugs. Eine getrennte Leitung versorgte den Helm mit dem notwendigen Atemsauerstoff und Druck. Er schloss am Hals dicht ab; der Kopf war so vollkommen vom restlichen Teil des Anzugs isoliert. Der Anzug übte mit einem System von Druckschläuchen über Verschnürungen und Textilbänder mechanisch den notwendigen Druck auf den Körper aus. Für einen längeren Aufenthalt in großer Höhe sind Teildruckanzüge nicht geeignet. Vorbild für den sowjetischen Druckanzug war vermutlich der schon Mitte der 1950er-Jahre in den USA entwickelte Teildruckanzug MC-3A (Abb. 14).

Masse (ohne Helm) 3,5 kg
Anzug gemischtes Baumwollgewebe
Druckschläuche mit Nylongewebe ummanteltes Gummi
Inv.-Nr. 1994-343

118 Volldruck-Pilotenanzug Mark IV

B.F. Goodrich Company, Charlotte, USA, 1963

Dieser Druckanzug diente ab 1959 bis in die frühen 1970er-Jahre Piloten der US Navy und Air Force als Schutz vor plötzlichem Druckabfall während des Flugs. Helm und Handschuhe waren druckdicht mit dem Anzug verbunden. Eine Kabelvorrichtung um den Hals außen half dem Piloten, sich zu bücken oder den Kopf zu heben.

Die ersten amerikanischen Astronauten des Mercury-Projekts trugen weiterentwickelte MARK-IV-Volldruck-Anzüge. Die auffälligste Änderung bestand in der äußeren Hülle, die durch eine mit Aluminium beschichtete Nylonhülle ersetzt wurde. Der MARK IV ist somit der Vorläufer modernerer Raumanzüge der Gemini- und Apollo-Ära.

Masse 9 kg
innere Hülle neoprenbeschichtetes Nylongewebe und Helenca-Textilstoff
äußere Hülle Polyamid
max. Innendruck 0,3 bar
Inv.-Nr. 1994-442

119 Testmuster eines russischen Raumanzugs Orlan-DM

NPP Zvezda, Moskau, UdSSR, um 1985

Der Orlan-DM-Anzug diente zu Aufenthalten im freien Weltraum. Er war mit einem Lebenserhaltungssystem versehen, das für die Wärmeregulierung und die Atemluft sorgte. Die elektrische Versorgung erfolgte über ein ca. 20 m langes Kabel. Der Kunststoffhelm war mit einem goldbedampften, aufklappbaren Sonnenschutzvisier versehen. Die äußere beige Schutzhülle diente dem Mikrometeoritenschutz. Unter dem Anzug wurde der wassergekühlte Orlan-Klimaanzug gertragen. Der ausgestellte Anzug wurde zum Test des Ventilationssystems verwendet. Der Orlan-DM kam erstmals auf der russischen Raumstation Saljut-7 zum Einsatz. Auf der Internationalen Raumstation ISS wurde das Nachfolgemuster Orlan-DMA verwendet.

Masse 88 kg
max. Arbeitsdauer 6 h
Sauerstoffvorrat 1 kg + 1 kg Reserve
max. Innendruck 0,4 bar
Inv.-Nr. 2005-357

120 Orlan-Klimaanzug

NPP Zvezda, Moskau, UdSSR, um 1985

Die Abführung der Körperwärme ist bei einem Anzug für Weltraumspaziergänge lebensnotwendig. Daher trug der Kosmonaut unter dem Orlan-D-Raumanzug einen weiteren wassergekühlten Anzug, der aus einem System kleiner Kunststoffröhren bestand. Eine Pumpe im Versorgungssystem des Orlan-D-Raumanzugs leitete über einen Kühler Wasser durch die Röhren. Der Kühler strahlte die überschüssige Wärme über eine gesinterte Platte (Sublimator) direkt in den Weltraum ab. Das Kühlsystem führte im Normalbetrieb etwa 350 W Wärmeleistung ab, bei maximaler Arbeitsleistung des Kosmonauten kurzzeitig bis 600 W.

Masse 2,3 kg
Kühlröhren PVC
abgeführte Wärmeleistung 350 W
Inv.-Nr. 2005-179

121 Prototyp eines wassergekühlten Innenanzugs

Beaufort Air-Sea Equipment Ltd., Birkenhead, Großbritannien, 1968

Amerikaner und Russen entwickelten für ihre Ausstiegsmanöver im freien Weltraum wassergekühlte Innenanzüge, um die Körperwärme abzuführen. In die weiße Strickware ist ein System von kleinen Kunststoffröhren eingearbeitet. Kühlwasser strömte durch die Röhren und führte die überschüssige Körperwärme ab. Die Kühlleitungen wurden an ein tragbares Klimagerät, das einen Wärmeaustauscher enthielt, angeschlossen. Der auf dem Anzug gezeigte Urinbeutel stammt aus der Apollo-Ära und ist eine Leihgabe des National Air and Space Museum, Washington.

Material elastische Nylonfasern
Kühlröhren PVC
Inv.-Nr. 79901T2

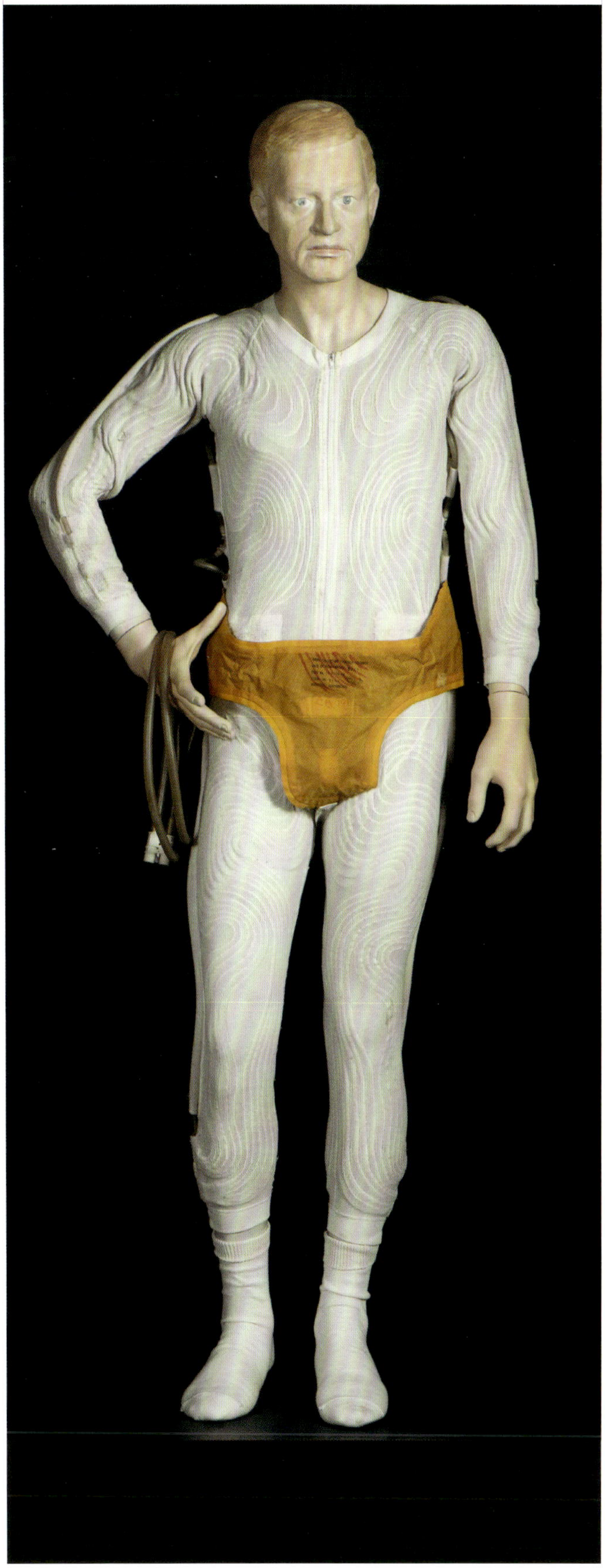

122 Russischer Raumanzug Sokol-KV2 mit Schalensitz

NPP Zvezda, Moskau, UdSSR, 1991

Diesen Raumanzug trug der deutsche Astronaut Klaus-Dietrich Flade bei seinem Flug zur Raumstation Mir im März 1992. Der Sokol-KV2 sollte die Crew vor einem plötzlichen Druckabfall schützen und wurde daher bei den besonders kritischen Manövern wie Start, Andocken und Landung getragen. Bei einem Druckabfall schloss sich der Raumanzug hermetisch ab und bekam über einen separaten Behälter reinen Sauerstoff zugeführt. Der Schalensitz mit dem großen Teleskopdämpfer sollte die Kräfte bei der Landung gleichmäßig über den Körper des Astronauten verteilen. Die Kunststoffschale wurde individuell für jede Person angefertigt.

Masse 8,8 kg Anzug, 20,5 kg Schalensitz
innere Hülle Polyamidgewebe beschichtet mit CSM (Kopolymer aus Polyethlen und chlorsulfoniertem Naturkautschuk)
äußere Hülle Leinwandbindiges Polyestergewebe
max. Innendruck 0,393 bar
Inv.-Nrn. 1994-612, 1997-93

123 Russischer Astronautenschlafsack

NPP Zvezda, Moskau, Russland, um 1995

Auch in der Internationalen Raumstation ISS werden diese Standardschlafsäcke von der russischen Raumstation Mir noch verwendet. Der Schlafsack hat hauptsächlich die Aufgabe, ein freies Herumschweben der Besatzung während des Schlafs zu vermeiden. Für die Arme gibt es seitliche Öffnungen, da einige Crewmitglieder es bevorzugen, die Arme frei zu lassen. Außerdem werden häufig Schlafbrillen getragen. In der ISS schlafen die Menschen in der Regel acht Stunden. Besonders wichtig ist eine gute Ventilation der Schlafkabine, da sich sonst in der Schwerelosigkeit eine Kohlendioxidblase um den Kopf bilden könnte.

Masse 1,95 kg
Länge 200 cm
Breite 70 cm
Material Kunststoff
Inv.-Nr. 2011-883

Deutschland beteiligt sich an der bemannten Raumfahrt

Die Mikrogravitation macht die Weltraumumgebung für die Forschung interessant. Auf der Erde kann man nur für knapp 20 Sekunden mit einem Parabelflug eines speziell dafür umgebauten Verkehrsflugzeugs Schwerelosigkeit erreichen. Der Schwerpunkt der Experimente in der bemannten Raumfahrt verlagerte sich dabei langsam von den materialwissenschaftlichen Experimenten zu den Lebenswissenschaften, wie Biologie und Medizin.

Deutschland hat sich schon früh an Projekten der bemannten Raumfahrt beteiligt. 1975 baute und entwickelte die Firma Messerschmitt-Bölkow-Blohm GmbH ein Experiment zur Zelltrennung, das bei der amerikanisch-russischen Apollo-Sojus-Mission 1975 im Weltraum war. 1978 wirkte im Rahmen der Interkosmos-Kooperation mit der UdSSR die DDR an Experimenten für den Raumflug von Sigmund Jähn zur Raumstation Saljut 6 mit. Sie trug beispielsweise die Multispektralkamera MKF-6 bei, die von Zeiss-Jena gebaut wurde und später sogar auf der Raumstation Mir eingesetzt wurde.

Das von einem europäischen Firmenkonsortium unter Leitung des deutschen Hauptauftragnehmers ERNO Raumfahrttechnik im Auftrag der ESA gebaute wiederverwendbare Raumlabor Spacelab läutete eine neue Ära ein. Zum ersten Mal kooperierten die USA mit einem großen Teilprojekt in Sachen bemannte Raumfahrt mit den Europäern. Das Spacelab, in der Ladebucht eines Space Shuttles eingebaut, sollte mehreren Astronauten bis zu zwei Wochen Forschung in der Schwerelosigkeit ermöglichen. Der Vertrag dazu wurde schon 1974 unterzeichnet, lange bevor ein amerikanisches Space Shuttle zum ersten Mal überhaupt flog. Die USA waren zunächst sehr skeptisch und betrachteten die Europäer als Juniorpartner. Doch man fand zusammen. Der für das Spacelab-Programm zuständige Direktor sprach später von einer internationalen Erfolgsgeschichte. Es wurden zwei Flugeinheiten für den abwechselnden Einsatz im Weltraum gebaut und ein Spacelab zu Qualifikationszwecken. Ein weiteres Qualifikationsmodell der ESA kam 1987 ins Deutsche Museum, nachdem alle Tests bei der NASA abgeschlossen waren. Von den geflogenen Spacelabs befindet sich 2023 eines in Bremen und das andere im National Air and Space Museum in Washington.

1983 war es soweit: Zum ersten Mal durfte Ulf Merbold als erster ausländischer Wissenschaftler überhaupt das Spacelab bei seinem Jungfernflug ins All begleiten (Abb. 15).

Im Spätherbst 1985 fand die unter deutscher Regie stehende Spacelab-Mission D1 statt, mit dem Space Shuttle Challenger und den deutschen Astronauten Reinhard Furrer und Ernst Messerschmid. Dabei war auch der niederländische ESA-Astronaut Wubbo Ockels. Es war der letzte Flug der Challenger vor der Katastrophe im Januar 1986.

15 Ulf Merbold beim ersten Flug des Spacelabs mit dem Shuttle Columbia im November/Dezember 1983.

Im April 1993 fand die Spacelab-Mission D2 mit den Astronauten Ulrich Walter und Hans Schlegel statt. Im D2-Team waren zum ersten Mal auch zwei deutsche Astronautinnen: die Wissenschaftlerin Renate Brümmer und die Ärztin Heike Walpot, die aber nicht zum Weltraumeinsatz kamen.

In Zeiten knapper Ressourcen erkannte man 1998, dass die Zersplitterung in nationale Teams und ESA-Astronauten nicht mehr sinnvoll war, und man gründete das europäische Astronautenkorps. Seit dieser Zeit spricht man nur noch vom europäischen Astronautenteam. Neben den Spacelab-Missionen gab es eine Reihe von europäisch-russischen Missionen zur Raumstation Mir und später zur Internationalen Raumstation ISS.

Insgesamt flogen zwischen 1978 und 2022 zwölf deutsche Forscher als Wissenschaftsastronauten in den Weltraum.

Deutsche Forscher im Weltraum

Sigmund Jähn

Physiker, Dr. rer. nat. | Generalmajor a. D. (Luftstreitkräfte der DDR)
*13. 2. 1937 in Morgenröthe-Rautenkranz/Vogtland | gest. 21. 9. 2019 in Strausberg bei Berlin

Weltraumflug 26. 8.–3. 9. 1978 | Sojus 31/Sojus 29, Raumstation Saljut 6

Gesamtaufenthalt im Weltraum 7 Tage | Erster Deutscher im Weltraum

Ulf Merbold

Physiker, Dr. rer. nat.
*20. 6. 1941 in Greiz/Vogtland

Weltraumflüge 28. 11.–8. 12. 1983 | Spacelab-Flug mit Space Shuttle Columbia
22. 1.–31. 1. 1992 | Spacelab-Flug mit Space Shuttle Discovery
3. 10.–4. 11. 1994 | EUROMIR'94, Flug zur Raumstation Mir mit Sojus TM-20/19

Gesamtaufenthalt im Weltraum 49 Tage

Ernst Messerschmid

Physiker, Dr. rer. nat. | Universitätsprofessor
*21. 5. 1945 in Reutlingen

Weltraumflug 30. 10.–6. 11. 1985 | Spacelab-Flug D1 mit Space Shuttle Challenger

Gesamtaufenthalt im Weltraum 7 Tage

Reinhard Furrer

Physiker, Dr. rer. nat. | Berufspilot, Universitätsprofessor
*25. 11. 1940 in Wörgl | gest. 9. 9. 1995 in Berlin

Weltraumflug 30. 10.–6. 11. 1985 | Spacelab-Flug D1 mit Space Shuttle Challenger

Gesamtaufenthalt im Weltraum 7 Tage

Klaus-Dietrich Flade

Diplom-Ingenieur | Testpilot
*23. 8. 1952 in Büdesheim

Weltraumflug 17. 3.– 24. 3. 1992 | MIR'92, Flug mit Sojus-TM14/13 zur Raumstation Mir

Gesamtaufenthalt im Weltraum 7 Tage

Ulrich Walter

Physiker, Dr. rer. nat. | Universitätsprofessor
*9. 2. 1954 in Iserlohn

Weltraumflug 26. 4.– 6. 5. 1993 | Spacelab-Flug D2 mit Space Shuttle Columbia

Gesamtaufenthalt im Weltraum 9 Tage

Hans Schlegel

Physiker
*3. 8. 1951 in Überlingen

Weltraumflüge 26. 4.– 6. 5. 1993 | Spacelab-Flug D2 mit Space Shuttle Columbia
7. 2.– 20. 2. 2008 | Flug zur ISS mit Shuttle Atlantis

Gesamtaufenthalt im Weltraum 22 Tage | Ein Weltraumspaziergang am 13. 2. 2008

Thomas Reiter

Diplom-Ingenieur | Testpilot
*23. 5. 1958 in Frankfurt/Main

Weltraumflüge 3. 9. 1995 – 29. 2. 1996 | Euromir'95, Raumstation Mir
4. 7.–22. 12. 2006 | Astrolab Mission, Raumstation ISS

Gesamtaufenthalt im Weltraum 350 Tage | Drei Weltraumspaziergänge am 20. 9. 1995, 8. 2. 1996 und 3. 8. 2006

Reinhold Ewald

Physiker, Dr. rer. nat. | Universitätsprofessor
*18.12.1956 in Mönchengladbach

Weltraumflug 10.2.–2.3.1997 | MIR'97, Flug zur Raumstation Mir mit Sojus TM-25/24

Gesamtaufenthalt im Weltraum 20 Tage

Gerhard Thiele

Physiker, Dr. rer. nat.
*1.9.1953 in Heidenheim/Brenz

Weltraumflug 11.2.–22.2.2000 | STS-99 mit Space Shuttle Endeavour

Gesamtaufenthalt im Weltraum 11 Tage

Alexander Gerst

Geophysiker, Dr. rer. nat.
*3.5.1976 in Künzelsau

Weltraumflüge 28.5.–10.11.2014 | Sojus TMA-12, Raumstation ISS
6.6.–20.12.2018 | Sojus MS-09, Raumstation ISS

Gesamtaufenthalt im Weltraum 362 Tage | Weltraumspaziergang am 7.10.2014

Matthias Maurer

Materialwissenschaftler, Dr.
*18.3.1970 in Sankt Wendel

Weltraumflug 23.10.2021–6.5.2022 | Raumstation ISS | Space-X Crew 3

Gesamtaufenthalt im Weltraum 176 Tage | Weltraumspaziergang am 23.3.2022

124 Weltraumlabor Spacelab

ERNO Raumfahrttechnik GmbH, Bremen, 1980

Spacelab war ein wiederverwendbares, bemanntes Forschungslabor für das amerikanische Space Shuttle. Ab 1983 diente es zu wissenschaftlichen Experimenten und Beobachtungen in der Schwerelosigkeit. Das Space Shuttle transportierte das Labor in seiner Ladebucht. Spacelab war Europas und Deutschlands erster bedeutender Beitrag zur bemannten Raumfahrt.

Entwickelt und gebaut wurde es im Auftrag der europäischen Weltraumorganisation ESA von einer Industriegruppe, die unter Führung der deutschen Firma ERNO Unternehmen aus zehn europäischen Ländern vereinigte. Die beteiligten europäischen Länder versprachen sich von Spacelab stimulierende Effekte auf verschiedene industrielle, technologische und wissenschaftliche Bereiche, darunter Erdbeobachtung, Automation und Robotik, Astrophysik, Biowissenschaften, Materialwissenschaften und Medizin. Entsprechend ihrer finanziellen Beteiligung erhielten diese Staaten Aufträge für Entwicklung und Bau des Spacelabs. Von 1983 bis 1998 flog das Spacelab 22 Mal in den Weltraum.

Das ausgestellte Spacelab verwendete die ESA für die Qualifikation und Überprüfung des Spacelab-Systems. Es diente zur Vorbereitung des Baus der zwei Spacelabs, die abwechselnd mit den Space Shuttles in den Weltraum flogen.

Leermasse 7,5 t
Nutzlast 5,5 t
Länge 6,91 m
Durchmesser 4,06 m
Material Aluminiumlegierung
Innendruck 1 bar
Einsatz 1983–1998
Inv.-Nr. 2003-130T1

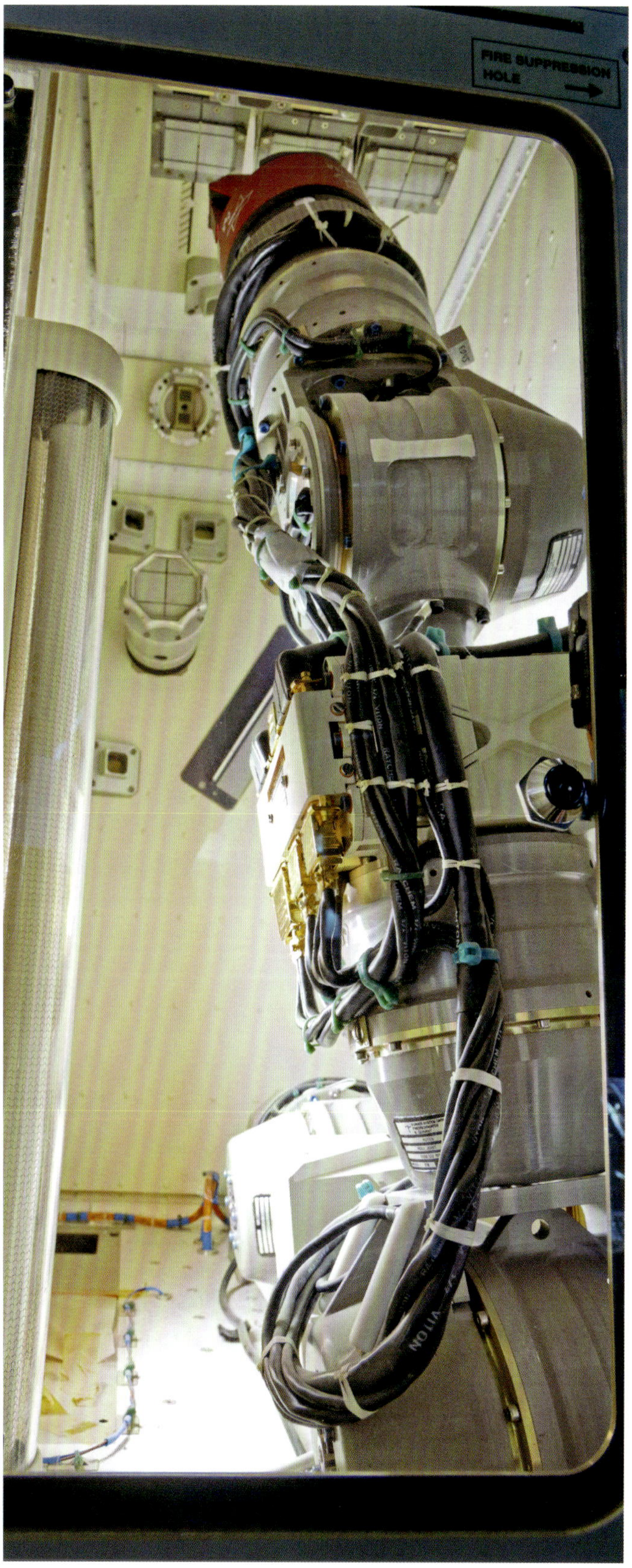

125 Roboter-Experiment ROTEX aus Spacelab

DASA, Friedrichshafen, 1992

ROTEX ist ein Experiment aus der deutschen D2-Spacelab-Mission, mit dem es 1993 erstmals gelang, einen Roboter im Weltall fernzusteuern. Die Steuerung erfolgte dabei vom Bodenkontrollzentrum des DLR in Oberpfaffenhofen aus. Einer der entscheidenden Versuche war das Einfangen eines freischwebenden Würfels. Er wurde durchgeführt, um die Fähigkeiten der lokalen Rückkopplung für die Fernsteuerung eines Weltraumroboters bei eingeschränkter Datenübertragung zu demonstrieren. Hauptbestandteile von ROTEX waren ein hochpräziser, sechsachsiger Manipulator (Roboterarm) mit Greifer und ein 3D-Videosystem für die räumliche Beobachtung.

Masse (mit Gestell) 652 kg
Länge 2,76 m
Breite 1,20 m
Entwicklung DLR, Institut für Robotik und Mechatronik, Oberpfaffenhofen
Leihgabe DLR, Oberpfaffenhofen
Inv.-Nr. L1997-28

126 Space Shuttle mit Spacelab

Modell 1:25, Scale Model Company, Hawthorne, USA, 1985

Das amerikanische Space Shuttle war ein größtenteils wiederverwendbares Raumtransportsystem. Die Raumfähre brachte nicht nur Menschen, sondern auch Frachtgut in die Erdumlaufbahn und zurück, so z. B. das in Europa entwickelte Raumlabor Spacelab. Die Leistungsfähigkeit des Space Shuttles leitete eine neue Ära in der bemannten Raumfahrt ein. Das Modell zeigt die Raumfähre mit geöffneten Ladebuchtklappen und dem Spacelab als Nutzlast. Beim Start sind die Klappen selbstverständlich geschlossen.

Startmasse 2040 t
Landemasse 104 t
Länge 56,14 m
Schubkraft 34 700 kN
max. Nutzlast 25 t
Inv.-Nr. 1985-153

127 Abgesprengte Schraubenmutter des Space Shuttle

NASA, USA, 1993

Vor dem Start halten acht verschraubte Bolzen am Ende der Feststoffbooster das gesamte Space Shuttle auf seiner Startplattform fest. Eine Schraubenmutter am oberen Ende jedes Bolzens hält das Shuttle fest. Die Schraubenmutter enthält zwei Sprengsätze, die gleichzeitig mit den Boostern gezündet werden. Dabei trennt sich die Schraubenmutter in zwei Teile und gibt so das Shuttle zum Start frei. Die NASA sammelt die Bruchstücke dieser Schraubenmuttern und schenkt sie den jeweils mitfliegenden Astronauten als Souvenir. Das hier gezeigte Exemplar stammt vom Wissenschaftsastronauten Ulrich Walter aus der deutschen D2-Spacelab-Mission.

Masse 4,3 kg (mit Brett)
Höhe 11,7 cm
Breite 18,9 cm
Länge 22,8 cm
Inv.-Nr. 1996-230

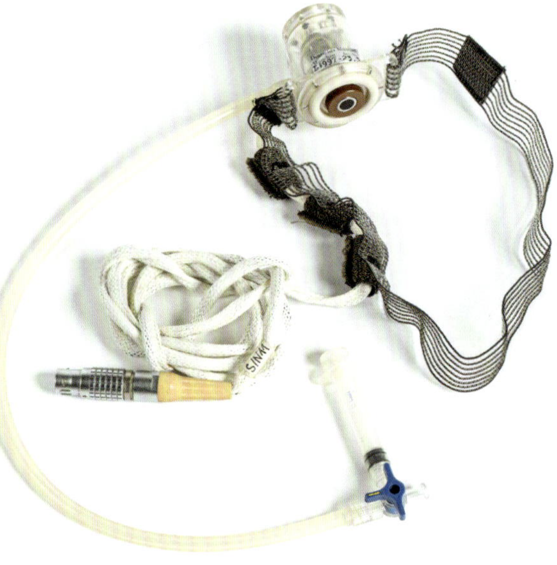

128 Zelltrennungsexperiment aus der Apollo-Sojus-Mission

Messerschmitt-Bölkow-Blohm, München, 1975

Dieses Objekt ist das erste deutsche Experiment, das von einem bemannten Weltraumflug zur Erde zurückkam. Der Astronaut Thomas P. Stafford benutzte es bei der amerikanisch-russischen Gemeinschaftsmission Apollo-Sojus im Juli 1975 für einen Versuch zur Zelltrennung mittels Elektrophorese. Sie erlaubt die Trennung kleinster biologischer Bausteine bis zu komplizierten Zellstrukturen. Bei der Anwendung des Experiments im Weltraum konnten wesentliche Störeffekte durch Schwerkraft und Wärmekonvektion vermieden werden. Das Ergebnis überraschte: Es ergab sich eine zehnmal höhere Trennleistung als auf der Erde.

Masse 27,5 kg
Höhe 40,5 cm
Breite 24,8 cm
Inv.-Nr. 1984-201

129 Ultraschallsensor aus der D2-Spacelab-Mission

Freie Universität Berlin, Berlin, 1993

Diesen Ultraschallsensor trug ein Astronaut direkt auf der Stirn. Er sendete Ultraschallimpulse aus. Die von der Haut reflektierten Impulse erlaubten die Bestimmung der Hautdicke. Mit dem Experiment untersuchte man die Änderung der Flüssigkeitsverteilung im Körper unmittelbar nach Eintritt der Schwerelosigkeit. Wegen der fehlenden Schwerkraft pumpt das Herz zunächst sehr viel Blut Richtung Kopf. Das kann beim Astronauten in den ersten Tagen Kopfschmerzen und Übelkeit bewirken.

Masse 0,19 kg
Typ Pulse-Echo UV Sensor
Versuch Messung der Gewebeschichtdicke
Inv.-Nr. L1997-23T3

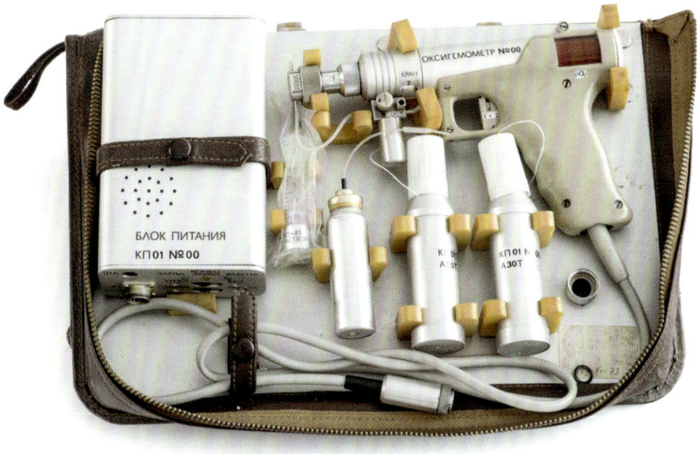

130 UV-Strahlungsexperiment aus der D2-Spacelab-Mission

DLR, Institut für Luft- und Raumfahrtmedizin, Köln, 1993

Dieses Experiment untersuchte den Einfluss der UV-Strahlung der Sonne auf bestimmte Bakterien. Der Experimentträger, der bis zu 80 biologische Proben enthielt, war im Laderaum des Space Shuttles auf einer speziellen Struktur montiert. Er war so der vollen Strahlung der Sonne ausgesetzt. Eine bewegliche Metallfolie schirmte die Proben bei Bedarf von der Strahlung ab. Nach der Rückkehr wurde untersucht, inwieweit die Proben geschädigt worden waren. Von dem Versuch erwartete man sich auch neue Erkenntnisse über den Einfluss der solaren UV-Strahlung bei Evolutionsprozessen auf Planeten und anderen Himmelskörpern.

Masse 4,55 kg
Höhe 30 cm
Breite 30 cm
Tiefe 9,5 cm
Inv.-Nr. 1996-236

131 Sauerstoffmesspistole mit Netzteil und Stickstoffbehältern

Technisch-physikalischer Gerätebau, Dresden, 1978

Die Sauerstoffmesspistole ist ein Gasanalysegerät, das den Sauerstoffanteil im Blut des Astronauten an Bord eines Raumschiffs bestimmt. Es kam bei der Mission des ersten deutschen Astronauten Sigmund Jähn auf der Raumstation Saljut 6 zum Einsatz. An der Spitze der Pistole befindet sich ein kurzer Ansaugschlauch, der einen kleinen Tropfen Blut aufnimmt. Eine kleine Vakuumpumpe befördert den Tropfen in eine winzige Messkammer hinter der Spitze. Dort erfolgt die Messung mit einem elektrolytischen Verfahren. Eine Messung dauerte etwa 20 Sekunden. Für eine erneute Messung musste die Messkammer gespült werden.

Masse 0,55 kg
Höhe 12,9 cm
Breite 3,5 cm
Länge 20,5 cm
Anzeige Digital
Inv.-Nr. 1994-450

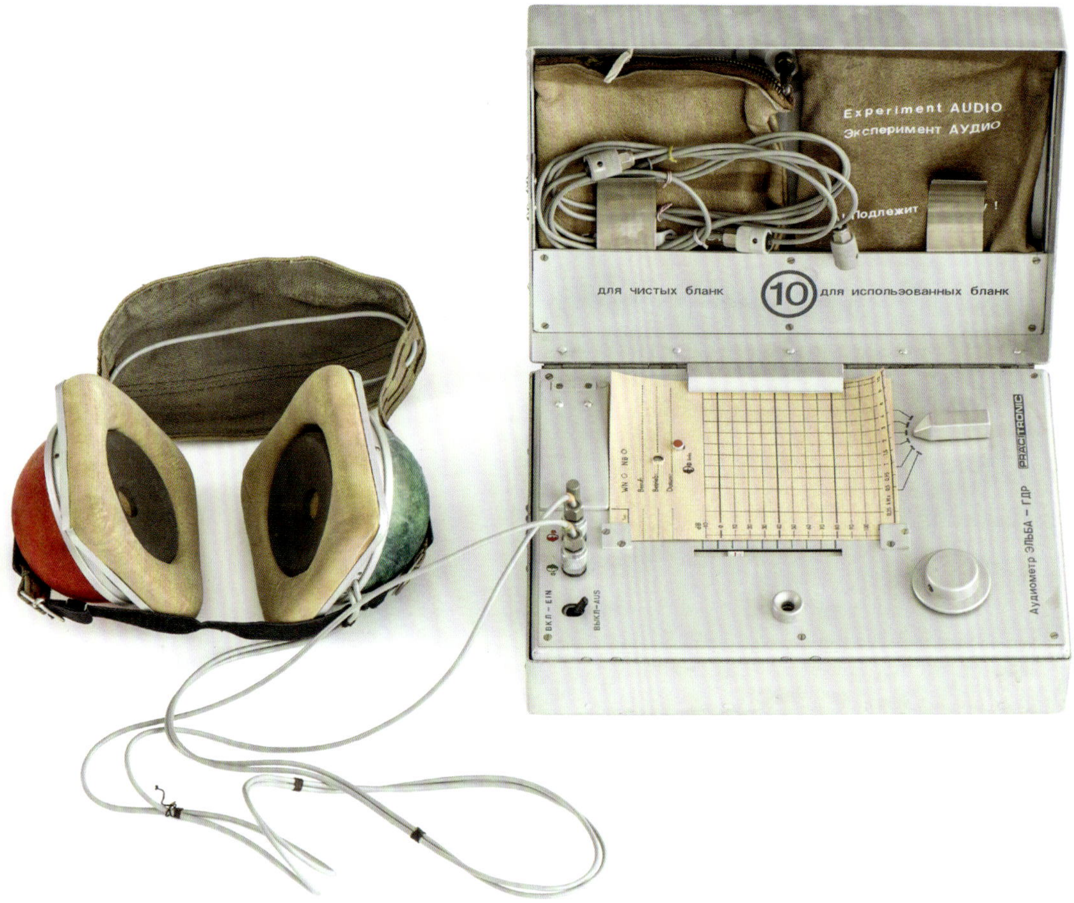

132 Audiometer Elbe

VEB Präcitronic, Dresden, 1978

Dieses Gerät wurde zur Untersuchung der Auswirkungen von Belastungen des menschlichen Gehörs unter Raumflugbedingungen verwendet. Über Kopfhörer bestimmte das Audiometer die niedrigste noch wahrnehmbare Lautstärke für reine Töne im Frequenzbereich von 500 bis 6000 Hz. Der Astronaut musste das Hörergebnis in einem Protokoll notieren. Der Hörtest konnte mit einem normalen Kopfhörer oder mit einem sogenannten Knochenleiterkopfhörer durchgeführt werden. Das Gerät wurde vom VEB Präcitronic Dresden, einem in der DDR bekannten Hersteller von Elektronikgeräten, produziert.

Masse 2,13 kg
Höhe 9 cm
Breite 19,5 cm
Länge 27,5 cm
Frequenzbereich 500–6000 Hz
Inv.-Nr. 1994-449

133 Voltmeter mit Taschenrechner HP-41CX und Protokollheft

DFVLR, Deutschland, 1985
Taschenrechner: Hewlett-Packard, USA, 1984
Voltmeter: Walcher Elektronik GmbH, Kirchheim, 1985

Das Voltmeter für Spannungs- und Temperaturmessungen enthielt einen Analog-Digital-Wandler, der die Messwerte an den Taschenrechner zur Verarbeitung weitergab. Der Rechner war ein nur leicht abgeänderter handelsüblicher HP-41CX-Taschenrechner. Der Astronaut Ernst Messerschmid verwendete das von ihm selbst entwickelte Voltmeter während der deutschen D1-Spacelab-Mission 1985 für materialwissenschaftliche Experimente. HP-41C-Taschenrechner flogen schon auf früheren Space-Shuttle-Flügen mit, das erleichterte Messerschmid die sicherheitstechnische Genehmigung seiner Apparatur durch die NASA.

HP-41CX
Masse 0,35 kg
Höhe 14,5 cm
Breite 7,7 cm
Dicke 3,2 cm
Typ Wissenschaftlicher Taschenrechner
Besonderheit Eingebaute Echtzeituhr
Inv.-Nr. L1987-041

a

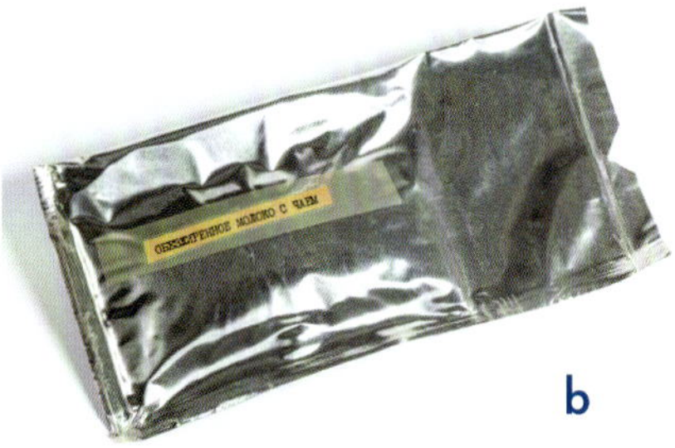
b

c

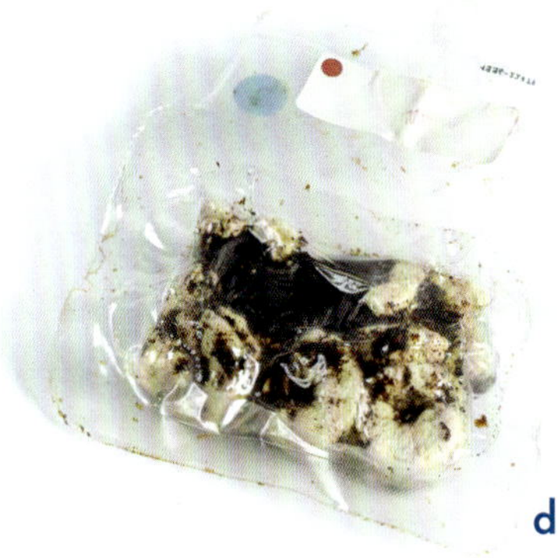
d

e

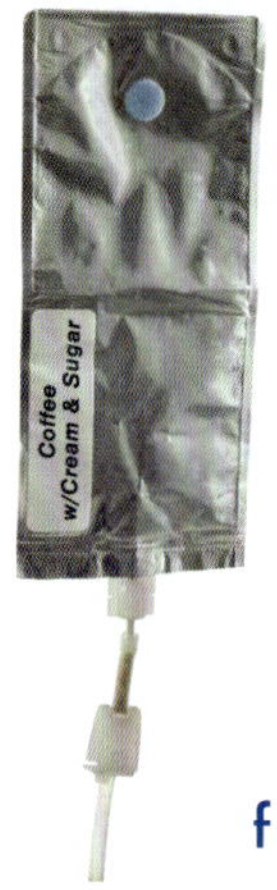

f

134 Astronautennahrung

134 a–c Russland, 1992; 134 d–f USA, 1996

Das Nahrungsangebot für Raumfahrt-Crews im Einsatz hat sich seit den ersten Raumflügen stetig verbessert. Bewährt hat sich die Methode, vielen Lebensmitteln Wasser zu entziehen und erst bei der Zubereitung wieder beizufügen. Das brachte einen Vorteil, als die Energieversorgung von Brennstoffzellen kam, die genügend Wasser als Abfallprodukt produzierten. Auf der ISS wird dagegen die Energie von Solarzellen geliefert, das vorhandene Wasser ist kostbar und wird mehrfach wiederaufbereitet. Hier bringen dehydrierte Lebensmittel weniger Vorteile. Durch Wärmebehandlung haltbar gemachte Gerichte überwiegen. Durch die fehlende Luftkonvektion kann die Nase ihre Rolle bei der Geschmacksempfindung in der Schwerelosigkeit nur eingeschränkt erfüllen. Astronauten und Astronautinnen tendieren daher oft zu stark gewürzten Speisen.

134 a Russiches Brot
Masse 49 g
Maße 19 × 77 × 138 mm
Inv.-Nr. 1992-240T1

134 b Milchpulver
Masse 54 g
Maße 16 × 111 × 225 mm
Inv.-Nr. 1992-240T2

134 c Forellen-Fischpastete
Masse 117 g
Höhe 29 mm
Durchmesser 76 mm
Inv.-Nr. 1992-240T3

134 d Shrimpcocktail
Masse 47 g
Maße 25 × 138 × 165 mm
Inv.-Nr. 1996-227T1

134 e Pilzsuppe
Masse 52 g
Maße 40 × 101 × 101 mm
Inv.-Nr. 1996-227T2

134 f Instantkaffee
Masse 19 g
Maße 16 × 98 × 350 mm
Inv.-Nr. 1996-227T3

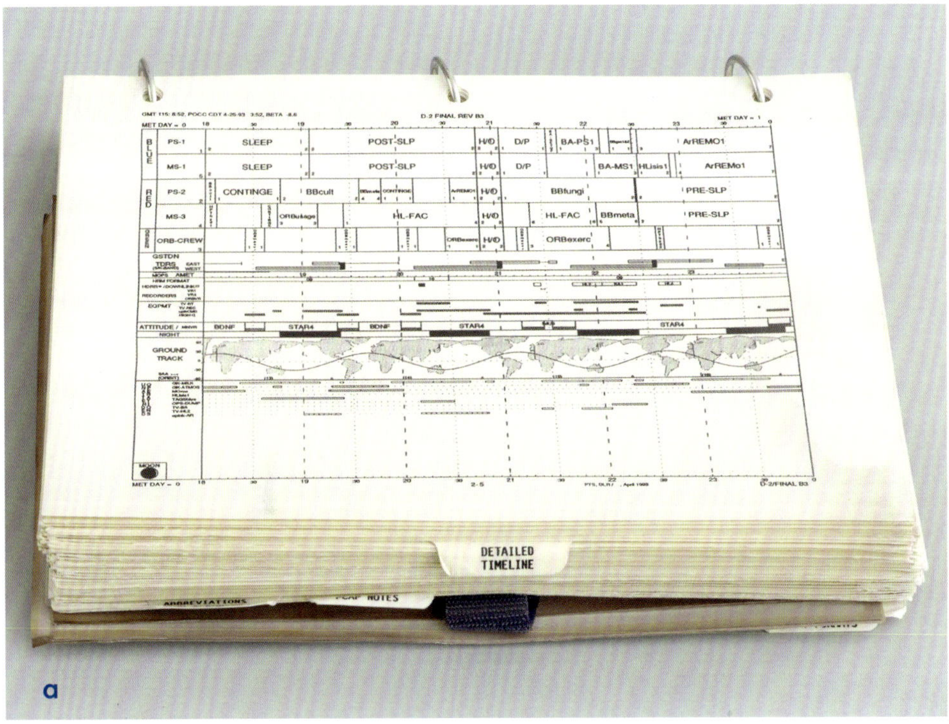

a

b

135 Stundenplan der D2-Spacelab-Mission und Notizbuch von Wissenschaftsastronaut Ulrich Walter

D2-Spacelab-Mission, 1993

Dieser Stundenplan listete alle geplanten Aktivitäten der Astronauten bei der D2-Spacelab-Mission auf. Im unteren Teil ist über der Zeitachse eine Erdkarte mit der Flugspur des Space Shuttles aufgezeichnet. Da rund um die Uhr gearbeitet wurde, gab es zwei Schichten: rot und blau für die Wissenschaftsastronauten und grün für die NASA-Piloten. Aktualisierungen des Plans konnten per Fax übermittelt werden.

In dem persönlichen Notizbuch von Astronaut Ulrich Walter hielt dieser Anweisungen und Hinweise fest, die er für wichtig hielt, unabhängig von den anderen offiziellen Dokumenten.

135 a Stundenplan
Masse 1,55 kg
Maße 40 × 284 × 253 mm
Inv.-Nr. 1993-705T1

135 b Notizbuch
Masse 0,19 kg
Maße 16 × 148 × 230 mm
Inv.-Nr. 1996-231

a

b

c

136 Biostack-Experimente

MBB, Ottobrun 1975, DFVLR, Köln, 1983 DFVLR, Köln, 1983

Der Biostack-Versuch aus der Apollo-Sojus-Mission 1975 war eines der ersten deutschen Experimente für eine bemannte Mission. Aus der ersten Spacelab-Mission von 1983 stammt der Versuch mit den Maissamen. Die kosmische Strahlung traf dabei auf biologische Proben. Mithilfe von zahlreichen Detektorfolien über der Probe konnte man genau erkennen, welche Samen von einem kosmischen Teilchen getroffen wurden. Die Folien machten die Spur der Teilchen sichtbar. Die Samen brachte man zum Keimen und untersuchte so die schädigende Wirkung der Strahlung.

136 a Biostack aus Apollo-Sojus
Masse 0,63 kg
Höhe 9,5 cm
Inv.-Nr. 1996-232

136 b Biostack aus Spacelab 1
Masse 1,6 kg
Höhe 16,3 cm
Inv.-Nr. 1996-233

136 c Mais-Samen aus Spacelab 1
Masse 0,3 kg
Höhe 4,5 cm
Durchmesser 10 cm
Inv.-Nr. 1996-233Z1

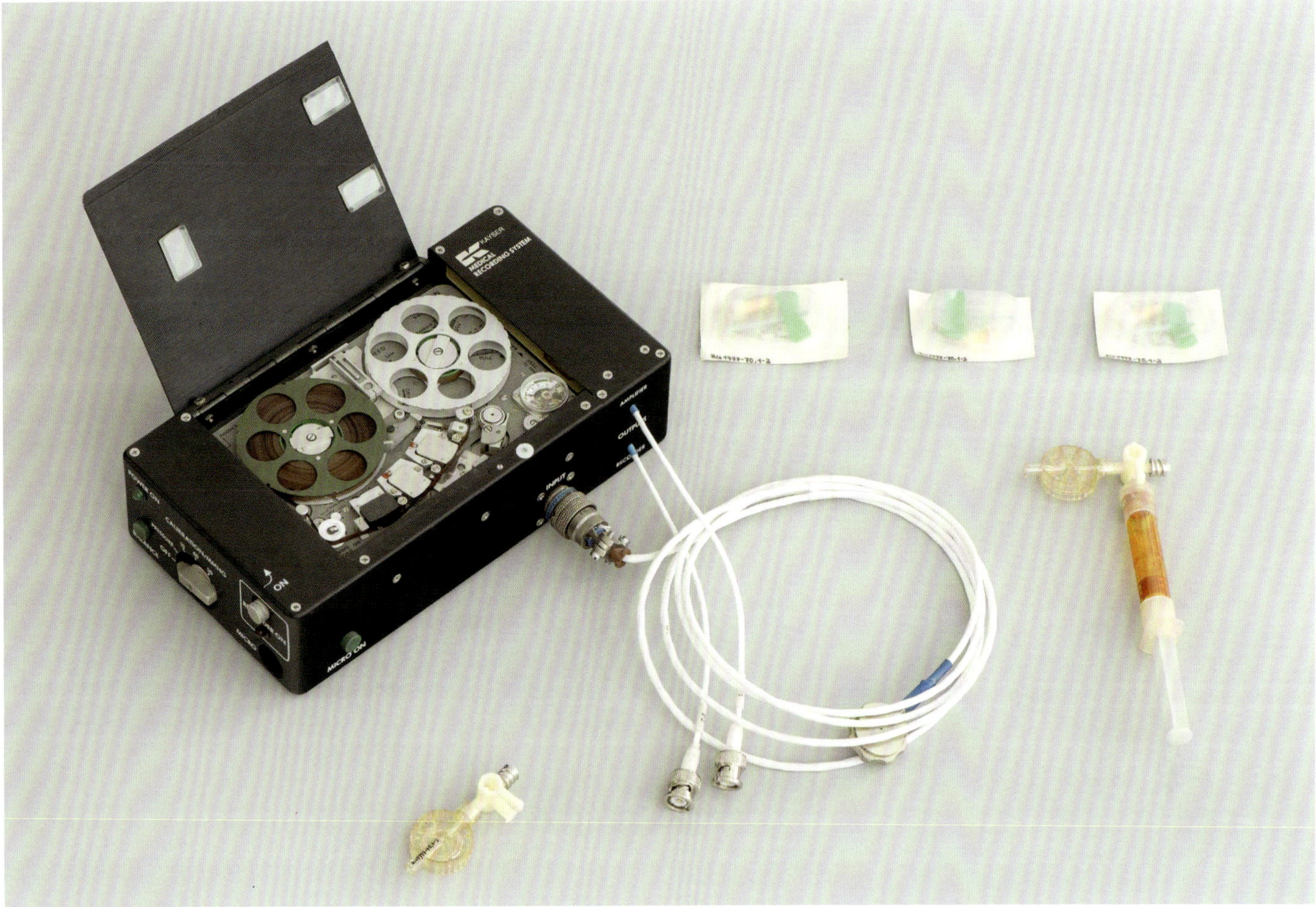

137 Experiment zur Messung des zentralen Venendrucks mit Datenrekorder aus der D1-Spacelab-Mission 1985

Kayser-Threde GmbH, München, 1985

Sobald Schwerelosigkeit herrscht, verschieben sich zwei bis drei Liter Blut und Gewebeflüssigkeit in die obere Körperhälfte (Fluid-Shift-Effekt). Später passt sich der Körper an die Schwerelosigkeit an. In diesem Experiment maß der Astronaut den Blutdruck in den Armvenen mithilfe einer Injektionsnadel, die mit einem Drucksensor verbunden war. Die Messwerte konnten auf Band aufgezeichnet werden und sollten helfen, die Anpassungsprozesse im Zusammenhang mit dem Fluid-Shift-Effekt zu verstehen. Dieser Effekt bewirkt unter anderem, dass wegen der fehlenden Schwerkraft das Herz zu viel Blut in den Kopf pumpt, was zu einem leicht aufgedunsenen Gesicht führen kann.

Masse 1,4 kg
Höhe 6,3 cm
Breite 13,5 cm
Länge 23,5 cm
Inv.-Nr. 1997-70

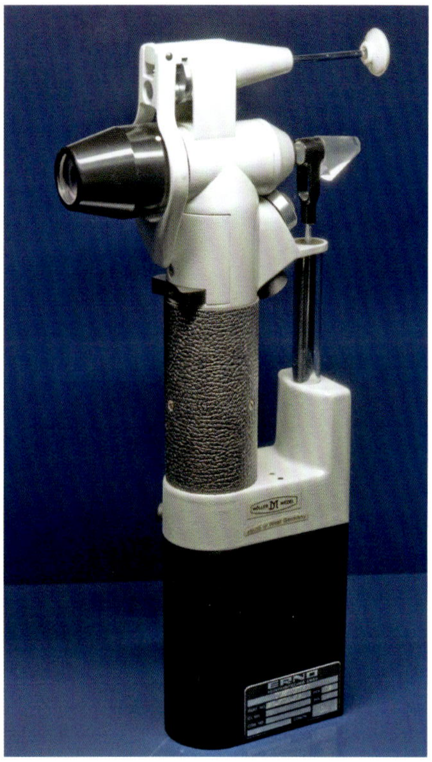

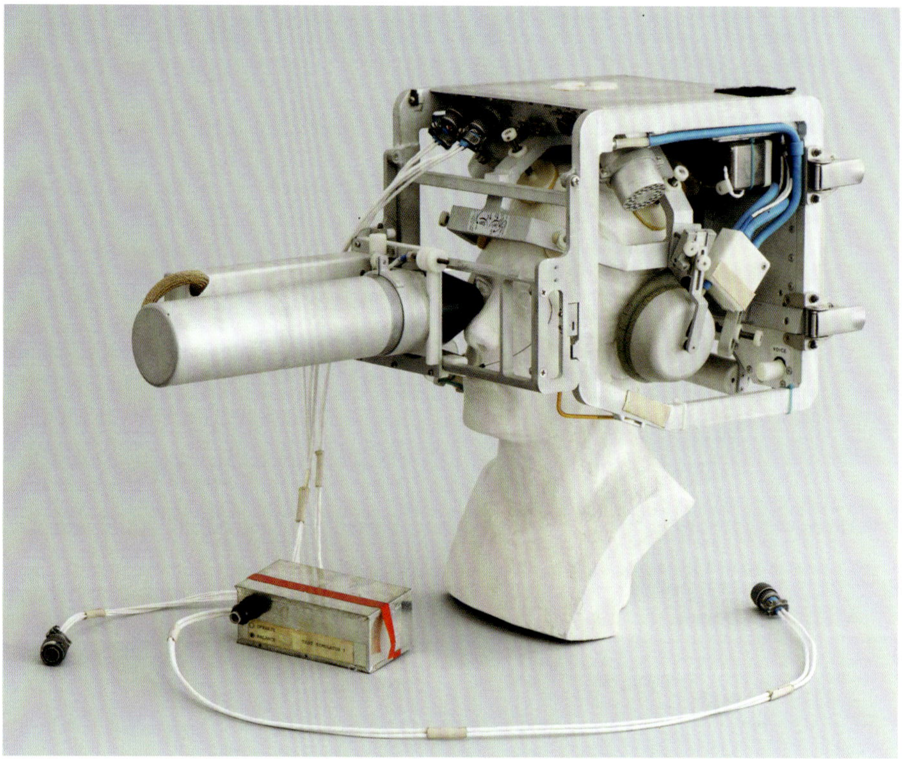

138 Augentonometer aus der D1-Spacelab-Mission 1985

Möller-Wedel, Wedel, 1981

Durch den Fluid-Shift-Effekt erhöht sich bei Beginn der Schwerelosigkeit während eines Raumflugs auch der Druck im Augeninneren. Erst nach einigen Tagen hat sich der Kreislauf auf die fehlende Schwerkraft eingestellt und versorgt obere und untere Körperteile wieder gleichmäßig. Der Augeninnendruck entsteht durch das sich stets neu bildende Kammerwasser im Augapfel. Das Tonometer drückt auf die Hornhaut und misst die entsprechende Kraft.

Masse 1,15 kg
Höhe 31,5 cm
Breite 15,2 cm
Inv.-Nr. 1994-134

139 Helm zur Untersuchung des Gleichgewichtsorgans aus der D1-Spacelab-Mission 1985

Kayser-Threde, München, 1983

Dieser Helm erfasste die Reaktion des Astronauten auf bestimmte Bewegungsabläufe in der Schwerelosigkeit. Eine Kamera registrierte die Augenbewegungen, verursacht durch das im Innenohr liegende Gleichgewichtsorgan (Vestibularorgan). Über die Ohrmuscheln konnte man warme und kalte Luft durchs Ohr leiten und so das Vestibularorgan reizen. Die Versuche sollten klären, welche Rolle die Schwerkraft für das Funktionieren des Gleichgewichtsorgans hatte. In der Schwerelosigkeit liefert das Gleichgewichtsorgan keine zuverlässigen Informationen mehr über translatorische Bewegungen.

Masse 7,1 kg
Höhe 26 cm
Breite 28 cm
Länge 57 cm
Inv.-Nr. 1996-18

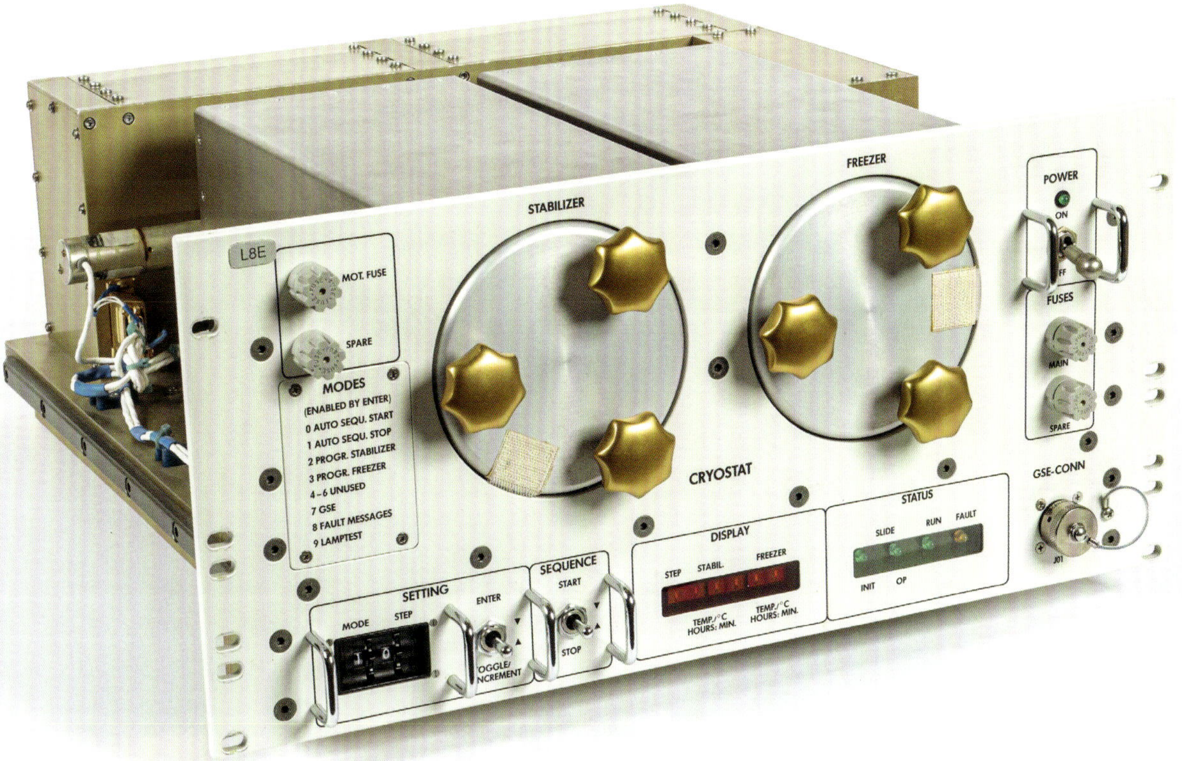

140 Kryostat aus der Spacelab-IML-1-Mission 1992 und der D2-Spacelab-Mission 1993

Kayser-Threde GmbH, München, 1991

Mit einem Kryostat können Temperaturen konstant gehalten werden. Dieses Gerät war Teil eines Experiments über das Wachsen von Proteinkristallen in der Schwerelosigkeit. Die verschiedenen Ausgangsflüssigkeiten befanden sich getrennt in einem speziellen Probenbehälter, der in den Kryostat gesteckt war. Trafen die Flüssigkeiten im Probenbehälter zusammen, begann das Kristallwachstum. Der Kryostat sorgte für eine kontrollierte Temperatur und konnte zwischen –8 °C und +40 °C eingestellt werden. Man stellte fest, dass in der Schwerelosigkeit die Anzahl der gebildeten Kristalle größer war, allerdings waren sie kleiner als auf der Erde.

Masse 18,6 kg
Höhe 22,2 cm
Breite 48,2 cm
Tiefe 45 cm
Temperaturbereich -10° C – +20° C
Inv.-Nr. L1997-21

Anhang

Abbildungsverzeichnis

RIA Novosti Archive, image #612748 / Alexander Mokletsov / CC-BY-SA 3.0 Seite 35 (Abb. 4)

SpaceX Seite 83 (Musk rechts)

Süddeutsche Zeitung Seite 140 (Abb. 1)

TecSys Seite 197

Konrad Tempel Seite 21 (Abb. 5)

US Air Force Seite 82 (Goddard rechts)

Ullstein-Bilderdienst Seite 102 (Abb. 4)

WDR Seite 10 (Abb. 1)

Wikimedia Commons, Public Domain Seiten 71 (Abb. 3), 142 (Abb. 2)

Wxtrack Seite 143 (Abb. 3)

Literaturverzeichnis

Geschichte der Raumfahrt und Raketentechnik

Brandau, Daniel: Raketenträume. Raumfahrt- und Technikenthusiasmus in Deutschland, 1923–1963. Paderborn 2019

Büdeler, Werner: Geschichte der Raumfahrt. Künzelsau 1982

Chertok, Boris: Rockets and Peoples. 4 Volumes, NASA History Series, 2015, www.nasa.gov/connect/ebooks/ (4.1.2022)

Filthaut, Klaus F.: Projekt RAK. Das Raketenzeitalter begann in Rüsselsheim. Eine Dokumentation. Petershausen 1999

Jäckle, Wilhelm: Die Sonderschau »Raketentechnik und Raumfahrt«. Abhandlungen und Berichte, 32. Jg., Heft 3. München 1964

Knopp, Matthias: Die Fotorakete von Alfred Maul. In: Hashagen, Ulf u. a.: Circa 1903. Artefakte in der Gründungszeit des Deutschen Museums. München 2003, S. 451–472

Krige, John; Russo, Arturo: Europe in Space 1960–1973. Esa SP-1172, Noordwijk 1994

–: A History of the European Space Agency 1958–1987. Vol.1 und 2, ESA SP-1235, Noordwijk 2000

Le Maner, Yves; Sellier, André: Bilder aus Dora. Zwangsarbeit im Raketentunnel 1943–1945. Bad-Münstereifel 2001

Mayring, Eva: Konsolidierung und Professionalisierung 1970–2000. In: Füßl, Wilhelm; Trischler, Helmuth (Hrsg.): Geschichte des Deutschen Museums. München 2003, S.181–216

Nebel, Rudolf: Die Narren von Tegel. Ein Pionier der Raumfahrt erzählt. Düsseldorf 1972

Neufeld, Michael: Weimar Culture and Futuristic Technology: The Rocketry and Spaceflight Fad in Germany, 1923–1933. In: Technology and Culture Vol. 31, No. 4 (1990), S 725–752

–: Wernher von Braun. Visionär des Weltraums, Ingenieur des Krieges. München 2009

Oberth, Hermann: Die Rakete zu den Planetenräumen. München 1923

Sagner, Reinhard: Johannes Winkler in den Junkers-Werken und die Dessauer Raketen. Dessau 2022

Teichmann, Jürgen: Wandel des Weltbildes. Astronomie, Physik und Meßtechnik in der Kulturgeschichte. Leipzig 1999

Valier, Max: Der Vorstoss in den Weltenraum. Eine wissenschaftlich-gemeinverständliche Betrachtung. München 1924

Winter, Frank H.: Prelude to the Space Age. The Rocket Societies: 1924–1940. Washington D.C. 1983

–: Rockets into Space. London 1990

Wolff Metternich, Michael: Deutsche Raketenfahrzeuge auf Straße, Schiene und Eis 1928 bis 1931. Lorch 1997

Die Raketenwaffe V2

Albring, Werner: Gorodomlia. Deutsche Raketenforscher in Rußland. Hamburg 1991

Hempfer, Andreas: Raketenwaffe Aggregat 4 (V2). In: Heckl, Wolfgang M. (Hrsg.): Die Welt der Technik in 100 Objekten. München 2022, S. 512–517

Hölsken, Heinz Dieter: Die V-Waffen. Entstehung–Propaganda–Kriegseinsatz. Stuttgart 1984

Klee, Ernst; Merk, Otto: Damals in Peenemünde. Oldenburg und Hamburg 1963

Lange, Thomas H.: Peenemünde. Analyse einer Technologieentwicklung im Dritten Reich. Düsseldorf 2006

Neufeld, Michael: Die Rakete und das Reich. Berlin 1999

Sellier, André: Zwangsarbeit im Raketentunnel. Geschichte des Lagers Dora. Lüneburg 2000

Uhl, Matthias: Stalins V-2. Der Technologietransfer der deutschen Fernlenkwaffentechnik in die UdSSR und der Aufbau der sowjetischen Raketenindustrie 1945–1959. Bonn 2001

War Office: Report on Operation »Backfire«. London 1946, library.si.edu/digital-library/book/report-operation-backfire (4.1.2023)

Antriebe für den Weltraum

ESA (Hrsg.): Ionentriebwerke: Der Ritt auf geladenen Teilchen. www.esa.int/Space_in_Member_States/Austria/Ionentriebwerke_Der_Ritt_auf_geladenen_Teilchen (4.1.2023)

Goebel, Dan M. u. a.: Fundamentals of Electric Propulsion. Ion and Hall Thrusters. Jet Propulsion Laboratory, Pasadena 2008

Hopmann, Helmut: Schubkraft für die Raumfahrt. Entwicklung der Raketenantriebe in Deutschland. Lemwerder 1999

Knopp, Matthias: Das J2-Raketentriebwerk von Rocketdyne. Schubkraft für den Mond. In: Deutsches Museum (Hrsg.): Meisterwerke aus dem Deutschen Museum. Band V. München 2003, S. 40–43

Leitenberger, Bernd: Internationale Trägerraketen: Die Trägerraketen Russlands, Asiens und Europas. Norderstedt 2016

Ley, Wilfried u. a. (Hrsg.): Handbuch der Raumfahrttechnik. München 2019

Stemmer, Josef: Raketenantriebe. Ihre Entwicklung, Anwendung und Zukunft. Eine Einführung in das Wesen des Raketenantriebes, sowie Raketen- und Weltraumfluges. Zürich 1952

Trischler, Helmuth: Europa-Rakete. In: Heckl, Wolfgang M. (Hrsg.): Die Welt der Technik in 100 Objekten. München 2022, S. 561–565

Satelliten und Raumsonden

Achtermann, Eberhard: Die Mission des AZUR. Magnetosphärenphysik und Meßaufgabe. München 1970

Albertz, Jörg: Einführung in die Fernerkundung. Grundlagen der Interpretation von Luft- und Satellitenbildern. Darmstadt 2007

Billings, Linda (Hrsg.): 50 Years of Solar System Exploration: Historical Perspectives. NASA 2021, www.nasa.gov/sites/default/files/atoms/files/50-years-of-solar-system-exploration_tagged.pdf (17.3.2023)

Deutsches Zentrum für Luft-u. Raumfahrt: Navigation. In: Materialien für den naturwissenschaftlichen Projektunterricht, 1 (2005)

ESA (Hrsg.): The Sentinel missions. www.esa.int/Applications/Observing_the_Earth/Copernicus/The_Sentinel_missions (4.1.2023)

Evans, Ban: NASA's Voyager Missions. Exploring the Outer Solar System and Beyond. London 2004

EUMETESAT (Hrsg.): Meteosat Series. www.eumetsat.int/our-satellites/meteosat-series (4.1.2023)

Fischer, Herbert: The MIPAS Experiment Aboard ENVISAT: Remote Sensing of Atmospheric Composition. In: Perrin, A. u. a. (Hrsg.): Remote Sensing of the Atmosphere for Environmental Security. NATO Security through Science Series. Dordrecht 2006, doi.org/10.1007/978-1-4020-5090-9_3

Fletcher Karen (Hrsg.): ERS Missions. 20 Years of Observing Earth. ESA, 1326, Noordwijk 2013

Folger, Tim: Grenzgänger des Sonnensystems. In: Spektrum der Wissenschaften, 11 (2022)

von Gersdorff, Kyrill: Ludwig Bölkow und sein Werk. Ottobrunner Innovationen. Koblenz 1987

Griebler, Alisa: Die Erde im Blick. Copernicus und die europäische Erdbeobachtung. Bonn 2020

Grossmann, Klaus Ulrich u. a.: The CRISTA-2 mission. In: Journal of Geophysical Research, Vol. 107, No. D23 (2002), S. 8173, doi.org/10.1029/2001JD000667

Messerschmid, Ernst u. a.: Raumfahrtsysteme. Eine Einführung mit Übungen und Lösungen. Berlin 2017

NASA (Hrsg.): Mariner-Venus 1962. Final Project Report. NASA-SP 59, Juli 1965. history.nasa.gov/SP-59.pdf (4.1.2023)

–: Science on a Sphere. Educational tool to help illustrate Earth System Science. sos.noaa.gov (4.1.2023)

–: Aktuelle Daten über das Sonnensystem und Raumsonden. solarsystem.nasa.gov (4.1.2023)

Pail, Robert: Die Vermessung des Klimawandels – Geodäsie, Erdsystem und Klima. In: Sitzungsberichte der Leibniz-Sozietät der Wissenschaften zu Berlin, 144 (2020), S. 25–49

Porsche, Herbert: 10 Jahre Helios. Festschrift aus Anlaß des 10. Jahrestages des Starts der Sonnensonde HELIOS am 10. Dezember 1974. Oberpfaffenhofen 1984

Reinke, Niklas: Geschichte der deutschen Raumfahrtpolitik, München 2004

Trischler, Helmuth: Luft-u. Raumfahrtforschung in Deutschland 1900–1970. Frankfurt 1992

–: Sonnensonde Helios. In: Heckl, Wolfgang M. (Hrsg.): Die Welt der Technik in 100 Objekten. München 2022, S. 566–569

Bemannte Raumfahrt

Abramov, Isaak P.; Skoog, Å. Ingemar: Russian Spacesuits. London 2003

Akademie der Wissenschaften der DDR u. Akademie der Wissenschaften der UdSSR (Hrsg.): Sojus-22 erforscht die Erde. Berlin 1980

Armeemuseum der DDR (Hrsg.): Gemeinsam im Kosmos. Museale Zeugnisse zum ersten gemeinsamen Weltraumflug UdSSR–DDR. Dresden 1983

Cucinotta, Francis A. u. a.: Space Radiation and Cataracts in Astronauts. In: Radiation Research 156, Bozeman (USA) 2001, S. 460–466

Dempsey, Robert (Hrsg.): The International Space Station: Operating an Outpost in the New Frontier. NASA, 2018, www.nasa.gov/sites/default/files/atoms/files/iss-operating_an_outpost-tagged.pdf (4.1.2023)

Hoffmann, Horst: Die Deutschen im Weltraum. Zur Geschichte der Kosmosforschung in der DDR. Berlin 1998

Knopp, Matthias: Raumanzug Sokol-KV-2. In: Heckl, Wolfgang M. (Hrsg.): Die Welt der Technik in 100 Objekten. München 2022, S. 586–591

Kozloski, Lilian D.: U.S. Space Gear. Outfitting the Astronaut. Washington 1993

Lord, Douglas R.: Spacelab. An international success story. NASA SP-487, USA 1986

Merbold, Ulf: D1 – unser Weg ins All. Braunschweig 1985

NASA, ESA (u.a.): International Space Station Utilization Statistics Dec. 1998-Oct. 2019 https://www.nasa.gov/sites/default/files/atoms/files/expeditions_0-60_utilization_statistics_final.pdf (15.3.2023)

Sahm, Peter (Hrsg): Proceedings of the Norderney Symposium on Scientific Results of the German Spacelab mission D-2. Köln 1995

Sahm, Peter R.: Die Experimente der MIR'97-Mission. Köln 1997

Time-Life Bücher: Reise durch das Universum. Vorstoß ins All. Amsterdam 1990

Walter, Ulrich: In 90 Minuten um die Erde. Würzburg 1997

–: Astronautics. The Physics of Space Flight. Cham 2018

Wirth, Dietrich (Hrsg.): 60 Jahre Luft- und Raumfahrtmedizin in Deutschland nach 1945. Neubrandenburg 2022

Stichwortverzeichnis

E

F

G

H

I

J

K

L

M

N

O

P

Q

R

S

T

U

V

W

Z

Liste der Projektbeteiligten

Kuratorisches Team

Christian Clemens
Matthias Knopp

Technische Leiter

Elisabeth Knott
Adrien Pfaud
Andreas Schwalmberger

Ausstellungsgestaltung und Grafik Deutsches Museum

Tanja Avila-Gray
Mónica Bureta Schmaus
Stefanie Fernsemer
André Judä
Markus Kixmöller
Milica Lapcevic

Ausstellungsgestaltung

neo.studio Berlin
(Geschäftsführer Tobias Neumann)

Lektorat Ausstellungstexte

Claudia Hellmann
Andrea Lucas
Abigail Rayner
Cornelia Schubert

Großexponate Transport und Aufbau

Flugzeug-Restaurierungswerkstatt
(Leitung Reinhard Mücke)

Exponate und Logistik

Sammlungs-Management
(Leitung Andreas Geiger)

Restauratorische Beratung

Charlotte Holzer

Demonstrationen, Dioramen und Inszenierungen

Werkstätten des Deutschen Museums
(Gesamtleitung Elisabeth Knott)

Medien

Yvonne Schäfer
Thomas Klausz
Christian Oettinger

Zum Autor

Dr. Matthias Knopp, geboren 1955, studierte Physik an der Universität Bonn. 1985 promovierte er dort mit einer Arbeit aus dem Bereich der Atom- und Kernphysik. Er forschte an den Universitäten Bonn und Köln, der Technischen Universität München und am Centre de Recherches Nucléaires in Straßburg. Seinen persönlichen Bezug zur Raumfahrt fand er bei der Suche nach Wissenschaftsastronauten für die deutsche Spacelab-D2 Mission. 1989 kam er als Kurator für den Bereich Raumfahrt ans Deutsche Museum. Hier aktualisierte er nicht nur die bestehende Dauerausstellung für Raumfahrt, sondern setzte sich für neue Medientechnik ein, führte E-Mails ein und brachte das Museum schon 1995 mit einer zweisprachigen Website ins Internet. Als gelernter Physiker war er außerdem 25 Jahre lang für den Strahlenschutz im Museum zuständig.

2004 wurde er Leiter der Hauptabteilung Luft-, Raum-, Schifffahrt, zu der auch die Flugwerft Schleißheim gehört. Zur großen Herausforderung wurde die Generalsanierung im Rahmen der Zukunftsinitiative des Deutschen Museums. Die Luft- und Raumfahrthalle mit 6400m^2 Ausstellungsfläche und zahlreichen Großexponaten musste 2015 geräumt werden. Die Neuplanung der Raumfahrt war neben der Leitung der Hauptabteilung die wichtigste Aufgabe. Dabei sollten Synergieeffekte zwischen den Luftfahrt-Ausstellungen nicht zu kurz kommen. Nach Abschluss der Planungen ging der Autor Ende 2020 in den Ruhestand.

⊙ Dieser unbeschreiblich schöne Blick auf die Erde wurde im September 1992 von der Raumfähre Endeavour aus aufgenommen. Zu sehen ist die Erdatmosphäre mit Gewitterwolken, die teilweise die Sonne verdecken.